山东省社会科学规划研究项目文丛·一般项目

城镇化背景下
城市空间演化与交通系统发展

——以组群城市淄博为例

王晓原　田伟　著

西南交通大学出版社
·成都·

图书在版编目（CIP）数据

城镇化背景下城市空间演化与交通系统发展：以组群城市淄博为例 / 王晓原著；田伟著. —成都：西南交通大学出版社，2018.5
ISBN 978-7-5643-6165-5

Ⅰ. ①城… Ⅱ. ①王… ②田… Ⅲ. ①城市道路－城市规划－交通规则 Ⅳ. ①TU984.191

中国版本图书馆 CIP 数据核字（2018）第 091118 号

城镇化背景下城市空间演化与交通系统发展
——以组群城市淄博为例

王晓原　田 伟／著

责任编辑／姜锡伟
助理编辑／宋浩田
封面设计／何东琳设计工作室

西南交通大学出版社出版发行
（四川省成都市二环路北一段 111 号西南交通大学创新大厦 21 楼　610031）
发行部电话：028-87600564　　　028-87600533
网址：http://www.xnjdcbs.com
印刷：成都勤德印务有限公司

成品尺寸　185 mm×260 mm
印张　22　　字数　576 千
版次　2018 年 5 月第 1 版　　印次　2018 年 5 月第 1 次

书号　ISBN 978-7-5643-6165-5
定价　86.00 元

前 言/
FOREWORD

新型城镇化已成为我国政治、经济、社会、文化、生态等全面发展的关键环节，是当前我国促进经济结构调整、勃发新的经济发展动能的重要途径。随着我国经济社会的高速发展，新型城镇化背景下县城的更新演进、新社区的发展、新农村建设以及"以人为核心"城镇化的深入推进，城市空间面临着重构、再造、转型的机遇。

本书是在收集近年来国内外城市与交通互动发展最新研究成果的基础上，结合作者在这一领域的科研和项目实践编写而成的。淄博是一座典型组群特色的城市，随着"十二五"规划的稳步推进，淄博市城市空间布局、形态结构和城市道路基础设施建设出现新的格局，全市居民的出行产生更多新要求。全书以淄博市为例，在分析组群城市空间演化与交通系统发展耦合作用机制及协调生长策略的基础上，映衬新型城镇化建设的背景，基于以人为本、生态可持续发展的理念确立淄博市城市未来的发展蓝图。全书主要内容共分为 7 章：第一章，简述了研究背景、目的、意义，并对国内外有关城镇化、城市空间演化与交通系统相互作用的研究进行了简要叙述；第二章，研究分析了新型城镇化背景下城市生长的相关内容，指出新型城镇化背景下网络多核组群城市衍生的必然性；第三章，分别从新型城镇化背景下网络多核组群城市的空间结构与生长质量两方面着重论述其对交通系统的发展要求；第四章，在分析交通出行行为与交通方式两者关系的基础上，从交通可达性和交通建设时机、时序等方面阐述交通系统对城市空间的发展作用机制；第五章，对城市空间和交通系统自身协调分别作以分析与论述，阐述组群城市空间演化与交通系统发展的耦合作用机制及协调生长策略；第六章，以淄博为例，立足于公交都市视野，针对组群城市区间、中心各城区、县以及城乡公交一体化发展进行统一规划，以图促进网络多核组群城市淄博中小城镇全面协调可持续发展，进而实现安居乐业、经济繁荣、生态和谐的美好城市愿景；第七章，对本书的相关工作做总结并提出进一步的展望。

本书由王晓原、田伟执笔统稿，在编写过程中刘丽萍、刘亚奇、苑慧芳、刘振雪、汪海波、王云云、王方、孔栋、刘菲菲、陈晨、阚馨童、孙懿飞、赵新越、冯凯、张露露等参与了大量资料的收集和数据整理工作。此外，王凤群、单刚、苏跃江、黄晓东、王国玲、于良辉、董成国、张晓梅对本书的编写提出了宝贵建议，并提供了大量建设性的意见和无私帮助。

在开展相关研究和本书的编写过程中，我们得到山东省社会科学规划研究项目（14CGLJ27）的资助，并得到淄博市委市政府各级部门特别是淄博市规划局、淄博市交通局、淄博市公共汽车公司等多方支持与帮助，在此表示最衷心的感谢！

由于笔者水平有限，书中难免会存在一些不妥之处，欢迎广大读者及同行专家批评指正。

著 者

2017 年 8 月

目 录/
CONTENTS

第一章 绪 论 ···001

1.1 研究背景 ···001

1.2 研究目的及意义 ·······································001

1.3 国内外相关领域研究现状 ·······························002

  1.3.1 国内外城镇化相关研究 ·······························002

  1.3.2 城市空间与交通相关理论研究 ·························003

1.4 主要研究内容 ···009

1.5 本章小结 ···010

第二章 新型城镇化背景下的城市生长 ·····················011

2.1 基本概念 ···011

  2.1.1 新型城镇化 ·······································011

  2.1.2 城市生长 ···013

2.2 新型城镇化背景下城市生长方式 ·························014

  2.2.1 城市更新 ···014

  2.2.2 城市演进 ···016

  2.2.3 城市更新与演进的关系 ·······························018

  2.2.4 "互动关系"对城市发展的意义 ·························020

  2.2.5 城市更新与演进的影响因素 ·····························020

2.3 新型城镇化背景下城市生长过程 ·························021

  2.3.1 空间分析 ···021

  2.3.2 城镇生长规模与边界 ·······························024

  2.3.3 城镇生长分析 ·····································025

2.4 新型城镇化背景下的网络多核组群城市 ···················026

  2.4.1 网络多核组群城市空间分析 ·····························026

  2.4.2 组群关系与规划 ···································031

  2.4.3 组群城市的新型城镇化模式 ·····························032

2.5 网络多核组群城市特性分析——以淄博市为例 ···············036

  2.5.1 组群城市特点分析 ·································036

  2.5.2 淄博市地理位置及行政区划 ·····························037

    2.5.3　组群城市淄博形态适应性分析 ……………………………………038

  2.6　本章小结 ……………………………………………………………………044

第三章　新型城镇化背景下城市生长对交通系统发展的要求 ……………045

  3.1　城市交通系统 ………………………………………………………………045

    3.1.1　城市交通发展历程及特征 …………………………………………045

    3.1.2　城市交通系统组成 …………………………………………………045

    3.1.3　城市公共交通系统的构成 …………………………………………046

    3.1.4　城市交通系统的复杂性 ……………………………………………051

    3.1.5　城市交通系统发展目标 ……………………………………………051

    3.1.6　城市交通模式 ………………………………………………………052

  3.2　新型城镇化背景下组群城市对交通系统发展的要求 ……………………055

    3.2.1　组群城市空间结构对交通系统发展的要求 ………………………055

    3.2.2　组群城市生长质量对交通系统发展的要求 ………………………057

  3.3　网络多核组群城市对交通系统发展的要求——以淄博市为例 …………059

    3.3.1　淄博市城市交通概况 ………………………………………………059

    3.3.2　交通发展战略研究 …………………………………………………067

    3.3.3　交通发展模式研究 …………………………………………………069

    3.3.4　交通流时空均衡策略研究 …………………………………………077

    3.3.5　组群特色城市交通拥堵一体化对策研究 …………………………097

  3.4　本章小结 ……………………………………………………………………106

第四章　新型城镇化背景下交通系统对组群城市空间发展的作用机制 ………107

  4.1　交通出行与城市规模 ………………………………………………………107

    4.1.1　交通出行 ……………………………………………………………107

    4.1.2　交通方式对城市空间规模的影响 …………………………………107

  4.2　交通可达性塑造城市空间 …………………………………………………109

    4.2.1　基本概念 ……………………………………………………………109

    4.2.2　局部区域相对可达性提高对空间的影响 …………………………110

    4.2.3　城市整体可达性提高对空间的影响 ………………………………110

  4.3　交通建设时机与时序对城市空间发展的作用机制 ………………………111

    4.3.1　交通建设时机的作用机制 …………………………………………111

    4.3.2　交通建设时序的作用机制 …………………………………………111

    4.3.3　最佳交通建设时机的确定 …………………………………………112

  4.4　交通成本与城市次核心的形成 ……………………………………………112

    4.4.1　交通成本对城市更新演进最优规模的影响 ………………………112

    4.4.2　交通成本对城市次核心形成的影响 ………………………………113

  4.5　网络多核组群城市 TOD 发展战略研究——以淄博市为例 ……………114

    4.5.1　TOD 理论 ……………………………………………………………114

    4.5.2　TOD 主要内容 ………………………………………………………115

    4.5.3　淄博市 TOD 战略 ……………………………………………………116

4.5.4 淄博市公共自行车租赁系统 ………………………………………………… 130

4.6 网络多核组群城市交通微循环与院落式街区的融合发展案例研究 ……… 134

4.6.1 院落式封闭式小区布局形成及历史发展 ……………………………… 134

4.6.2 院落式封闭小区的利弊 ………………………………………………… 135

4.6.3 交通微循环与院落式街区的融合发展 ………………………………… 136

4.7 网络多核组群城市主干道两侧高密度高强度开发模式下交通流优化

策略研究 ……………………………………………………………………… 163

4.7.1 主干道交通运行及交通流特征 ………………………………………… 163

4.7.2 主干道两侧的开发模式 ………………………………………………… 164

4.7.3 主干道交通流及两侧开发强度分析——以淄博市柳泉路为例 …… 165

4.7.4 主干道交通现状影响评价——以淄博市柳泉路为例 ……………… 177

4.8 本章小结 …………………………………………………………………… 188

第五章 组群城市空间演化与交通系统发展的耦合作用机制及协调生长策略 …… 189

5.1 城市空间演化与交通系统发展的耦合作用 …………………………… 189

5.1.1 耦合内涵与目标 ………………………………………………………… 189

5.1.2 耦合模式 ………………………………………………………………… 190

5.2 城市空间演化与交通系统发展的协调生长策略 ……………………… 193

5.2.1 城市空间协调生长 ……………………………………………………… 193

5.2.2 城市交通系统的协调生长 ……………………………………………… 194

5.3 城市空间和交通系统协调生长的主要影响因素分析 ………………… 206

5.3.1 交通属性分析与土地的使用 …………………………………………… 207

5.3.2 土地使用和城市交通外部性的相互影响 …………………………… 208

5.4 协调生长策略 ……………………………………………………………… 210

5.4.1 协调生长功能 …………………………………………………………… 210

5.4.2 协调生长框架 …………………………………………………………… 210

5.4.3 协调生长策略措施 ……………………………………………………… 212

5.5 本章小结 …………………………………………………………………… 214

第六章 淄博的实践 …………………………………………………………………… 215

6.1 淄博市"十字型"通道轻轨发展可行性研究 ………………………… 215

6.1.1 基于 TransCAD 的淄博市交通宏观仿真实验平台构建 ………… 215

6.1.2 参数标定及校核 ………………………………………………………… 220

6.1.3 交通需求预测 …………………………………………………………… 225

6.1.4 "十字型"通道轻轨发展可行性研究 …………………………… 226

6.1.5 "十字型"通道可行性研究在宏观仿真实验平台下的测试分析 … 241

6.2 综合协同发展战略下淄博市张店区发展模式研究 …………………… 243

6.2.1 基于 TransCAD 的张店区交通宏观仿真实验平台 ……………… 243

6.2.2 张店区交通发展模式在宏观仿真实验平台下的测试分析 ……… 247

6.3 淄博市临淄区公交规划研究 …………………………………………… 248

6.3.1 基于 TransCAD 的临淄区交通宏观仿真实验平台 ……………… 249

　　　6.3.2　临淄区公交规划研究 ……………………………………… 252

　　　6.3.3　临淄区公交规划在宏观仿真实验平台下的测试分析 …… 255

　　6.4　淄博市高青县城乡公交一体化规划研究 …………………………260

　　　6.4.1　高青县区位与城镇布局分析 ……………………………… 260

　　　6.4.2　高青县人口与经济发展 …………………………………… 263

　　　6.4.3　淄博市高青县城乡现状分析 ……………………………… 266

　　　6.4.4　淄博市高青县交通组织发展战略 ………………………… 295

　　　6.4.5　高青县城乡公交需求预测 ………………………………… 301

　　　6.4.6　高青县城乡公交一体化规划方案 ………………………… 309

　　6.5　淄博市公铁联运站交通组织仿真研究 ……………………………327

　　　6.5.1　基于 VISSIM 的公铁联运站交通中观仿真实验平台 …… 327

　　　6.5.2　交通组织方案的研究 ……………………………………… 329

　　　6.5.3　交通组织方案在中观仿真实验平台下的测试分析 ……… 334

　　6.6　本章总结 ………………………………………………………………337

第七章　总结与展望 ……………………………………………………………338

　　7.1　创新及独到之处 ………………………………………………………338

　　7.2　进一步的研究展望 ……………………………………………………338

参考文献 …………………………………………………………………………339

第一章　绪　论

1.1　研究背景

诺贝尔经济学奖获得者，英国曼彻斯特大学世界贫困研究所主席，著名经济学家约瑟夫·斯蒂格利茨（Joseph Eugene Stiglitz）曾经指出：21世纪初期，影响世界最大的两件事将是美国的新技术革命和中国的城镇化。城市作为人口高密集、经济活动频繁发生的聚集地，它是一定地域空间内的经济、政治和文化中心，是一个复杂的经济社会系统，在国民经济和社会发展中占有极为重要的地位。然而急速增长的经济，加快了城市化的步伐和城市空间演化的速度，人口规模迅速膨胀、机动化交通需求持续升温，衍生出诸多城市问题，例如住房紧张、交通拥堵、土地过度开发、空气污染和无限式城市空间蔓延。针对于此，我国提出新型城镇化政策，这一政策是我国经济增长的巨大引擎和扩大内需的最大动力，积极稳妥推进以经济、政治、文化、社会和生态文明建设"五位一体"为总布局的新型城镇化是现阶段经济社会健康可持续发展的现实需要。

2014年9月16日，中共中央政治局常委、国务院总理李克强主持召开推进新型城镇化建设试点的工作座谈会并强调："新型城镇化是关系现代化全局的大战略，是最大的结构调整，事关几亿人生活的改善"。作为党中央政策的顶层设计，新型城镇化已成为我国政治、经济、社会、文化、生态等全面发展的关键环节，是当前我国促进经济结构调整、勃发新的经济发展动能的重要途径。

随着我国经济社会的高速发展，在新型城镇化背景下研究城市空间演化与交通系统发展的耦合作用机制及协调生长策略，有助于深入推进县城的更新演进、新社区的发展、新农村建设以及"以人为核心"的城镇化。"十三五"期间，为适应新一轮城市发展潮流，研究如何适应新型城镇并建立相应的交通系统，如何前设性发展交通系统来引导城市重构、再造、合理转型，意义重大。

1.2　研究目的及意义

新型城镇化背景下，城市空间演化与交通系统的互动发展存在着错综复杂的关系。随着民众物质生活和需求层次的提高，社会环境和生态环境在城市发展中日益成为主体。受资源和环境的约束，城市发展需取得"有节制的需求"与"精明供给"之间的均衡发展，不仅需要引导城市交通模式的转变，而且需要形成健康的城市空间结构。在集约型的土地利用形态上筑构便捷、高效的城市交通网络和组织体系，实现两者的高度耦合和协调生长将有助于奠定坚实的可持续发展基础。

本书以淄博市为例，映衬新型城镇化建设的背景，基于"以人为本""生态可持续""精明增长"等理念确立淄博市的城市发展蓝图。通过深层次分析城市生长规律，指出新型城镇化背景下网络多核组群城市衍生的必然性。在分析网络多核组群城市产业布局与城市发展战略的基础上,有针对性地指导组群城市交通基础设施适时、有序地建设,尤其立足于公交都市视野,针对组群城市区间、中心各城区、县以及城乡公交一体化发展进行统一规划,对新型城镇开展城市公交的顶层设计和研究,发挥公交导向优势,提高土地使用价值,以适宜步行的距离为半径形成多样性、综合性的土地利用形式,紧凑有序的城镇空间,安全舒适的步行环境,最终实现淄博市中小城镇全面协调可持续发展、新型城镇有机疏散与功能多样的目标,促进网络多核组群城市的形成,进而实现安居乐业、经济繁荣、生态和谐的美好城市愿景,具有重要意义。

从现实意义上说,伴随着我国不断提高的城市化水平和机动化水平,城市空间演化和城市交通系统发展过程中出现的问题急需寻求适用于我国城市发展的城市空间理论和交通理论来进行探索和解释。此外,处于经济转型升级、加快推进社会主义现代化的重要时期,探索研究城市空间演化与交通系统发展的耦合作用机制及协调生长策略对全面提高城镇化质量、全面建成小康社会、加快推进社会主义现代化具有重大现实意义和深远历史意义。

1.3 国内外相关领域研究现状

城镇化是一个综合性的课题,需要明确的是将"urbanization"一词译为"城镇化"的针对性更强,更能体现中国的国情。因此,"城镇化"将频繁出现在本书的写作过程中。

1.3.1 国内外城镇化相关研究

自 1867 年西班牙城市规划设计师瑟尔达(A. Serda)在《城市化理论》著作中首次使用"urbanization"一词以来,国内外研究与城镇化联系较为紧密的有以下几个。

1. 马克思主义的城乡融合观

马克思主义的城乡融合观源于马克思的劳动地域分工理论。马克思和恩格斯认为劳动的地域分工提高了劳动生产力水平,推动生产要素由农村向城市、农业向工业转移,引发了城市与农村、工业与农业的对立,伴随着劳动地域分工的扩大、城市与工业的发展,又必然引起城市与乡村的融合化发展。马克思主义的城乡融合观辩证地论述了劳动分工对城市与乡村分离并结合的作用,客观地分析了人口、资本、资源等生产要素向城市集中的必然性,同时也指出了城市与工业发展对生产、生活赖以依托的自然环境的破坏会必然推动城市与乡村的融合发展。

2. 刘易斯的二元经济结构理论

二元经济结构是英国发展经济学家阿瑟·刘易斯在《劳动力无限供给条件下的经济发展》一文中率先提出的,并在后续发表的《无限的劳动力:进一步的说明》等六篇文章中详细阐述了存在二元经济国家的发展问题,由此形成了二元经济结构理论。他认为:"经济发展早期阶段的大多数国家,其经济呈现出高工资经济与低收入工资经济并存"。二元经济结构理论说明了:城市是高劳动生产率和现代产业的代表,而农村却存在大量边际生产率为零的剩余劳动力,当农村剩余劳动力完成向城市的转移,即完成城市化进程的时候,发展中国家就实现了二元经济的一元化，也即实现了经济现代化。

3. 人口迁移理论

所谓"人口迁移"，是指人口分布在空间位置上的变动。随着城市化和工业化进程的加速，以及土地资源和城市空间的不断重组和异化，人口、资本等生产要素快速流动。联合国《多种语言人口学辞典》中给出的"人口迁移"的定义为："人口在两个地区之间的地理流动或者空间流动（spatial mobility），这种流动通常会涉及永久性居住地（permanent residence）由迁出地（place of origin，place of departure）到迁入地（place of arrival，place of destination）的变化"。

城镇化是一个发展中的概念，其表述更加符合我国社会实情。刘纯彬从户籍、教育、就业、保险等制度的角度分析我国城乡二元结构产生和形成的原因，将城乡居民划分为农民和市民两个阶层，可以得出两个阶层存在较为突出矛盾的结论。胡际权认为新型城镇化发展是以市场利益驱动、政府规划引导等为主要动力机制，具备协调城镇规模、布局、功能、产业等方面的"新"特征。并以经济集约化、生态环境保护与建设等方面构建新型城镇化的评价体系，对我国城镇化水平进行了预测，并针对不同层次、不同区域的城镇，提出了我国新型城镇化的推进方式。王发曾等认为新型城镇化的动力机制由经济、社会、基础设施发展等核心机制和行政促进、控制等辅助机制构成，并以中原经济区为例指出实施集约经营、促进城乡统筹等策略是推进新型城镇化的关键。仇保兴等通过分析美国凤凰城、天津生态城、"零碳城市"——马斯达城的发展经验，从可再生能源、水资源循环利用等方面提出了新型城镇化带动西部大开发的发展思路与具体建议。于晓晴根据长江上游区域特点和城镇化现状，提出由市场导向的民间力量或社区组织的"自下而上"为主的新型城镇化发展模式，实现"自下而上"和"自上而下"的有机结合，并架构长江上游地区新型城镇化的体系。黄亚平、林小如以湖北省为例，探讨了欠发达山区应从宏观政策、中观产业、微观硬件等方面结合资源环境稳步健康发展新型城镇化。蒋晓岚、程必定认为中国新型城镇化大致分为城市化率和"城市性"的双重提升及"城市性"的持续提升两大阶段，指出人口城市化率是其外在特征的反映，而区域"城市性"才是内涵与本质特征。倪鹏飞等认为新型城镇化发展过程中应坚持科学发展观，以政府引导、市场运作为保障促进城镇内涵式增长。杨仪青等借鉴国外发展经验，提出中国新型城镇化的发展应改变"摊大饼"的粗放发展模式，需根据城镇区位条件、自身特征等实施旧城改造、城中村改造和新型农村社区建设，构建组团式联合开发建设模式，带动城市和农村的协同发展。孟鹏描述城镇化的演变和发展是人口、土地和资金三大要素的流动与这三大要素流动所带来的生产结构、就业结构、消费模式以及居住方式的四个转变过程。韦仕川等从旅游业与城镇化的关系入手，深入分析了"大中型城镇化模式""旅游城镇建设模式""旅游综合体模式"和"旅游新农村社区模式"等四种模式的功能特征、发展方向和运营模式。

1.3.2 城市空间与交通相关理论研究

1.3.2.1 国外相关研究

1. 马塔"带形城市"理论

1882年，西班牙工程师马塔提出了"带形城市"的理论，主张以交通干线为骨架，沿高速、高运量的交通走廊设置城市开发走廊，形成"节点-走廊"格局，在新的集约运输方式的影响下，城市不再是分散的点状空间，而是由一条铁路和道路干线相串联在一起的、连绵不断的城市带，城市将更依赖于交通运输线。

2. 霍华德"田园城市"理论

霍华德（Ebenezer·Howard）于1898年提出了"田园城市"理论。该理论提出：应该用一系列小型的、精心规划的市镇来取代大都市，形成一个高效的城市网络。

3. 卫星城市理论

雷蒙·恩温于1922年出版了《卫星城市的建设》一书，正式提出了卫星城市的概念。该理论指出，卫星城市系在大城市附近，并在生产、经济和文化生活等方面受中心城市的吸引而发展起来的城镇，它往往是城市集聚区或城市群的外围组成部分。

4. 广亩城市理论

20世纪30年代，美国建筑师赖特提出了基于分散主义的城市规划思想，并在其1932年发表的著作《正在消失的城市》中将其称为"广亩城市"理论。该理论突出地反映了20世纪初建筑师们对于现代城镇环境的不满，以及对工业化时代以前人与环境相对和谐的状态的怀念。

5. "有机疏散"理论

有机疏散就是把扩大的城市范围划分为不同的集中点所使用的区域，这种区域内又可以分成不同活动所需要的地段。1943年，芬兰建筑师伊利尔·沙里宁出版《城市——它的成长、衰败与未来》一书，他认为城市是由许多"细胞"组成，细胞间有一定的空隙，有机体通过不断地细胞繁殖而逐步生长，它的每一个细胞都向邻近的空间扩散，这种空间是预先留出来供细胞繁殖用，这种空间使有机体的生长具有灵活性，同时又能保护有机体。

6. 区位理论

1826年，约翰·海因里希·冯·杜能（Johann Heinrich vonThünen）在《孤立国同农业和国民经济的关系》一书中首次创立了农业区位理论。他的农业区位理论奠定了空间区位分析理论的基础，但假设条件较严格，过于理想化。1909年，德国经济学家韦伯（A. Weber）运用杜能的研究方法，对德国1861年以来的工业区位和人口集聚等进行了研究，出版了《工业区位理论——论工业区位》。他发现区位因子决定生产区位，由区位因子把生产吸引到成本最小的地方。1933年，德国地理学家克里斯泰勒（W. Christaller）在对德国南部地区进行实地考察的基础上，对一定区域内的城镇等级、规模、数量、职能等之间的关系及其空间结构的规律进行了深入研究，出版了《德国南部的中心地》一书，提出了中心地等级序列理论。1939年，奥格斯特·廖什（August. Iosch）出版了《经济空间秩序——经济财贸与地理间的关系》一书，提出市场区位理论，认为企业是在按照利润最大化原则选择区位，并最终定位在生产、消费和供应的中心。

7. "增长极"理论

20世纪50年代，法国经济学家弗朗索瓦·佩鲁（Francois Perroux）提出了"增长极"（Growth Poles）理论。该理论的核心思想是：在经济增长中，由于某些主导部门或有创新能力的企业或行业在一些地区或城市的集聚，形成一种资本与技术高度集中、具有规模集聚效益、自身增长迅速并能对邻近地区产生强大辐射作用的"增长极"，通过具有"增长极"的地区的优先增长，可以带动相邻地区的共同发展。

8. 城市经济学理论

20 世纪 40 年代，城市经济问题进入系统化研究阶段，内容涉及城市房地产市场、级差地租、土地价格、土地合理利用、工业布局、空间距离、运输成本等。20 世纪 60 年代城市经济学从广义的经济学中分离出来，并成为一门独立的学科。阿瑟·奥沙利文（Arthur O'Sullivan）在《城市经济学》一书中，将城市的产生和发展的原因归纳为：比较优势、内部规模经济和聚集经济。他将交通运输与城市发展联系起来，为研究交通运输对城市的集散作用提供了理论依据。

9. 协调单元理论

约翰·波特曼（John Portman）研究发现：一般人步行到达目的地愿意花的时间是 7～10 min。他设想把这个范围发展成为一个整体的区域，且能满足人们生活的需要，这个范围就是一个完整的生活"协调单元"。它的基本特征是：停车场等服务设施设置于地下，设置人性化的开放空间，各类功能建筑物协调布置，组成一个由商店、娱乐场所、旅馆、办公及居住单元构成的城市综合体。

10. 城中城理论

当代建筑思潮的重要派别——新理性主义的代表人物克里尔兄弟将"城中城"的基本特征描述为：必须满足都市生活的各项功能，包括居住、工作、休闲、文化等；必须有自己独立的中心；必须有明确的界限。"城中城"的定义为标准界限——面积不超过 33 hm^2（公顷）、居住人口不超过 15 000 人的区域。在这个范围内，人们只需步行 4～10 min 就可到达车站。

11. "精明增长"理论

精明增长（Smart Growth）是 20 世纪 90 年代诞生于美国规划界最流行的时髦概念。以应对城市蔓延问题为核心的一系列政策和技术措施，如在城市建成区的内填式发展（Infill Development）、城市增长边界（Urban Growth Boundary，UGB）的确定、交通导向发展（TOD）、回归传统邻里的城市设计原则等，这些被普遍认为是精明增长的共同原则，并在指导美国城市与社区发展中展示出旺盛的生命力。

12. "新城市主义"理论

"新城市主义"理论源于北美对"第二次世界大战"后城市发展基本原则的一系列系统审视与反思。今天，城市活力与多样性、人的尺度、公共空间的质量紧密相连成为一个被普遍接受的原则。1993 年 10 月，170 余名建筑规划师就美国现代郊区特性的丧失、中心城区的衰败、社区中日益增长的种族仇视和收入差距，以及由于日常生活对汽车的严重依赖导致的生态环境恶化等问题广泛交换了意见，并最终于 1999 年提出了新城市主义宪章（Charter of the New Urbanism）。宪章提出城市发展应致力于在连续大都市区域内恢复已经存在的城市中心和城镇，将蔓延的郊区重新布局为真正的邻里和多样化的城市社区，保护自然环境，维护历史遗产。新城市主义试图用一系列涉及三种不同空间尺度（区域、邻里和街区）的共同原则整合这些相对独立的运动，提供一种对郊区蔓延、内城萧条、单一用途的区划、以及单一依赖汽车的物质环境等问题的解决途径。在新城市主义理论中，具有代表性的规划理论和方法是由安德雷斯·杜安伊（Andres·Duany）与伊丽莎白·普拉特-兹伊贝克（Elizabeth Plater-Zyberk）提出的传统邻里区开发（Traditional Neighborhood Development，TND）和由彼得·卡尔索尔普（Peter·Calthorpe）倡导的偏重使用公共交通的邻里区域开发（Transit-Oriented Development，TOD）。两者并没有本质的区别，只是 TND 偏重于城镇内部街坊社区层面（在一定程度上可看作社区 TOD）的规划，重点在城市设计，而 TOD 更偏重于整个大城市区域层面的整体规划。

13. 城市增长边界理论

城市增长边界的概念是随着城市蔓延问题的产生而提出的，早期仅限于对城市建设用地的硬性控制，而现在更多的是从区域的角度来进行协调考虑，注重城市增长边界的实施效果。当前，对城市增长边界的研究主要集中在城市空间发展领域，美国在控制城市蔓延中提出的"新城市主义"与"精明增长"理念始终将城市增长边界置于一个核心位置。1970—1990 年是美国"精明增长"运动的萌芽和发展时期，政府采取了多种努力去抑制城市的蔓延趋势，其中很重要的一条措施就是确定城市增长边界，确保城市用地的增长避开了需要保护的区域。近些年来，对城市增长边界的研究以评价增长管理的实施效果为主。其中，Nelson 于 1999 年发布的研究结果表明：增长管理在控制城市带附近蔓延、保护农业用地、提供便捷交通等方面的作用和效果明显。

14. 交通微循环

国外对交通微循环的研究起步较早。1980 年，Michael 对支路与次干道的供给进行研究，认为支路与次干道是住宅区交通循环系统的组成部分，并利用模型决定交通控制方式，以获得住宅区环境"成本-效益"的最大化，证明支路空间是出行时间的影响因素之一。而 Christopher 等人认为，有效的交通循环线路和交叉口的设计与管理可以减少机动车阻塞，根据交通线路特征，建立一种新的交通循环空间组织方式。国外偏重于对交通管理，交通组织方式的研究。随着电子信息时代的到来，国外对交通的技术性研究逐渐增多，如对交通布局模型、城市道路系统的安全评价模型、出行时间网络均衡模型、智能交通系统（Intelligent Transport System，ITS）等的研究。

15. 城市空间理论

1925 年，美国社会学家伯吉斯（E. W. Burgess）根据对芝加哥的土地使用和社会经济结构的空间分类模式的调查研究，提出了城市空间结构的同心圆模式。1932 年，巴布科克（Babcock）对伯吉斯的同心圆模式进行了修正，他考虑到交通的影响，认为城市将沿交通轴呈星形环状向外扩展，这在一定程度上与现实又接近了一步。美国城市经济学家霍伊特（Homer Hoyt）于 1939 年提出了城市地域结构的扇形模式。他通过对美国 64 个中小城市和纽约、芝加哥、底特律、华盛顿、费城等几个大城市内部的住宅、房租、地域结构等资料进行分析后发现，交通线路对城市扩展有很大影响，城市不是由市中心均匀地向外扩展的，他认为城市用地，特别是住宅用地往往沿城市主要交通线路或自然障碍物最少的方向向外延伸。1945 年，美国地理学家哈里斯（C. D. Harris）和乌尔曼（E. L. Ullman）在其《城市的本性》一书中提出了地域空间的多中心模式。该模式认为，大城市不是以单中心模式发展的，而是在演化过程中，除了主要的中心商业区（CBD）外，还会出现多个次中心商业区。20 世纪 60 年代，城市空间结构的概念框架被富勒（Foley）、韦伯（webber）等一些学者尝试上开始被建立起来。

16. 城市群研究

19 世纪末霍华德的"田园城市"模式中最早出现了城市组群思想，他设想由若干个兼顾城市和农村优点的理想模式城市围绕中心城围合成城市组群，并形成"无贫民窟无烟尘的城市群"，也即他所谓的"社会城市"。1915 年，英国学者格迪斯（Patrick Geddes）在其著作《进化中的城市（*Cities in Evolution*）》中，将人口组群发展（population-grouping）的新形态表述为集合城市（conurbation）。现代意义上城市群研究的开拓者被大量学者认为是法国地理学家戈特曼（Jean Gottmann），他于 1957 年在其著名论文《*Megalopolis or the urbanization of the Northeastern seaboard*》中，借用希腊语"megalopolis （大都市带）"描述了美国大西洋沿岸北起波士顿、纽约，南到华盛顿的空间地带上由多个城镇组合的都市高密集现象，并在随后的著作中不断完善其思想。

1.3.2.2　国内相关研究

1. 城市空间结构研究

近年来，城市空间结构受到众多学者的关注和研究。刘春成等比较全面地对城市进行系统解构与功能分析，并从城市系统中梳理出规划系统、产业系统、基础设施系统和公共服务系统等。胡俊认为城市空间结构是城市各组成物质要素平面和立体的形式、风格、布局等有形的表现，是多种建筑形态的空间组合布局，其实质是一种复杂的人类经济社会文化活动在历史发展过程中的物化形态，是在特定的地理环境条件下，人类各种活动和自然因素相互作用的综合反映，是城市功能组织方式在空间上的具体表征。朱喜钢则倾向于将城市空间结构定义为：在特定社会生产和生活水平以及自然、环境、资源等多种背景下，城市物质要素所形成的城市功能、组织方式以及背后社会政治、经济、生态、文化等内在机制所决定的空间布局特征。黄亚平认为，城市空间结构除了由物质设施所构成的显性结构外，还包含有诸如城市的社会结构、经济结构和生态结构等在内的、具有相对隐性的结构内容。宛素春认为，城市空间结构主要以宏观描述为主，是城市经济结构、社会结构、自然条件在空间上的投影，它侧重于要素的布局与联系。顾朝林等人指出，城市空间结构主要是从空间的角度来探索城市形态和城市相互作用网络在理性的组织原理下的表达方式，也就是说，在城市结构的基础上增加了空间维度的描述。从以上对城市空间结构的各种定义可以看出，城市空间结构在强调物质要素为主的同时，又包含有非物质的成分，涉及社会政治、文化等。

2. 城市交通与土地利用研究

李泳、曲大义、刘登清等人从不同的角度针对城市交通与土地利用的关系问题给予了具体论述，认为两者之间存在一种相互影响、相互制约的循环作用与相互反馈关系。杨荫凯等一些学者分析了自 19 世纪以来交通技术五次创新所带来的城市土地利用空间形态的演变，建立了两者的空间布局对应关系。过秀成、潘海啸、陆化普等学者从实际出发，详细探讨了不同城市土地利用空间结构的城市交通系统空间布局，提出了轴向城市、团状城市和组团式城市的快速轨道交通空间布局模式，并以北京等城市为例研究了大城市 CBD 城市交通系统布局中道路系统组织的思路、方法以及应注意的问题等。王春才在其博士学位论文中系统分析并建立了城市交通与城市空间互动演化模型，并选取东京和洛杉矶进行了实证分析。刘冰等人从交通本质的角度论述了交通规划与土地利用规划的共生性及表现形式。徐慰慈等从城市可持续发展的角度以及数学建模、规划实施和规划龙头作用等不同角度指出，城市土地利用规划与城市交通规划必须紧密结合，相互协调，两者应在不同层次上取得密切配合与协调，促进城市土地利用规划与城市交通规划的一体化。范炳全、钱林波等学者则从城市中观层次出发，分别从交通可达性、交通边际效用及城市土地利用混合度等方面建立了城市分区的土地利用与交通关系模型。杨励雅在其博士学位论文当中提出了灰色系统云-马尔可夫链的组合预测模型，预测出城市轨道交通沿线土地利用性质的空间分布规律。成峰等人基于遗传算法建立了城市用地与路网设计一体化双层优化模型，定量分析了用地功能空间布局与道路等级关系。在对土地利用与交通系统的协调发展研究当中，李晓江、魏后凯、顾朝林、王霞等学者考虑到城市土地与交通发展观念的变化，认为必须拓宽城市土地利用和城市交通规划的思路，提出应以交通可达性为核心的新观念，科学制定与城市规划、土地利用规划相协调的城市交通规划。陈艳艳等人认为在市场经济下，应引入市场调节观念，用市场经济杠杆调控交通系统供需关系，促进城市土地和交通系统关系的协调发展。针对我国大城市采用高密度集中开发的土地利用模式，而道路设施又相对不足等特点，陈永庆等人普遍探讨了 GIS 技术在土地利用和交通系统研究中的应用，并设计了土地利用、交通地理信息系统总体逻辑模型，论述了 GIS 在土地利用、交通系统中的应用模型和核心问题。陆化普等人注意到，传统交通规划模型中没有意识到交通与土地利用相互反馈过程是有局限的，指出应开发主动引导型的交通规划体系和模型系统，并阐述了新理论体系的基本思路及框架，基于交通效率最大化的优化目标建立了大城市合理土地利用形态优化模型。

3. 其他相关理论

（1）交通经济带理论。

交通经济带（Trafic Economic Belt，TEB）是以交通干线或综合运输通道作为发展主轴，以轴上或其吸引范围内的大中城市为依托，以发达的产业，特别是二、三产业为主体的发达带状经济区域。这个发达的带状经济区是一个由产业、人口、资源、信息、城镇、客货流等集聚而形成的带状空间经济组织系统；在沿线各区段之间和各个经济部门之间建立了紧密的技术经济联系和生产协作。交通经济带是一个复杂而特殊的带状区域经济系统，有其自身的构成要素，这些要素对它的形成、发展和演化有着重要影响。1993 年，北方交通大学系统工程研究所的张国伍先生在参考国内外有关论述的基础上，在国内首次创立了"交通经济带"的概念，并主张将交通建设与沿线经济开发相结合。自 1996 年起，中科院地理所张文尝先生主持国家自然基金项目"交通经济带发展机理及其模式研究"，对有关交通经济带的问题进行了系统、全面地总结和创新。

交通经济带理论吸取了区位论、增长极、都市带理论及点轴系统理论的精华，结合交通布局和运输地理学的基本原理，创立了自己的理论体系，对丰富我国交通运输地理学研究内容、引导交通布局和运输地理学的研究方向，具有重要的意义。

（2）城市交通理论。

1996 年，曹钟勇发表著作《城市交通论》。在书中他全面概括了城市交通与城市化发展之间的关系，研究了不同阶段、不同时期的城市交通发展的基本特征和规律，并指出我国城市交通发展正处于成长期。他认为，城市交通发展的前一个阶段是后一阶段的前提，后一阶段则是前一个阶段发展的结果，处于不同阶段的城市交通将会表现出不同的外部特征。城市交通论着眼于某一城市交通运输网络的形成与演化，它基于城市化和交通运输发展的双向互动作用，通过城市化过程中人和物的流动在不同阶段推导出城市交通变化的不同发展阶段，尽管该理论描述了城市交通总体发展情况，但却不能使人们对城市交通发展的实际发生的情况以及实际起作用的因素有更广泛及更深入的了解，而且无法对运输技术的进步因素展开分析。

（3）交通对城市空间结构的作用研究。

交通与城市的产生和发展密切相关，交通技术的每一次创新都对城市发展和演变起着重要的不可替代的作用。现有文献中交通对城市空间结构作用的研究较为丰富，包括以某一具体城市为对象进行研究或以某种具体运输方式来进行研究，如周一星等人研究了航空运输与中国城市体系的关系；孙章等学者对城际轨道交通与城市发展的研究，并且已经开始了定量化的研究；张林峰等运用系统动力学模型对交通影响下的城市中心演化的研究等。

（4）城市发展对交通的需求研究。

城市形态与交通需求之间存在一系列的相互作用机制，主要体现在以下几个方面：交通设施是城市形态的骨架，对城市形态起重要的作用，交通方式的选择促进相应的交通基础设施的建设，从而驱动了城市形态的演变；一定的城市形态决定了不同类型用地在空间上的分离，引导了交通量的空间分布，从而产生交通出行，并反过来影响交通方式的选择；交通工具的多样性为相应的出行方式提供选择，从而强化了城市的发展形态和格局；城市形态与交通需求共同作用于社会经济活动，既是二者存在的原因也是二者联系的纽带。

（5）城市交通微循环。

在我国，2005年北京市政府工作报告中正式提出"城市交通微循环"一词，该报告指出："完善的城市交通微循环系统能够合理分配交通流量、缓解交通压力、提高道路通行速度，是城市道路网络不可缺少的组成部分"。

北京工业大学李德慧、刘小明教授对城市交通微循环体系进行了一些功能上的分析，并探讨了对道路微循环进行评价的方法。同济大学宋雪鸿硕士从城市交通微循环特性分析、交通管理、微循环评价等方面阐述了城市交通微循环建设规划的相关应用技术，并以合肥市大东门及双岗地区交通改善设计为例进行了实证分析。

（6）国内城市增长边界（UGB）研究。

国内对UGB的研究尚处于起步阶段，在国内的城市规划实践中，实际上并没有完全引入UGB的概念，只进行了一些初步的研究。刘海龙就增长管理的重要工具与我国规划内容、方法与管理的结合进行了研究。俞孔坚以"反规划"（Anti-planning）理念提出城市生态基础设施建设的景观安全格局方法，通过EI的构建来制定UGB。

总之，城市形态、城市空间结构、城市布局以及交通系统的演变是社会经济发展到一定程度的产物，反过来又直接影响社会经济的发展。以往研究中将交通规划或城市规划孤立进行研究，缺乏城市土地利用与城市交通的互动关系以及与仿真实验平台相结合综合性协调发展的研究。而城市交通问题的根源在于城市土地利用结构不合理、土地布局混乱、土地利用规模及强度失控以及土地集约化利用程度低等因素，因此对其研究应给予高度重视。

1.4　主要研究内容

以中国典型组群城市淄博为例，本书探索新型城镇化背景下组群城市空间演化与交通系统发展的耦合作用机制及协调生长策略，主要研究内容如下。

第一章，简述了研究的背景、目的及意义，并对国内外对有关城镇化、城市空间演化与交通系统相互作用的研究进行了简要叙述。

第二章，研究新型城镇化背景下的城市生长。首先总结了新型城镇化的相关概念及内涵，并给出城市生长的基本定义，确立了城市更新与演进的"互动关系"。其次，指出新型城镇化背景下网络多核组群城市衍生的必然性，并探讨其空间布局及新型城镇化模式。最后，以淄博市为例描述了组群城市的相关特性。

第三章，研究新型城镇化背景下城市空间演化对交通系统发展的要求。本书分别从城市空间结构与城市生长质量两方面着重论述城市空间演化对交通系统发展的要求，并以淄博市为例说明组群城市发展对交通系统的要求。

第四章研究新型城镇化背景下交通系统对组群城市空间发展的作用机制。在分析交通出行行为与交通方式两者关系的基础上，从交通可达性和交通建设时机、时序两方面阐述交通系统对城市空间的发展作用机制。进而以淄博市为例研究如何促进组群城市生长和组群城市TOD 发展战略。此外，凭借 TransCAD 和 VISSIM 仿真研究平台对淄博市院落式小区与交通微循环的融合发展、主干道两侧高密度高强度开发模式下交通流优化策略进行了示例研究。

第五章研究组群城市空间演化与交通系统发展的耦合作用机制及协调生长策略。概述了城市空间演化与交通系统发展的耦合定义、目标与内涵，分析得出耦合机制、耦合过程、耦合模式等。并以城市空间和交通系统自身协调分别作以分析与论述，最后给出两者的协调生长策略框架。

第六章以组群城市淄博为例，构建淄博市人工交通仿真实验平台系统。该系统以大量的实测数据为基础，通过参数标定和验证交通行为模型，构建集成化的交通仿真实验平台。依托系统平台对淄博市交通发展战略、淄博市"十字型"轻轨可行性、综合协同发展战略下核心区张店区的交通发展模式、副核心临淄区公交规划、公铁联运客运枢纽交通影响范围交通组织方案进行系统全面的仿真测试分析。并以此为契机对新型城镇化背景下的高青县城乡公交一体化规划方案进行了研究分析。

第七章，对全书内容加以总结及展望。

1.5　本章小结

本章简述了论文研究的背景、目的及意义，并对国内外对有关城镇化、城市空间演化与交通系统相互作用的研究进行了简要叙述，最后介绍了本书研究的主要内容。

第二章 新型城镇化背景下的城市生长

2.1 基本概念

2.1.1 新型城镇化

2.1.1.1 新型城镇化定义及历史沿革

新型城镇化是坚持以人为本，以科学发展观为统领，以工业化和信息化为主要动力，以统筹兼顾为原则，推动城市现代化、集群化、生态化以及农村城镇化，全面提升城镇质量和水平，走科学发展、集约高效、功能完善、环境友好、社会和谐、个性鲜明、城乡一体、大中小城市和小城镇协调发展的城镇化道路。

2002年，中国共产党第十六次全国代表大会报告首次提出"走中国特色的城镇化道路"，并明确提出了加快城镇化进程的要求，必须走城市与生态、城市与农村、城镇化与新型工业化协调发展的路子。2007年，温家宝进一步明确提出"要走中国特色的城镇化道路"，中国共产党第十七次全国代表大会报告第一次将小城镇建设提到了重要位置并提出："按照统筹城乡、布局合理、节约土地、功能完善、以大带小的原则，促进大中小城市和小城镇协调发展"。2012年年底中央经济工作会议首次提出"走集约、智能、绿色、低碳的新型城镇化道路"。中国共产党第十八次全国代表大会报告指出："必须以改善需求结构、优化产业结构、促进区域协调发展、推进城镇化为重点，着力解决制约经济持续健康发展的重大结构性问题"，并根据我国经济社会发展实际，进一步提出全面建成小康社会的新要求，提出了"坚持走中国特色新型工业化、信息化、城镇化、农业现代化道路"的新表述，推动信息化和工业化深度融合、工业化和城镇化良性互动、城镇化和农业现代化相互协调。2013年底召开的十八届三中全会以及在中央经济工作会议期间召开的中央城镇化工作会议对我国新型城镇化进行了全面系统的谋划，提出了新型城镇化改革的原则与发展路径。2014年3月5日，国务院总理李克强在全国"两会"政府工作报告中更加明确地提出要走"以人为本、四化同步、优化布局、生态文明和文化传承的中国特色新型城镇化道路"。

经过改革开放30多年的发展，"中国特色新型城镇化道路"伴随中国改革进程逐渐明晰和成熟。2015年年末我国总人口达到137 462万人（统计数据不包括台湾），我国的城镇化水平已经由1978年的17.9%提高到2015年的56.10%，城镇人口由1978年的1.72亿增加到2015年的7.71亿，创造了人类历史上空前的城镇化进程。

2.1.1.2 新型城镇化内涵及本质特征

新型城镇化已成为当前我国经济社会发展的主要举措和战略任务。中国共产党十八届三中全会审议通过的《中共中央关于全面深化改革若干重大问题的决定》再次阐释了新型城镇化的内涵："坚持走中国特色新型城镇化道路，推进以人为核心的城镇化，推动大中小城市和小城镇协调发展、产业和城镇融合发展，促进城镇化和新农村建设协调推进，优化城市空间结构和管理格局，增强城市综合承载能力"。

新型城镇化的本质是城市现代化。它指的不仅是人口向城市的转移，而是整个城市化过程坚持以人为本，集约、统筹、协调的发展，强调城乡统筹发展，增强产业集聚功能，形成结构合理的城镇体系，实现集约化和内涵式发展，增强城市自主创新能力，全面惠及政治、经济、文化和社会。人本性、协调性、系统性、可持续性是新型城镇化的基本要义，如表2-1所示。

表2-1　新型城镇化的本质特征

名　称	特征描述
以人为本的城镇化	中国特色的新型城镇化的本质特征是以人为本。它要求从生产要素的低成本竞争战略和投资驱动战略走向创新驱动战略，遵循城镇化发展规律，围绕人的城镇化这一核心，合理引导人口流动，有序推进农业转移人口市民化，稳步推进城镇基本公共服务常住人口全覆盖，不断提高人口素质，促进人的全面发展和社会公平正义，使全体居民共享现代化建设成果，最终让产业结构、就业方式、人居环境、社会保障等实现质的转变
协调有序的城镇化	中国特色的新型城镇化是立足于优化城镇化布局和形态，以城市群为主体形态，促进大中小城市协调有序发展的城镇化。主攻中小城市，在发挥中心城市辐射带动作用的基础上，强化中小城市和小城镇的产业功能、服务功能和居住功能，把有条件的县城、重点镇和重要边境口岸逐步发展成为中小城市；培育中西部城市群，使之成为推动区域协调发展的新的重要增长极；完善综合运输通道和区际交通骨干网络，推动区域合作与交流
持续发展的城镇化	中国特色的新型城镇化是以绿色集约、健康理性、智慧人文、科学规划为鲜明特征的可持续发展的城镇化。加快产业转型升级，打造城市核心竞争力；推动城市绿色发展，提高智能化水平，将生态文明理念全面融入城市发展；提高城市规划科学性，改善城市人居环境；完善城市治理结构，创新城市管理方式，提升城市社会治理水平，推进创新城市、绿色城市、智慧城市和人文城市建设，全面提升城市内在品质
城乡一体的城镇化	中国特色的新型城镇化是要最终实现城乡发展一体化，让广大居民平等分享现代化成果。通过完善城乡发展一体化体制机制，加快消除城乡二元结构的体制机制障碍，加大统筹城乡发展力度，增强农村发展活力，逐步缩小城乡差距，促进城乡建设协调一体推进

2.1.1.3　新型城镇化目标

新型城镇化是我国在实现工业化、现代化过程中所经历的社会变迁的一种反映，结合发展的需要、国情和新型城镇化的内涵，在我国，未来的新型城镇化应实现三大战略目标：

1. 促进新兴产业发展

新型城镇化为新兴产业带来了巨大的发展空间、动力和新的发展模式。目前，我国的工业产能严重过剩，大城市病日益凸显，在未来，提倡以现代生态农业、休闲旅游业、新型可再生能源、新兴产业带动城镇化发展，促进二、三产业与第一产业的融合。

2. 调整产业结构，转变经济增长方式

新型城镇化将成为产业结构调整、经济增长方式转变的最有力推手。首先，与新型城镇化密切相关的新兴产业将推动我国各个产业全面升级；其次，新型可再生能源的应用、生态农业和循环经济的推广，将从根本上改变我国经济增长方式，实现绿色、低碳、可持续的发展。

3. 促进城乡融合、改进社会治理结构

新型城镇化建设中，政府角色的转变利于保证新型城镇化的效果和促进城乡的融合，也为改进社会治理结构提供了机会和空间。

2.1.2　城市生长

"生长"是一个生物术语，词典中的解释是在一定的生活条件下生物体体积和重量逐渐增加、由小到大的过程。城市的生长是经济发展和人类活动在地域空间上的投影，是城市空间、意象、精神等一系列特征形成、塑造的复杂过程，具体可描述为在一定的地理空间范围内，各类土地由非城市用地状态向城市用地状态转移的过程和结果。这里主要从城市空间更新与演进两方面阐述城市生长，如表 2-2 所示。

表 2-2　城市更新与城市演进内涵

城市生长	内涵
城市更新	城市更新，就是为了使旧城恢复其在城市发展中的故有活力，发挥其应有的作用，以达到改善生活质量与环境、振兴城市经济、推动社会进步的目的。一方面是城市客观物质实体（基础设施等建筑物硬件）的拆除、改造、维护与重新建设；另一方面城市更新又是生态环境、空间社会环境、文化视觉环境的改造与延续，包括社会网络结构和由此形成的心理定势。城市更新内容主要包括旧城人口疏散、经济社会结构调整、产业布局调整、设施更新、环境改善、建筑形体空间的再创造以及人文感知空间塑造等内容
城市演进	城市功能是城市存在的依据和发展的基础，城市发展是城市功能不断完善与更新的过程。当城市发展到一定阶段时，对城市功能的必要完善与适度更新，会受到城市承载力的必然制约。城市为寻求发展，就要演进生存空间，进行新区开发，以提高城市经济社会的综合承载力。城市演进的目的，就是通过发展新区，加强与完善城市功能、繁荣与发展城市经济、推动城市社会进步

城市空间有其独特的生命力，也呈现出复杂的面貌，新型城镇化过程中，城市更新与演进是城市功能和空间不断生长的一个过程，这一过程主要取决于城市内部经济、社会、文化活动及其结构，同时，也受到城市外部区域自然、经济等因素的影响。当然，客观上城市更新与城市演进没有绝对的分界线，在这里城市更新主要针对城市旧城（即城市内部），城市演

进主要针对城市新区（即城市外部）。

2.2 新型城镇化背景下城市生长方式

2.2.1 城市更新

2.2.1.1 城市更新类型

按照城市更新的内涵，可以将其分为形态型更新与功能型更新，如表 2-3 所示。

表 2-3 城市更新的类型

	内涵	对城市发展的影响
形态型更新	更新和改善城市内部建筑形态以及总体布局形态等外在因素，以求新旧形象上的连续性和视觉形象的完整统一性	在用地性质与功能保持不变的前提下，增大与改善旧城的环境容量与质量，改善城市内部道路布局与形态、建筑形态，增强旧城与城市其他功能区之间的相互作用，提高城市生产与生活的综合效率，进而提升旧城在城市系统中的功效水平
功能型更新	改善旧城的故有功能，同时发展新的功能生长极	旧城用地性质发生改变，使城市用地总体布局结构发生变动，以及城市功能之间的组织关系与发展态势发生变化，进而提高城市发展的空间配置效益和经济社会综合效率

2.2.1.2 城市更新策略

城市更新策略可理解为依据具体的主、客观条件，为完成城市既定的更新目标，对更新对象、模式、方向、机制、组织形式与保障机制等方面的内容所进行的总体考虑和安排，并根据解决问题的迫切程度及难易程度，对更新对象进行空间和时间上的协调，主要考虑以下这些方面的内容，如图 2-1 所示。

图 2-1 城市更新策略考虑因素

城市是个庞大的公共品集合体，人口的集聚与用地的复杂性使得城市更新过程不能忽视公众利益的维护。一种意志品格与文化特色的精确提炼代表着一座城市的灵魂，哈佛商学院教授罗布·奥斯汀指出："当商业变得更加依赖知识来创造价值时，工作也变得更像是艺术。本书列出新型城镇化背景下三种城市更新策略，如表 2-4 所示。

表 2-4　城市更新策略

策略	内涵
以公私合作模式主导交通、商业、住宅综合一体开发的城市更新策略	以公私合作模式（Public-Private-Partnership，PPP）主导交通、商业、住宅综合一体开发的城市更新策略指通过政府和企业的持久合作与全程参与，基于以人为本、生态可持续等城市规划理念，以交通引导城市格局重构、再造，发挥交通导向优势，采用精明增长的城市设计方式，实现商业的综合性与住宅的多样性建设，实现新型城镇有机疏散与功能多样的目标，构筑交通、商业、住宅综合一体式的新型城市
以文化和旅游产业为导向的城市更新策略	以文化和旅游产业为导向的更新策略指注重物质形态与非物质形态、自然环境与生态系统的维护与保留，延续历史，并以展现城市魅力为新的经济增长点，大力发展旅游业，实现文化与旅游产业的同步发展
以创意经济为导向的城市更新策略	以创意经济为导向的城市更新策略是新型城镇化背景下分别从产业角度、要素角度、经营角度、管理角度、环境角度等方面定义创意经济，塑造城市品牌美学，进而实现城市的更新。创意经济（creative economy）指那些从个人的创造力、技能和天分中获取发展动力的企业，以及那些通过对知识产权的开发可创造潜在财富和就业机会的活动，意味着以效用为重心的经济，转向以价值为重心的经济

2.2.1.3　城市更新与保护

城市在长期的历史积淀中，形成了丰富的环境意象，这些意象已同居民的生活融为一体，使得生活环境更动人，更具表现力，是一种具有生命力的"场所精神"。城市保护的目的就是保护城市的历史，保护城市的文化，保护城市的特色，如图 2-2 所示。

图 2-2　西安古城墙更新与保护

城市更新暴露出传统建筑受到破坏、城市文脉被割断，地方特色和文化传统丧失殆尽、城市景观趋于雷同化等诸多弊端。因此，城市更新需要抓住城市特色，保留城市韵味，方能彰显城市活力，如图 2-3 所示。

图 2-3　北京四合院和上海里弄的更新与保护

2.2.2　城市演进

2.2.2.1　城市演进方式

城市的发展受城市经济、自然条件、交通、区位、生态环境、政策及社会心理等因素的影响，所以城市演进的方式也是多种多样，主要表现为聚集型演进和扩散型演进两种方式。

1. 聚集型演进与城市的向心增长

城市向心增长是指城市向周围地区蔓延或依附于城市主体连片发展和分片发展，主要表现为如表 2-5 所示的三种形式。

表 2-5　聚集型演进与城市的向心增长形式

类型	含义
蔓延式演进	在自然地理环境条件允许的情况下，城市空间演进以周边蔓延式为主，趋向于集中布局，在聚集效益的吸引下，城市外部地域的开发建设，造成城区圈层式增长，市区边缘不断向外推进，城市具有某种程度的蔓延式空间演进特征
连片演进	城市连片演进主要发生在城市面临巨大增长压力时，有目的选择建成区外 1～2 个方向，利用大片土地进行成片集约开发，在空间上与建成区连成一体
分片演进	城市演进采用分散组团布局，结合城市自然条件，设立绿化隔离地区，利用绿色生态空间对城市硬质界面围合的空间进行阻隔，防止城市空间成片连绵扩大，留出的绿色空间要产生足够的生态效应，提供城市生态补偿

2. 扩散型演进与城市的离心增长

城市依托一些骨干基础设施向外沿轴线演进，或以独立、半独立卫星城一级规模较大的新区向外演进，主要有两种表现形式，如表 2-6 所示。

表 2-6　扩散型演进与城市的离心增长形式

类型	含义
轴向演进	城市轴向演进是依附于城市本体，向周围地区放射演进形成比较窄的城市地区，其中依附于城市对外交通线路呈带状、指状增长等均可视为轴向演进的一种变异。在城市持续增长的过程中，城市伸展轴还会延长或强化，出现新的主伸展轴或次一级伸展轴。此外，城市演进受到新的交通干线、外围大城市及强化的卫星城的吸引，则可能沿特定方向形成新的主伸展轴
飞地式演进	在离建成区一定距离的地方建设一些重大项目，形成"飞地"。这些项目对资源和建设条件有特殊要求或需占用大量用地，在市区外围形成相对独立的小城镇和卫星城。尽快提高这些城镇的交通可达性，建立商业中心和生活服务中心，增加其吸引力，严格限制与主城之间联系的快速路两侧用地用于商业和修建居住建筑，严格控制主城与周边卫星城之间的生态绿地，保证有效的隔离，主城和卫星城各自形成较为集中紧凑的空间布局，从而科学合理地分散主城区产业和人口，避免主城区无序蔓延

2.2.2.2　城市演进成的新区类型

城市演进，是一个相对抽象的概念，主要是以新区来具体体现的。因此，城市演进的类型，主要表现为新区的类型。按照不同的划分标准可分为以下几种不同类型：

1. 根据新区与中心城区的关系可分为以下几种类型

（1）相对独立存在的新城镇。

（2）在功能上作为中心城市的外延部分，而在地域上与之分离的城镇。

（3）作为都市建成区延伸部分的城镇。

2. 按各类新区的功能丰富程度区分，可划分为单一功能和综合功能两种

（1）单一功能型新区：新区内部承担的城市功能的类型单一化，如城市加工工业园、城市保税仓储区、城市居住区等。

（2）综合功能型新区：新区内部承担着城市发展的多种功能，而且这些功能在规模与作用上大致相当，难以区分出主次关系。

3. 根据新区的功能划分可分为以下几种类型

（1）生产型新区，如高新技术开发区、工业开发区等。

（2）居住型新区，如郊区房产开发区等。

（3）会展型新区，如为体育运动会、国际大型会议等大型活动而兴建的新城。

（4）知识型新区，如大学城等知识信息交流密集的新城。

4. 从新区的形成原因区分，可以分为以下几种类型

（1）内城改造和用地功能置换互动形成的"新城"。

（2）城市结构改变生成的组团级"新城"。

（3）以某一大型项目为中心的特定"新城"。

（4）以传统小城镇为基础发展而成的"新城"。

2.2.3　城市更新与演进的关系

2.2.3.1　目标分析

城市更新和演进的目标具有一致性和互补性，如图 2-4 所示。城市更新有利于城市发展的社会效益、宏观效益以及长远效益，而城市演进有利于城市发展的直接经济效益。实现城市综合效益的最优化是两者追求的共同目标，而空间、功能和产业结构等的互补则是实现此共同目标的手段和途径。

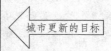

1.调整城市经济结构、产业结构、用地结构，提高城市整体机能；2.完善旧城基础设施，改善城市环境，提升市民生活品质；3.保护城市历史文化环境，突出城市历史文化性；4.增进社区邻里关系，促进社会文化活动，完善社会结构；5.改善城市投资环境以吸引外资。

1.疏解旧城过密的人口和过高的建筑密度，为旧城更新创造条件，提供新的城市发展空间；2.促进城市用地结构和产业结构的调整，优化城市功能；3.拓展旧城历史文化环境保护的空间；4.补充旧城缺乏的城市功能，丰富人们生活；5.刺激和适应城市经济发展。

图 2-4　城市更新与演进目标

2.2.3.2　城市更新与演进的动力机制分析

1. 政策动力

经济体制由计划经济向市场经济的转变对城市地缘扩张的制约因素弱化，城市土地有偿使用制度的推行使土地资源在全社会范围内进行更有效的配置，国有企业制度的改革使企业可以自主地处置土地资产并进行土地置换，在促进旧城功能优化的同时亦带动了新区的发展、城市建设方针的转变等。

2. 经济动力

城市土地有偿使用制度的实施、房地产开发与经营的推动给城市政府带来大量的财政收入，城市投资能力的增长、外部资金的注入为政府进行旧城更新和新区发展提供了资金条件，城市产业结构的调整促进城市各类产业在空间上重新布局和比例重构的进度，进而带来城市空间结构的调整。

3. 社会动力

城市人口的大量增长，旧城人口密集度居高不下，随着人们对居住标准、环境配套、文化活动设施、停车配建等各方面要求的进一步提高，老百姓改善生活环境的呼声日益高涨，这些因素促使城市空间结构进行调整。

4. 科技动力

科技创新是城市发展的动力。在全球化、信息化、可持续发展交叠的复杂时期，科技创新引导了城市更新的类型与方向。

5. 文化动力

文化追求成为富足社会的象征，体现着人类追求文明的最高境界，也是全面建设小康社会的必然要求。注重城市特色塑造，将旧城更新与新区发展相互配合，为历史文化资源的保护留足空间，创造条件。

2.2.3.3　城市更新与演进的运作模式分析

城市更新与演进是经济社会发展的持续动力，是城市化过程的一种表述形式。《国家新型城镇化规划（2014—2020 年)》明确提出"市场主导，政府引导"的新思路，要充分发挥市场机制在新型城镇化进程中的人口迁移、要素集聚、城市内部结构调整和外部扩张、城市之间的竞争与协调以及城乡关系调整等方面的基础性和主导性作用。把握"市场主导、规划应对"的发展主线，把政府和市场的功能有效区别开，规划与市场、社会、政府之间需要构建更加开放、公开以及更具法制基础的多元化沟通网络。特别是针对具有复杂社会、经济背景的快速演进地区，规划先行，唯有进行改革和创新才能支撑社会、经济、制度的巨大转型，真正实现以人为本、绿色、生态、可持续发展的智慧更新与演进目标，更好发挥市场的力量。我国要实现从政府主导型向"市场主导，政府引导"型城镇化的战略转变，需要消除各种抑制城镇化的制度障碍，改革现行的自上而下按行政级别配置城市资源、管理城市的城市管理体制，使市场在资源配置中起决定性作用和更好地发挥政府引导作用，开展全方位的城市研究，加强城市管理和决策的理论知识供给，为市场机制发挥作用提供强劲有力的科学依据。

2.2.3.4　城市更新与演进互动关系的确立

城市更新与演进是城市发展的两个经常性方式，城市正是在旧城不断更新与新区不断发展的交替过程中，使得城市规模逐步扩大、质量逐步提高，城市更新与演进之间的这种依托共生关系可定性地确立为"互动关系"。

1. "互动"的词义

"互动"就是指一种相互使彼此发生作用或变化的过程。对于相互作用这个过程，有积极的过程，也有消极的过程，过程的结果有积极的，也有消极的。在本书中"互动"的含义应该是一种使对象之间相互作用而使得彼此发生"积极"的改变的过程。

2. 城市更新与演进之间的互动关系

对于城市发展而言，单纯从城市空间的角度看，城市更新可视为城市用地的空间存量调整，而城市演进就是城市用地的空间增量布局。因此，城市更新与演进之间的互动关系就是在城市发展中，更新与演进之间的相互作用使得城市空间存量调整与增量布局在内涵、规模、形态、时序组织等方面的协调，使之达到某种平衡。从另一个角度来讲，在城市的发展过程中，集中的旧城需要分散发展，分散的新区需要集中建设，两者需要恰当的均衡。因此，对于这两个互逆的空间运动过程，应当建立旧城与新区互动的发展关系，使两者之间相互作用从而使得彼此发生"积极"的改变。总之，城市更新与演进通过空间、功能和产业结构等的互补形成良性的互动发展，实现城市综合效益最优化的目标。

2.2.4 "互动关系"对城市发展的意义

城市发展的模式由以旧城单一中心转变为新旧城共同作用的多中心互动的模式。这种城市发展的模式是基于旧城更新与城市演进形成的新区之间互动关系的发展模式。它对城市整体产生了"积极"的影响，使城市整体空间、功能和产业结构等形成良性的发展。总而言之，这种模式的意义在于：

（1）有利于改变城市摊大饼式蔓延发展的形态结构，形成多中心组团式的城市发展模式，使城市获得良好的社会经济环境综合效益。

（2）缓解旧城过度饱和的容量，抑止旧城的拥挤与膨胀。

（3）培育原来等级较低但区位较好的新区，使之解决原有中心过度集中的问题，也使自身得到更好的发展。

（4）有利于在适应城市高速发展的同时，切实保护好旧城的历史文化风貌。

（5）有效促进城市各地区的平衡发展。

（6）有利于城市交通网络的组织，减少拥挤与堵塞的可能。

（7）改善城市整体的生态环境。

综上所述，城市更新与城市演进互动的发展模式包含着两方面的意义。首先，形成一种多中心互动的发展模式；其次，在多中心的发展过程中，旧城与新区相互作用而使得彼此发生"积极"的改变，促进城市整体的发展。

2.2.5 城市更新与演进的影响因素

城市更新与演进之间存在着互动关系，影响城市空间结构变化的因素多存在于社会、经济、政策、空间环境等几大方面，并且这些因素其实是不可分割的，正是它们的合力形成了城市更新与演进的互动。具体表现在以下几个方面。

1. 政策因素

城市的建设方针包括了城市总体规划和旧城更新、新区发展规划等各个层次的规划。它确定了城市的性质、规模和发展方向，统筹安排了城市各项建设用地，合理配置城市各项基础设施，处理好建设的阶段性，指导了城市建设的合理发展。

2. 经济因素

城市更新与演进是一项长远复杂的系统工程，需要巨额的资金投入，仅靠政府的力量难以完成，因此必须充分发挥开发机构、单位和个人的积极性，建立多元化的投资渠道，由政府采用行政、经济等手段来综合协调各投资主体的利益分配关系。

3. 管理因素

城市更新与演进过程中涉及的利益主体由于其价值取向不同，在城市建设中难免会产生矛盾。而政府作为公共利益的代表，应责无旁贷地担当起协调各种矛盾的职责，加强宏观调控，使城市更新与演进得以顺利推进。

4. 空间因素

城市更新可视为城市用地的空间存量调整，城市演进就是城市用地的空间增量布局。存量调整与增量布局在内涵、规模、形态、时序组织等方面的协调，是促进城市系统结构优化的基础。

5. 景观因素

在城市的发展中，由于城市演进而形成的新区与旧城在功能布局、土地利用等方面的互动联系，在城市景观方面，新区也会与旧城产生对应的互动关系。

2.3　新型城镇化背景下城市生长过程

新型城镇化背景下的城市生长包含高度（明确的城市定位）、广度（城市的包容性与多样性）、深度（城市的质量及内涵）和频度（城市更新演进速率，建立在深度上的评价指标）四方面的内容。未来阶段，城市将会呈现出"高、广、深"三测度的多要素碰撞与融合的发展格局。

2.3.1　空间分析

2.3.1.1　城市空间结构

城市空间结构是城市范围内经济社会的物质实体在空间形成的普遍联系的体系，是城市经济结构、社会结构的空间投影，是城市经济社会存在和发展的空间形式。城市空间结构的基本特点可以归纳为以下几个方面的内容。

1. 城市土地利用呈区域状分布

城市各功能区之间，以及功能区内部各个组成部分的排列组合关系，形成了城市的空间结构，并通过城市交通连接构成整体。在城市功能结构模型中，有三大古典模式：伯吉斯（E. W. Burgess）的同心圆模式、霍伊特（Homer Hoyt）的扇形模式、哈里斯（C. D. Harris）和乌尔曼（E. L. Ullman）的多核心模式，如图2-5所示。

2. 城市空间包含各级集聚中心

城市空间结构反应在各组团用地性质的基础上，是指城市中都有一个或数个吸引人流、物流、信息流的聚焦点。这些聚焦点街区繁华、人口集中、商贸活动频繁形成了城市中一个个密度高、能量大的核极。从城市中心向外，依据商贸、制造业、居住等核能量强弱程度的规律排列形成等级差别和位置关系，土地利用强度（以人口密度、建筑密度或资金密度来衡量）也随离中心的距离变远而递减。最终作为单中心城市；一般只有一个核极，而多中心城市则常常有多个核极，如图2-6所示。

3. 内部更新与外部演进的动态交替

城市是一个不断变动的区域实体，城市空间结构始终处于变动中。城市地域的这种交替变动包括已建成城区的内部更新和城市地域的外部演进。城市空间结构在这两种作用方式下，由小到大、由单中心向多中心、由简单到复杂进行演化，最后形成高度城市化的多核网络结构。

2.3.1.2 城镇空间拓展方式

古往今来，城市的成长、发展、衰退过程受到各种各样外部因素的影响，与此同时，也在进行着不断的拓展。城市空间拓展的模式大致有三种：轴向扩展、圈层式扩展和组团式扩展，如图 2-7 所示。

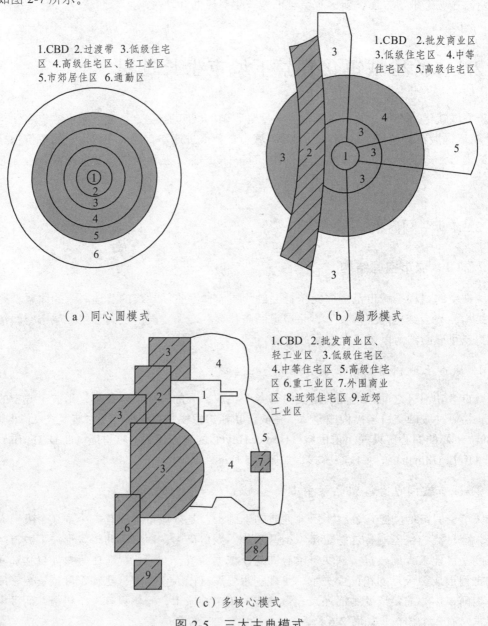

1.CBD 2.过渡带 3.低级住宅区 4.高级住宅区、轻工业区 5.市郊居住区 6.通勤区

1.CBD 2.批发商业区 3.低级住宅区 4.中等住宅区 5.高级住宅区

（a）同心圆模式   （b）扇形模式

1.CBD 2.批发商业区、轻工业区 3.低级住宅区 4.中等住宅区 5.高级住宅区 6.重工业区 7.外围商业区 8.近郊住宅区 9.近郊工业区

（c）多核心模式

图 2-5 三大古典模式

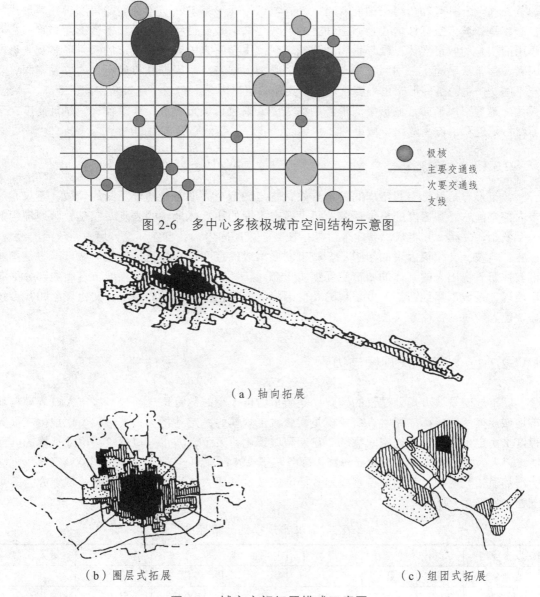

图 2-6 多中心多核极城市空间结构示意图

（a）轴向拓展

（b）圈层式拓展

（c）组团式拓展

图 2-7 城市空间拓展模式示意图

2.3.1.3 城市布局

城市布局是城市地域的结构和层次，更多的理解是关于这个城或者镇内部各种功能用地的比例，是城市土地利用的空间组合。而新型城镇化过程中，作为网络多核组群城市布局并不单纯地停留在某个城内部功能与用地比例的空间组合上，更应注重组群城市内部的城镇等级布局，尤其是通过一定的新型原则和方法使组群城市中的各个城、镇、村、社区的布局变得更加合理与科学，最终达到城、镇、村、社区有机疏散、协调与耦合的目标。

2.3.1.4 城市空间形态

《辞海》中对"形态"的解释是"形状和神态"，空间形状是物质的，神态是由人去感受的。空间形态具有物质与精神的双重属性，城市空间形态仅从城市空间的角度研究其形式与状态，是指城市空间结构在物质空间上的反映形式，是城市空间布局和密度相互影响、相互作用而引起的城市实体三维形状和外观的表现。主要研究内容包括城市的物质形态及其影响因素，通常从平面上归纳为集中与组合两种类型。城市空间因在城市中所处的位置不同，功能不同，产生的空间形态也千姿百态，可具体归纳为街道、广场、建筑负空间、节点、绿地、天然廊道等空间形态。城市空间形态的构成要素则包括城市纹理、建筑模式、建筑高度、天际线、建筑和街道高宽比、城市轴线、界面、节点、容积率等方面的内容。

2.3.1.5 城市形态

城市形态是城市空间结构的整体形式，它与城市空间形态是两个不同的领域，不仅是城市内部空间布局和密度的综合反映，还是城市平面的和立体形状的表现，它是聚落地理中的一个概念，内涵十分丰富。具体来讲是指在某一段时间内，在自然环境、历史、政治、经济、社会、科技、文化等因素的影响下，城市发展构成的空间形态特征。狭义的城市形态是指城市实体所表现出来的具体的城市空间物质形态。广义的城市形态不仅指城市各组成部分的有形表现，是城市用地在空间上呈现的几何形状，而且指一种复杂的经济、文化现象和社会过程，使人们通过各种方式去认识、感知并反映城市的总体意向。

2.3.2 城镇生长规模与边界

城市规模是城市规划建设的基础，是衡量城市大小的数量概念，包括城市人口规模与城市地域规模两种指标。通常人口规模是衡量城市规模的决定性指标，人口和用地规模在很大程度上决定了城市发展的空间需求。在新型城镇化背景下，城市人口规模、用地规模的内涵注重以人为本、集约紧凑的发展思路。国务院于 2014 年 11 月发布《关于调整城市规模划分标准的通知》明确，新的城市规模划分标准以城区常住人口为统计口径，将城市划分为五类七档，如表 2-7 所示。

表 2-7 城市规模划分新标准

城市类型	小城市		中等城市	大城市		特大城市	超大城市
城市分档	Ⅰ	Ⅱ		Ⅰ	Ⅱ		
人口数（万人）	20≤<50	<20	50≤<100	300≤<500	100≤<300	500≤<1 000	1 000 以上

城市增长（生长）边界是对城市蔓延式发展反思过程中所提出的一种技术解决措施和空间政策响应，通常是指在城市周围形成一道独立、连续的界限来限制城市的增长，并通过有意识的规划，使得城市肌理能够沿交通廊道得到引导，控制城市空间的发展以防无序蔓延，合理引导城市土地开发与再开发、保护各种自然资源（包括土地资源），塑造合理城市内部空间与外部空间的一种方法模式。

城市生长边界的作用不仅仅是划定一个固定的界线，保障城市建设发展在界线之内进行，更在于保证政府制定一项针对城市无序蔓延的长期预测方案，并在城市发展过程中不断修正，并保证在此过程中城市经济社会发展的活力，促使城市朝着合理、有序的方向发展。更加宽泛地理解城市生长边界的划定意味着除包含地域的划定外，还应包含人口容量、生态承载力、经济刚度和文化的多样性及包容性等方面的内容界定。

城市规模与城市边界有着唇齿相依般的联系，城市规模（人口规模、地域规模、经济总量规模）的控制需要确定城市的生长边界，而划定城市生长边界的基本功能是控制城市规模的无节制扩张，它是城市生长管理最有效的手段和方法之一。无论是控制城市规模还是边界都应保证科学利用土地、提高土地的社会价值与可持续性。即土地适宜度分析又称"土地生态适宜度"，是指在城市可能发展范围内土地的利用方式对生态要素的影响程度和适宜程度，或是生态要素对给定的土地利用方式的适宜状况、程度。研究新型城镇化过程中城市生长规模和边界的规律，探寻出城市规模与生长边界的内在联系，审时度势地框定城市发展规模和合理划定城市生长边界，对我国城市空间无序拓展问题的解决来说具有很强的理论意义，明确我国新型城镇化战略下组群城市中城、镇、村、社区规模及布局的组合策略。

2.3.3 城镇生长分析

2.3.3.1 城镇生长结构

城镇生长的普遍行为是以集群的方式更新演进，这一过程中城镇集群水平结构、垂直结构和多样性交替进行。

1. 城镇集群水平结构

城镇集群水平结构是反映整个城镇群落结构的重要内容，主要包括城镇集群的径级大小结构、群落的密度和分布格局。群落的尺度大小常以径级结构来表示，密度结构反映群落个体的空间配置，通常可指建筑密度，群落分布格局的集散程度体现出群落水平结构的延伸度。

2. 城镇集群垂直结构

城镇集群垂直结构反映了城镇群落对社会条件（人口、经济、资源）的利用，是城镇群落在单位空间充分利用社会环境条件的表现形式。研究城镇垂直分层及其复杂程度，旨在揭示城镇群落垂直结构随社会条件（人口、经济、资源）变化所发生的改变以及群落空间构成的社会学与城镇生态学意义。

3. 城镇集群多样性

城镇集群多样性是社会条件（人口、经济、资源）中城镇丰富度及分布均匀性的一个综合数量指标。研究城镇群落的多样性作为群落壮大的内在驱动力，可加快城镇的更新与演进。

2.3.3.2 城镇生长轨迹

新型城镇生长轨迹是城镇空间伴随时空变化而变化的过程，具有明显的阶段性特征。即城市空间规模、密度、形态以及结构等的演化都不是线性的、均匀的。

1. 第一阶段——低密度蔓延阶段

城镇是某特定区域政治、经济的中心，随着时间推移，城镇的空间都会有增长的趋势。这一阶段，城镇中心因特定的经济优势和区位优势，保持着吸引力使得单中心、集中型的城镇发展模式占主导地位，城镇空间仍然以围绕旧区进行点状圈层式蔓延扩展，新的经济开发区尚处于建设期间，吸引力有限，旧城内土地开发度高，用地功能复杂，渐渐的，城镇空间表现为"强中心外溢"式的低密度蔓延态势。

2. 第二阶段——轴向线放射状延伸阶段

随着城市现代化和新型城镇化进程的加快，城镇与周边区域的交流日益密切，人口和经济活动不断向城镇集中，出现了城镇功能过度集中在旧城区、工业用地、居住区和商业区混杂、旧城改造过程中对古城风貌的破坏等问题。城区依托交通设施、工业园以及新城建设，向资源密集、设施完善等方向轴向拓展。新的城市主干道的建成，促使新的伸展轴形成，城市形态逐步挣脱中心区强力的磁性效应，呈现出"以旧城区为核心，沿交通走廊翼带状延展"的轴线向放射状延伸之势，周边区域被逐渐融入蔓生的城镇建设区中。

3. 第三阶段——多轴向放射链接状、高密度组群阶段

当城镇空间沿交通干线扩展到一定阶段，城镇空间扩展成本随着距离加大而不断上升，城镇空间扩展的经济效益却随距离增大而不断减小。这一阶段，依托交通的便捷性和延伸性，城市由单中心、集中型模式向新城、新区组团式发展的模式转变，城市的发展呈现出多轴向放射链接状、高密度组群态势。这一阶段特别要注重城市生长边界的合理划定，遏制第一阶段的低密度蔓延性扩张，多样化发展城镇的各个轴向线放射延伸。在成熟的路网基础设施与完善的产业链基础上支撑多轴向放射链状、高密度组群式城市的形成。

2.3.3.3 城镇生长强度

城市是一个高密度的社会经济体制。过去，城市土地利用的主要控制指标是指土地开发强度，包含营业面积、营业额（产值）、职工岗位数、容积率等方面的内容。随着城市化的快速发展，我国城市建设中出现城镇土地扩展速度过快与城市环境质量下降两种不良倾向。新型城镇化过程中，应在"以人为本"与"生态可持续"等科学理念的基础上，从城镇的径向生长、垂直生长和密度三方面更为准确地刻画城市生长。城镇的径向生长指围绕城市地理中心的径向规模扩张，它包括城市用地径向扩张范围、经济总量沿径向的平均值和人、车、物的径向交通流量总和；城镇的垂直生长则指地域内部单位面积上的建筑高度平均值；城镇密度则指单位面积上的人口数和建筑面积数。依据上述描述，通过数理统计与分析得出城镇径向生长、垂直生长和密度三者之间的综合关系就可标定城镇的生长强度。

2.4 新型城镇化背景下的网络多核组群城市

2.4.1 网络多核组群城市空间分析

新型城镇化背景下，城市的生长青睐于网络多核组群城市。书中提到的"网络多核组群城市"进一步深化了"组群城市"一词。其中"网络"是组织基础，缺乏网络的组织，群组便不成一个群体，它是分散的，没有聚力，更没有发展的根基；"多核式"是发展目标，而定位于这一目标是为了让群组内部各个城镇集群拥有自给自足的发展动力，逐步呈现出产城融合、供给平衡、交通高效、环境宜人的城市氛围；"组群城市"便是"网络"基础组织下定位

于"多核"目标城市形态的表达。

  网络多核组群城市是一个具有多中心的中、小城镇集合体。它由分散布局的若干城镇组群以"多中心、带状轴线"模式组成有机网络结构,各城镇集群既相对独立,又相互依托,构成一个统一整体,网络多核组群城市空间网络结构概念模式如图 2-8 所示。

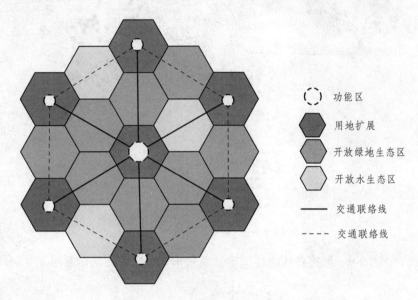

图 2-8   网络多核组群城市概念示意图

2.4.1.1   空间布局

  城市是时间、空间及多元关系组成的一个多维度概念集合体。在其演化过程中,如同生物细胞分裂增生一样表现出了"集聚"和"分散"两种过程,在受到经济和外部社会的影响下而不断演化,整个过程共生的状态塑造了一个复杂整体,形成了城市。网络多核组群城市空间布局犹如"葡萄串"结构,而其中的各个城镇集群则好比"葡萄粒"组织,对城镇集群的核心城镇而言,我们可以形象地称之为"葡萄籽"单元。在城市与交通精细化设计下,逐渐营造出人性化、安静化、便捷化和宜居化的生产生活环境。但是,网络多核组群城市不是孤立的,它同城市群、城市带、都市圈以及其他组群类城市共同构筑国家城镇空间体系,犹如一颗葡萄树上的每一根葡萄藤和葡萄串,共同生长,息息相关,如图 2-9 所示。

2.4.1.2   组群空间

1. 空间样式

  (1)单核点状。

  单核点状是以城市公共中心为结构核心,是城市空间形态的基本形式,公共活动强度往往随着远离核心而逐渐降弱,如图 2-10 所示。

  (2)线形带状。

  线形带状形态可视为单核点状城市结合当地的各方面因素形成的横向或纵向的城市形态,承接了单核点状城市的优点,又因其的延伸特性增加了城市核心的辐射范围,削弱了单核心的公共活动压力,使得城市在带状范围内均衡发展,如图 2-11 所示。

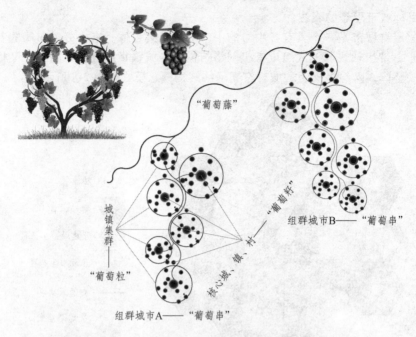

图 2-9　网络多核组群城市"葡萄串式"空间布局示意图

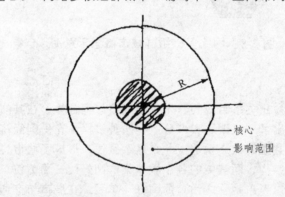

图 2-10　单核点状结构示意图

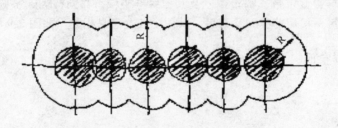

图 2-11　线形带状结构示意图

（3）放射十字星状。

放射星状是线形带状城市组合发展形成的新型城市形态，以各个线形带状城市的公共结合点为核心向四方发展，每个延伸方向都以最短路径方式伸入城市公共中心，核心呈现叠加效应，具有了更强的辐射力度，各延伸方向上具有线形带状城市的特质，如图 2-12 所示。

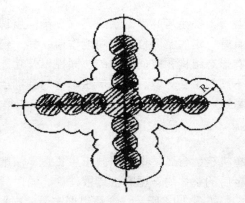

图 2-12　放射十字星状结构示意

（4）多核网状。

多核网状城市指城市形态有多个核心，各核心间由网络状组织形式展开，可以看作是单核点状城市与线形带状城市的组合或多个线形带状城市在不同公共结合点处联结形成，如图2-13所示。

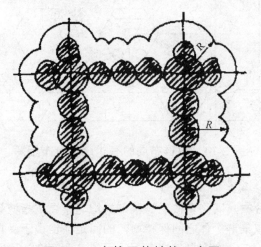

图 2-13　多核网状结构示意图

2. 空间级别组织

在城市体系里，任何城镇都不是单独存在的，因产业活动的不同而产生形式各样的空间居住模式，它们总是紧密地联系在一起。组群空间布局中按行政级别划分空间居住模式，大概可分为市、县（区）、镇（乡）、村、社区五类。此外，组群空间布局级别组织还可以依据各个城镇在组群中的布局规模、布局强度和布局纹理的变化等因素确定其是否为优势布局或集群布局，市、县（区）、镇（乡）、村、社区相互联系构成了组群空间布局的融合发展。

2.4.1.3　组群布局模式

组群布局指结合觅源行为（Foraging Behavior）掌握城镇组群的动态规律，以组群的中心城（镇）为核心和以城镇的生长机能为基础，借用植物群落生理方法和手段阐明城镇与城镇、城镇与环境之间的关系，并把生态系统中城镇与人的相互作用、相互适应关系有机地结合在一起，深刻地揭示出生态系统中与城镇生长相关的物质、能量、信息、人的分布规律，进而为将城市建设成为一个有益于人类生活的生态系统寻求良策。组群布局中的每个城镇个体均有其特定的生长学特征，具有一定的空间位置和功能作用，同一组群体系中各类城镇间是相辅相成、协调发展的，具有形态结构和空间分布的协同性以及功能上的整合性。不同的组群布局分布模式反映出城镇不同的生长环境。在城市生态学的基础上，借鉴植物群落生态学常有的分布模式，将组群布局划定为：有机疏散布局、均匀布局和集群布局。

1. 有机疏散布局

网络多核组群城市的有机疏散布局是指按照城市生长边界法则确定好城镇集群规模，各个城镇集群个体内部与组合后的整体均遵循有机疏散理论，同时凭借适应的交通系统支撑所呈现出的城镇集群分布形式，如图 2-14 所示。这种组群布局分布形式在某种程度上需要一定的城市规划手段才能得以实现，布局的形成常需要一定的成本。

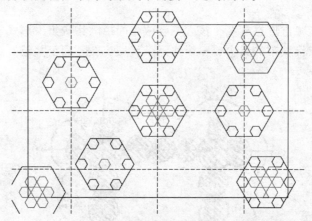

图 2-14　组群布局的有机疏散分布示意

2. 均匀布局

均匀布局或称规则分布。网络多核组群城市的均匀布局是指城镇集群的个体内部是等距分布，或城镇集群与城镇集群个体之间保持均匀的间距。但由于受自然地理、社会活动等因素的影响，组群布局的均匀分布在自然情况下不可能完全存在，除非城镇的某单体区域的内部构造规划建设可呈现出均匀分布，如图 2-15 所示。

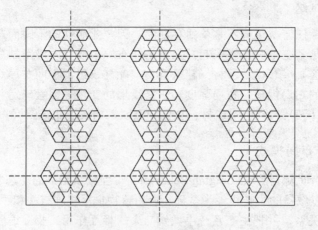

图 2-15　组群布局的均匀分布示意

3. 集群布局

网络多核组群城市的集群布局是指城镇集群个体的分布极不均匀，常成群、成簇、成块或斑点般地密集分布。集群分布是最广泛的一种分布布局，在大多数自然情况下，各城镇集群的大小、间距、密度等都不等，城镇集群个体多属于集群分布。这种空间分布形式多基于原有的城市布局，投入成本相对比较少，但特别需要注意对城镇集群规模与城镇生长边界的控制，建立合适的城镇集群尺度，防止因公共空间、生态隔离带的缺失而导致城市蔓延成片，城市病频出现象的出现，如图 2-16 所示。

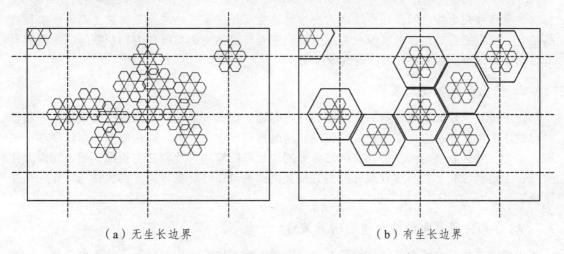

（a）无生长边界　　　　　　　　　　（b）有生长边界

图 2-16　组群布局的集群分布示意

2.4.2　组群关系与规划

2.4.2.1　组群内城镇关系分析

组群城市是城、镇组合在一起形成的一个群体结构。其内部的城镇之间协调互动，彰显个性，各有特色，充盈着使自身发展壮大的动态"驳斥"关系。

所谓"驳"即联系，接驳。在本书中指通过综合一体化的城市交通系统和城乡一体化的公共交通体系构筑区域协调发展的局面，实现城与城、城与镇、镇与镇之间的密切联系，使得城镇更具活力。更进一步说尤指城镇职能、功能的互补，打破现有的行政区划分机制，挖掘出城镇集群丰富多样的地域特色和经济增长极，做到各个城镇群协同一体化发展，促使城镇居民的生活更加融洽与和谐。

"斥"即独立，排斥。交通轴线的带动作用能够有效促进地域经济的发展，便捷广布的交通道路容易导致地区蔓延式发展，无节制的土地开发和个性化公共空间塑造的缺乏使得城区连绵成片，引发各种城市问题。各个城镇集群应具备一定的排斥力来杜绝城市病现象频出。这种排斥力表现在地域分布上应该保持相对独立性，如构造合理的城镇集群生态间隔带，确定城镇集群生长边界，把握城镇集群生长尺度等；在城市功能上保持相对完整性，如城镇集群内部职住平衡，产业与就业供需相匹配等。

组群城市内部的各个城镇集群都具有上述两种关系，虽然受地理位置的限定，但城镇集群之间具备完善的交通系统体系，保障了相斥状态下的各个城镇集群依然有着井然有序的联系，进而使组群城市整体实现协调有序的发展。

2.4.2.2 组群城市核心规划战略

1. 空间平衡公平战略

城市空间发展应注重大小空间的科学组合、动静空间的有机结合以及灰亮空间的动态匹配。重点规划组合轴带式大空间与单体城镇、社区小空间，进而促进区域合作与城镇内部协调；将所有具备交流属性的行人、交通车辆等物体都视为动空间，与之形成鲜明对比的建筑、自然景观等被视为静空间，城市的活力要求动静空间无论是在地域还是时空上都能够实现有机结合；城市的组成包含着是绿色有生命的亮空间和提供持续发展动力的灰空间，灰亮空间的动态匹配是城市有机生长过程的健康体现。

2. 住宅保障与就业集聚

住宅和就业是城镇规划中的两个核心焦点问题。城镇规划设计中从适宜的住宅水平和多样化的住宅类型等多方面创造舒适性住宅，同时需要设定住宅与保障性住房的底线要求，在城区中心、郊区联结地带、公共交通站点等周边区域应增加合理的住宅规模。通过功能混合分布、土地复合利用和产业合理分布引导就业岗位集聚和就近发展，促进居住与就业的适度平衡。

3. 公共交通导向的竖向精明增长策略

组群城市核心空间发展将以公共交通导向竖向精明增长为主，增加土地开发强度，在现有建成区范围内圈定人口和经济的增长规模，发展紧凑型城市，继而缓解城市环境压力，维持城镇生长的可持续性，形成紧凑、生态、可持续的网络多核城镇空间形态，如图 2-17 所示。

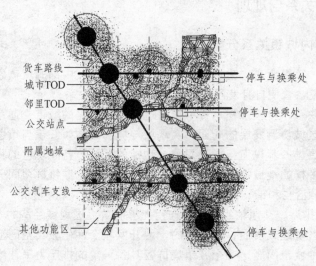

图 2-17 基于 TOD 导向的竖向精明增长策略的组群城市示意图

2.4.3 组群城市的新型城镇化模式

以新型城镇化发展视角来看，网络多核组群城市将会是新型城镇化背景下逐步受到青睐的城市形态，城市发展应提升核心城镇集群竞争力和体现城镇人口集聚方面的优势，重视城镇集群内部的差异化发展，从土地制度改革、产业引导建设、公共服务投入等方面给予基层更多活力，以促进建设用地集约化发展、改善生产生活条件、唤醒城镇经济复苏力为原则引导城、镇、村凸显集聚，通过新型农村社区、就地就近城镇化和集约型城镇化的模式选择促进新型城镇化的健康发展。

2.4.3.1　新型农村社区

社区就是以一定的地域为基础，由相互联系、相互交往、具有共同利益的社会群体或组织构成的社会实体。新型农村社区是改变城、镇、村面貌和完善城镇社会治理体系的重要举措，是基于土地资源整合与产业化条件下的居民集中居住和生活方式现代化的必然结果。在新型农村社区建设中主动把握"城乡统筹发展"的主线，推进"产业向园区集中、土地向规模化经营集中、人口向城镇或新型社区集中"三个集中，实现"组织融合、服务融合、居住融合、经济融合"四个融合，建设"城镇开发建设带动"（城镇村改造型、小城镇集聚型）、"产城联动"（功能区整合型、龙头企业带动型）、"中心村融合型"三大类型社区，如表 2-8 所示。

表 2-8　新型农村社区建设的三种基本模式

模式	内涵	示例图
城镇开发建设带动模式	主张县域经济发展、小城镇开发建设和新型农村社区建设一体规划，统筹考虑耕地保护、粮食安全与农民富裕，着力构建合理的城镇体系、人口分布、产业布局和就业结构，推进工业化、城镇化和农业现代化协调发展	
产城联动模式	创新管理体制机制，打破行政区划，以优势产业为原点拓展多极增长空间，处理好产、城、人相融合的质量问题，提高城乡一体化质量，创新社会稳定机制，优化公共服务结构，提升社会运行效能，进而夯实新型城镇化	
中心村融合型模式	从区域总体规划布局出发，编制中心村建设总体规划和各项专项规划，优化配套基础设施和公共设施建设，实现村镇合理布局和协调发展，逐步繁荣中心村经济，使中心村成为一定区域的经济中心	

2.4.3.2　就近就地城镇化

传统城镇化是异地城镇化模式，主要是农民和生产资料向城市和发达地区转移的过程，这一模式导致大城市教育、医疗资源负荷过载，小城镇内存在大量"空心村"现象，小城镇人居环境退化和人口流失严重，农业劳动力整体素质和农业效益下降，削弱了发展农村经济的力量，延缓了新农村建设的步伐，并由此引发一系列社会问题。就近就地城镇化是以实现城乡一体和人的城镇化为目标的工农协调发展的城镇化，是新型城镇化的重要实现形式。因此，在中国新型城镇化的多元模式中，以市、县为核心，不断完善公共设施、发展社会公共事业、改变生活方式等，逐步就近、就地城镇化，充分发挥地级市、县级城镇和中小城镇的优势，不仅有利于降低农村人口融入城镇化的成本和障碍，促进城镇化和城乡健康一体化可持续发展，也有利于解决社会保障、公共服务等制度衔接和城乡资产权利置换等一系列问题。此外，就近就地城镇化中的短距离迁移避免了远途迁徙的各种困难和障碍，也有利于区域文化的传承，社会关系网络的延续。

推进就近就地城镇化是一个系统工程，实现就近、就地城镇化，产业支撑是基础，解决就业是关键。其中，地方精英发挥着重要的推动作用，实现就近、就地城镇化的关键是要具备土地、资金、产业、技术、劳动力等条件，需要多方面协同推动，主要包括：进行科学规划、发展农业产业、进行制度改革、明确发展方向、不断解放思想和提高农业转移人口的知识技能等方面，如图 2-18 所示。

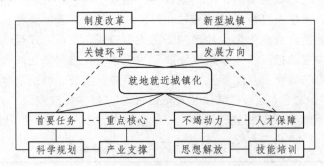

图 2-18 就近就地城镇化推进模型

就近就地城镇化通过一定的城镇经济基础和就业保障吸纳和稳定农村转移劳动力，构建和完善小城镇基础设施体系和公共服务体系，提升小城镇空间功能品质，构建宜居的人居环境。在交通网络体系上，要强化中心城市与周边中小城市和小城镇的交通联系，完善中小城市和小城镇的对外交通体系，加大城镇公共交通投资力度，加速发展公共交通，加快提升小城镇的综合承载力的步伐，促成小城镇真正成为承接农村人口转移的重要节点。

2.4.3.3 集约型城镇化

1. 集约型城镇化内涵与特征

"集约"一词最初是用于农业生产经营，在《辞海》中，集约是指农业上在同一面积投入较多的生产资料和劳动进行精耕式的细作，通过劳动生产率的提高来获取更多产量的一种生产方式。集约型城镇化是一个涉及经济、人口、空间、社会、资源、环境六个维度的和谐共生发展的过程，它要以经济发展和城镇化发展的基本科学规律为基准，要以科学发展观和科学合理的城镇体系规划为指导，要以资源节约和生态环境保护为基本原则，要以人的无差别化发展为核心目标，要以内生和外生的多元因素为动力，最终实现：城镇经济精明增长；乡村传统型的社会向城镇现代型的社会转变；现代文明城乡全面共享的和谐状态。集约型城镇化的根本目标是提高城镇化质量。在集约型城镇化推进的过程中，城镇体系规划趋于科学合理、城镇空间结构布局日益紧凑、人口规模渐次合理、产业集聚度逐渐提高、产业支撑能力逐渐增强、经济发展能耗日趋减少、生态环境不断美化。集约型城镇化的特征可以体现在各种投入要素的集约配置上，具体为人口居住的集中、空间布局的集约、产业发展的集约、资源利用的集约、生态环境的友好和现代文明的共享，如图 2-19 所示。

2. 集约型城镇化动力机制

集约型城镇化立足于协调、可持续发展的视角，旨在促进城镇系统不同构成要素的有机高效组合，正确处理城镇化与农村经济发展、城镇化与人们综合发展、城镇化与产业集聚发展、城镇化与信息化发展、城镇化与资源环境承载力五大关系的协调问题，努力提升城镇化的发展质量。而城镇化的影响因素众多，不同的因素对城镇化的作用也有所不同，更是影响集约型城镇化的重要因素，通过分析得出集约型城镇化发展来自制度保障力、产业驱动力、资源支撑力和环境约束力四方面的动力。但是，这四大动力并不是各自简单地对城镇化施加影响，而是通过交错复杂的相互联系，协同推动城镇化的集约发展，这一复杂的动力作用机制可通过图 2-20 来表示。

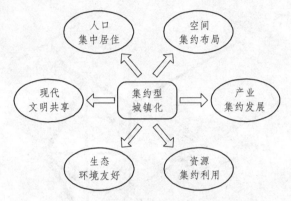

图 2-19　集约型城镇化的六大特征

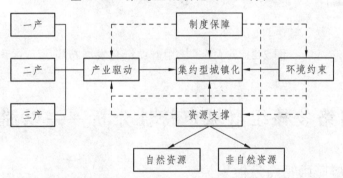

图 2-20　集约型城镇化的动力机制架构

3. 集约型城镇战略分析

集约型城镇化的推进应遵循以人为本、改革创新、优化布局、生态美化、集约发展和基础先行六大基本原则，融入生态文明、资源承载以及代际公平的可持续发展理念，实现城镇区域规划布局要科学、空间结构要紧凑，促进人口的合理集中，推动产业的集聚、集约发展，增强城镇化发展的可持续性，推进现代文明的共享五个方面，最终达到提升城镇化量与质并驾齐驱的目标。集约型城镇化以区域性的组群城市为载体，推动组群区域城镇化水平提升，形成组群区域内各个城镇协调发展的格局，需在集约型城镇化战略思想的指导下簇成多中心鼎立发展的网络多核组群城镇化发展布局，如图 2-21 所示。

然而，新型城镇化过程中无论是新型社区建设、就近就地城镇化还是集约型城镇化，它们本身并无优劣之分，都是"以人为本"城镇化的重要体现。在新型社区建设中应该重点抓住社区规划与设计，有效地利用社区资源，合理配置生产力和城乡居民点，提高社会经济效益，保持良好的生态环境，促进社区开发与建设，从而制定比较全面的综合性社区规划；而就近就地城镇化过程中的难点在于城镇尺度和边界的把握，以生态敏感区、建设敏感区、楔形绿地等区域优化自身发展空间，杜绝与周边城市群、城市带、都市圈、核心城市辐射区的绵延联结；新型城镇化背景下，国家层面决定了城镇宏观体系的架构，对集约型城镇化而言，它的精髓在于注重设计，深化转型进程中要求注重城镇中微观结构体系的内部设计，依靠信息化、智能化等现代城市发展手段复苏城区活力。总之，组群城市新型城镇化重在新型社区的规划，难在就近就地城镇化中城镇尺度和边界的把握，精于集约化设计。

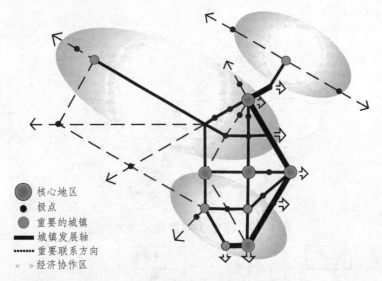

图 2-21　网络多核组群城镇化发展布局

2.5　网络多核组群城市特性分析——以淄博市为例

2.5.1　组群城市特点分析

城市的空间布局形态一般可以分为集中与分散两种类型。组群城市是分散布局类型中的一种。组群城市特殊的空间布局形态，使其具有不同于其他类型城市的特性，如表 2-9 所示。

表 2-9　组群城市特性一览

组群城市	
特征	1. 城市布局分散，城乡交叉，城乡一体。组群式城市一般都有分散布局的几个城区，这是它区别于集中式城市的主要特征； 2. 城市自然生态环境好，居住、休憩条件优越； 3. 整体规模大，个体规模小； 4. 一般情况下城区内交通量小，城区间交通量大，城区沿区间干道扩展的速度快； 5. 组群式城市空间交通承载力大，总体交通需求分布均衡，居民平均出行时空距离短，各组群内倡导要以绿色出行方式为主

组群城市	
优点	1. 组群式城镇体系布局既有利于规划,又有利于建设,有利于城市各项功能的全面发展,从而方便人民生活,缩小城乡差距; 2. 组群式城市各城区分别镶嵌在广阔的农村之间、避免了大城市的"热岛"效应和生态缺失,城市工业产生的不良物质,容易迅速得到农村广大植被的阻隔; 3. 保护环境,维护城市生态平衡,又避免了交通拥挤、住房困难等现象
缺点	1. 通常"组群式"城镇体系吸引力和辐射力远不及集中式大城市强,基础设施配套投资大,公用设施难上档次,不易形成大城市的风貌; 2. 各功能区相对独立空间模式趋同,规模较小,职能较为不突出,产业、技术、人才的聚集程度不够,各区基本上处于等量发展状态,容易出现一些分散建设,重复建设的现象; 3. 基础设施不联网,抗灾保障能力差,规模效益差,容易出现抢占耕地现象
规划协调层次	通过一系列规划,使整个城乡建设在各层次上都由一体化规划来调控和引导。组群规划层次应做衔接与协调:1. 各组群城市与城市群的衔接与协调;2. 各组群之间的衔接与协调;3. 各组群内部城乡间的协调

城市各组群具有相对完整的职能结构和自生长能力,彼此之间具有"磁性相吸"的特性,这种特性具有极强的蔓生色彩。如果不对其进行恰当的控制和引导,城市结构将会逐渐延连成片,形成非可持续发展的城市结构,如图 2-22 所示。

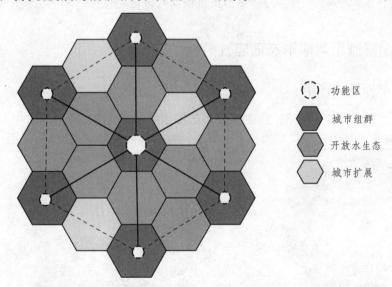

图 2-22　网络多核组群城市空间结构扩展延连成片示意图

2.5.2　淄博市地理位置及行政区划

淄博全市下辖张店、博山、淄川、临淄、周村五个城区和桓台、高青、沂源三个县。地处山东省中部、鲁中山地与鲁北平原的交接地带,东临潍坊,东北与东营相连,西与省会济南接壤,南依临沂地区,北接滨州市,是国务院批准的山东半岛沿海经济开放区城市。随着山东省"一群一圈一带"(即半岛城市群、济南都市圈、鲁南城市带)城市布局的逐步形成,并与"蓝黄两区"(黄河三角洲高效生态经济区和山东半岛蓝色经济区)遥相呼应协同发展,这一独特的区位优势及资源优势，使得淄博未来年将逐渐发展成为区域性中心城市的潜力巨大。淄博区位图与行政区划如图 2-23 所示。

图 2-23　淄博市区位与行政区划图

2.5.3　组群城市淄博形态适应性分析

2.5.3.1　城市布局形态

根据城市形态发展演变规律，我国城市形态基本可分为单中心布局和多中心组团式布局两类。其中，单中心城市布局结构类似于计算机网络布局中的集中式网络，如图 2-24 所示。

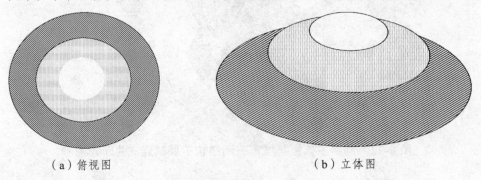

（a）俯视图　　　　　　　　　　　　（b）立体图

图 2-24　单中心集中式布局城市交通系统结构逻辑图

这种单中心集中式布局结构使城市中心区具有最高的交通地位，成为与外围地区联系的交通枢纽，因而大量的交通被吸引到城市中心地区，使中心区的交通系统不堪重负，形成难以解决的交通问题。而组团式城市布局交通系统结构则类似于计算机网络中并行处理的分布式网络，如图 2-25 所示。

这种结构使集中于一个中心区的交通量被分散到多个组团，由它们"并行处理"。因此，能有效缓解城市交通负荷的不均衡现象，同时将单中心城市圈层扩张过程中城市外围对市中心的交通压力转化为各组团间交通联系的压力。

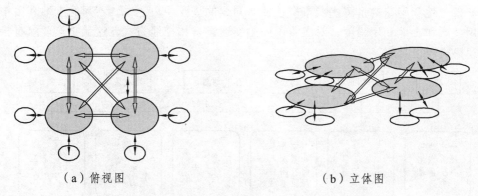

（a）俯视图　　　　　　　　　　　（b）立体图

图 2-25　多中心组团式布局城市交通系统结构逻辑图

　　淄博是一座独具特色的多中心、"组群式"布局城市，6 个主要城区（高青县和沂源县除外）各相距 20 千米左右，呈梅花状分布，城乡交错，布局舒展，呈"十字型"，被专家称为"淄博模式"，如图 2-26 所示。

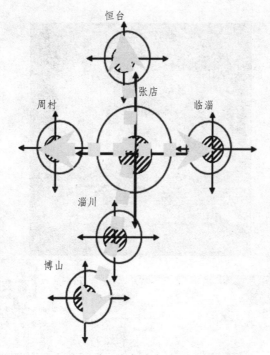

图 2-26　组群式城市发展新格局

2.5.3.2　土地利用与交通适应性分析

　　组群城市淄博是各个城镇集群通过长期的发展并按照一定的布局形式分布的城市空间形态，各城镇集群内就业与居住基本平衡，土地利用分工比较明确，如图 2-27 所示。

　　这种分工明确的用地特征布局在开发建设初期，可以保证人口与就业的平衡，但随着城市的发展，这种平衡很快就会被打破，特别是在城市开发和企业发展市场化的今天，交流的需求，尤其是与服务于全市的中心城区的交流会日益增加，将导致城镇集群与组群城市的核心城镇集群间交通需求的增加。交通拥堵问题的本质是交通供给与交通需求关系的不平衡，合理的城市土地利用结构是解决城市交通拥堵问题的重要手段之一。不同的土地利用布局、土地利用性质和土地利用强度，对应着不同的交通需求和交通方式，这就必然要求有相应的城市交通模式与之对应。

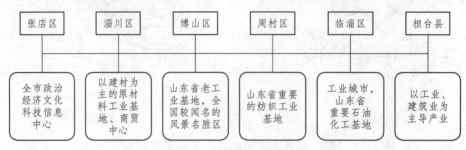

图 2-27 淄博市各城镇集群土地利用性质

（1）以高密度集中为特征的城市土地利用模式必将导致出现大量且集中分布的交通需求，从而要求高运载能力的交通模式与之适应，如图 2-28 所示，是我国香港、新加坡采用的公共交通模式。

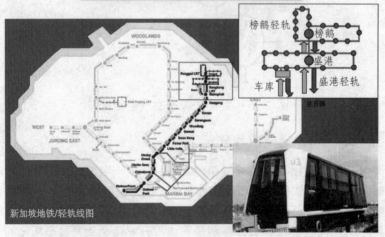

图 2-28 我国香港、新加坡公共交通模式

（2）以低密度分散为特征的城市，单位土地面积产生的交通需求量小且分散，公共交通不宜组织，适合运量小、自由分散的私人交通模式与之对应，如洛杉矶等低密度城市采用的小汽车交通模式，如图 2-29 所示。

图 2-29　洛杉矶立体停车场

淄博市各组群旧城区往往是城市的繁华区域，土地利用呈现高密度特征，聚集了各种社会、经济活动，为发展公共交通创造了理想环境。但是，旧城区道路交通拥堵状况又阻碍了公共交通的发展。因此，旧城区的交通疏散应借助于高运载能力的交通模式，既能够缓解旧城区拥挤交通流，又可提升旧城区辐射力和吸引力，增强旧城与新区的紧密联系。而新城区土地利用密度相对较低，道路基础设施条件相对较好。新城区应优先发展公共交通，注重以公共交通引导、完善城市布局结构，城市发展将由规模扩张转向结构优化、质量提高，逐步转移旧城区内过剩的交通量。因此，研究未来淄博市城市布局、土地利用模式对缓解城市交通拥堵状况具有重要的意义。淄博市土地利用概况如图 2-30 所示。

2.5.3.3　组群城镇空间发展战略

淄博市是我国典型"组群特色"城市，是呈"十字型"布局的多核中、小城镇集合体。早在 2004 年，《淄博市城市总体规划（2005 年—2020 年）》明确提出淄博市将规划形成由"一个核心、四个副心"构成的"网络多核"城市结构，其中，以张店城区为核心，淄川城区、博山城区、临淄城区、周村城区为副心。之后在 2010 年，《淄博市城市总体规划（2011 年—2020 年）》指出将淄博市规划形成"一城、两轴、十二片"的市域城镇空间结构，如图 2-31 所示。

在过去的城镇发展的几十年间，淄博市各区县城镇建成面积逐年增多，如图 2-32 所示，为淄博市 1996 年至 2015 年各区县城镇的建成面积统计及淄博市城市建成面积总和的统计。

　　淄博市城镇空间发展战略要求合理规划和控制土地利用，按照经济、社会和环境的准则，明确土地利用规划、城市发展和交通发展之间的相互作用关系，以旧城区为中心，建立形成可持续发展的城镇公共交通系统，逐步向外延伸，引导城镇空间的层次性发展。通过对每个区域层次的规划管理与控制，保障公共交通的合理实施，从而促进城市用地的合理布局。此外，在提高城市宜居性的前提下，需要提高政府对城市土地市场的调控能力，建立有效的土地储备制度组织体系，从而平衡经济、社会和环境的需求关系，优化土地资源的配置。

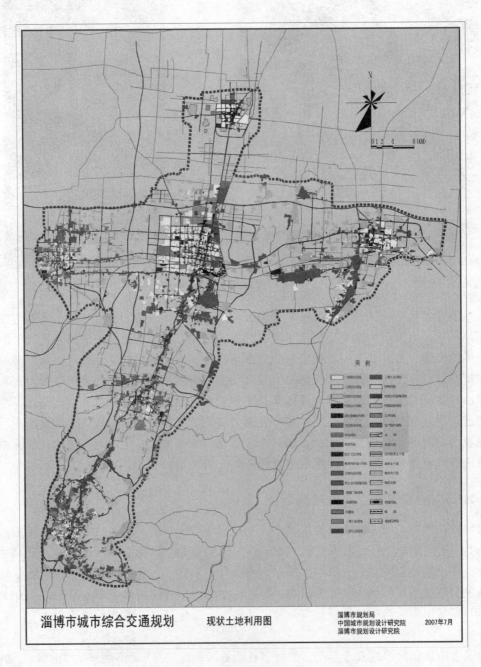

图 2-30　淄博市土地利用概况

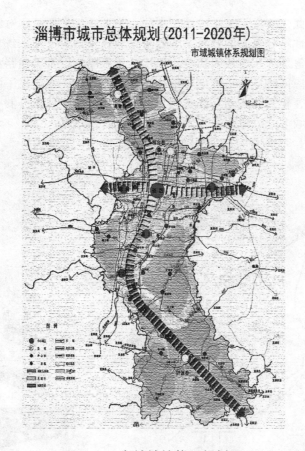

图 2-31　市域城镇体系规划图

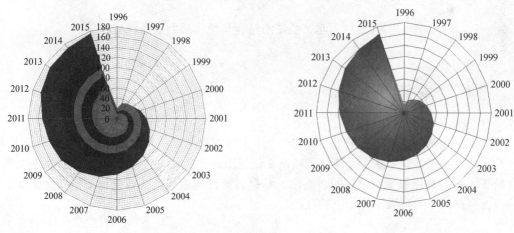

■张店区 ■恒台县 ■淄川区 ■博山 ■临淄区 ■周村区 ■高青县 ■沂源县

■城镇建成面积

数据来源：淄博市统计年鉴 1996—2015

图 2-32　淄博市城镇建成面积统计图

2.5.3.4　城市交通与城市结构的协调性

组群式城市布局在有效疏散交通量的同时，极易形成"聚而不集""散乱蔓延""各自为政"的分散局面。因此，较之于单中心城市布局，组群式的布局结构对城市交通系统的层次性、多方式性和协调性均有更高的要求。如若各个城镇集群的交通系统与城镇结构结合的不够紧密，缺乏明显的等级体系，线网功能、层次、等级单一，骨干线路和支线线路的功能定位不明确，则不能适应网络多核组群城市结构布局的要求，无法满足不同客流等级的出行需求。库里蒂巴公共交通模式的成功实践表明：城市布局结构与城市公共交通一体化规划是其成功的关键，和谐的城市结构与城市公共交通模式如图 2-33 所示。

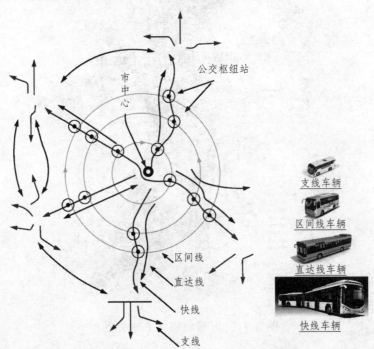

图 2-33　和谐的城市结构与城市公共交通模式

2.6　本章小结

本章研究新型城镇化背景下的城市生长。文章首先总结了新型城镇化的相关概念及内涵，并给出城市生长的基本定义，确立了城市更新与演进的"互动关系"。其次，指出新型城镇化背景下网络多核组群城市衍生的必然性，并探讨其空间布局及新型城镇化模式。最后，以淄博市为例描述了组群城市的相关特性。

第三章　新型城镇化背景下城市生长对
交通系统发展的要求

城市交通系统与城市互动促进发展。城市文明的不同发展阶段对交通运输工具存在着不同的发展要求，随着知识文明的到来，消费经济逐渐趋于主导，城市的休闲、娱乐等情趣空间变得日益重要，城市的交通系统不单单承担城市交通的功能，同时也承载着城市公共空间的多样化需求，更强调与高品质环境的融合。然而，新型城镇化促进城市生长为网络多核组群城市，其对交通系统发展的要求更加体现在空间结构和生长质量两方面。

3.1　城市交通系统

3.1.1　城市交通发展历程及特征

城市道路系统间的公众出行和客货输送统称为城市交通。纵览世界上众多大城市交通发展的共性，可将城市交通发展历程划分为四个阶段，如表 3-1 所示。

表 3-1　城市交通发展历程

阶段	阶段特征
1	以步行、非机动化交通工具为主的短距离轻量化交通阶段
2	以常规巴士和有轨电车为主的传统公共交通阶段
3	以私人机动化交通工具为主的现代个体交通阶段
4	以地铁、轻轨等快速轨道交通为主的现代公共交通阶段

虽然各城市因为其地理位置、规模、结构、性质和政治经济地位存在差异从而影响了城市交通的特征表现，但是它们仍具有相同的特点：

（1）存在上下班时间客运高峰。

（2）客运是城市交通的重点。

（3）每个城市的客流都由自身规律形成，城市客运量大小与该城市的总体规划和布局关系密切。

（4）城市客运量大小与各城市的总体规划布局有直接的关系。

3.1.2　城市交通系统组成

提及城市交通系统，我们必须清楚城市交通是什么？"城市交通"可以视为人、车、货物或信息伴随着人的思维意识在城市范围内地点间的移动。城市交通学通常从城市内部交通、城市对外交通及城际交通系统三方面出发重点研究地面道路交通之间的相互协调，通过城际交通重点场站、交通枢纽的规划布局和建设来促进城镇的密集地区中心与周边地区的联系，加强周边中小城镇之间的衔接等。城市交通的构成可以分为交通基础设施、交通设备、交通参与者和货物等，它自身纷杂的构成和多重特性使得我们必须将其视为一个系统，如图 3-1所示。

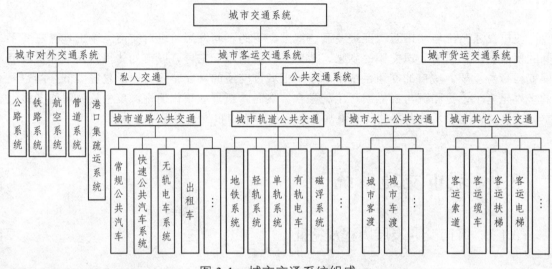

图 3-1　城市交通系统组成

城市交通系统不只是路、车、站、场的基础设施和物理流交织，更是流、势、网、序的人类生态和经济生态的科学组合。本章将城市交通系统分为"软、硬"两大系统，其中城市交通软系统包括城市交通养成（交通法律法规、交通习惯、交通标识）、城市交通管控规则与平台建设、城市交通管控与规划的理论与理念、城市规划理论与理念、城市交通管理制度保障、城市交通智能互联网等等；城市交通硬系统包括城市交通基础设施（各种类型的交通枢纽、停车场、道路系统、交工设施等）、城市交通运载工具、城市交通管控设备等。在"创新、协调、绿色、开放、共享"五大城市发展理念之下，塑造出软硬兼并的城市交通系统应集功能完善、关系协调、组织密切、联系紧密、服务周到等特征于一体，是超前性、进化式、适应性和自组织的系统。

3.1.3　城市公共交通系统的构成

城市公共交通（Ubran Pblicu Tanist）是城市中供公众使用的经济型、方便型的各种客运交通方式的总称，也是新型城镇着重要求发展的城市交通系统。交通运输部印发的《城市公共交通"十三五"发展纲要》（简称《纲要》）描绘了全面建成适应经济社会发展和公众出行需要、与我国城市功能和城市形象相匹配的现代化城市公共交通体系的美好发展愿景，着重体现在群众出行满意、行业发展可持续两个方面。《纲要》指出，到 2020 年，初步建成适应全面建成小康社会需求的现代化城市公共交通体系。在具体目标上，根据不同人口规模对城市进行分类，按照"数据可采集、同类可比较、群众可感知"的原则，分别提出了"十三五"时期各类城市的公交发展指标。同时，《纲要》还提出了"十三五"时期我国城市公共交通发展的五大任务，如表 3-2 所示。

表 3-2 "十三五"时期我国城市公共交通发展的五大任务

任务	内涵
全面推进"公交都市"建设	建立城市公交引导城市发展新机制，总结推广"公交都市"建设工作经验，丰富"公交都市"内涵。大力推进新能源城市公交车的推广应用
深化城市公交行业体制机制改革	推进城市公交管理体制改革和城市公交企业改革，建立政府购买城市公交服务机制、票制票价制定和调节机制，健全公共交通用地综合开发政策落实机制
全面提升城市公交服务品质	扩大公交服务广度和深度，完善多元化公交服务网络，提升公交出行快捷性、便利性、舒适性和安全性
建设与移动互联网深度融合的智能公交系统	推进"互联网+城市公交"发展，推进多元化公交服务网络建设。到2020年，城区常住人口100万以上的城市全面建成城市公共交通运营调度管理系统、安全监控系统、应急处置系统
缓解城市交通拥堵	通过合理选择交通疏导、改善慢行交通出行环境、加强城市静态交通管理、落实城市建设项目交通影响评价制度等多项举措，引导城市建立差异化交通拥堵治理措施

《城市公共交通分类标准》（CJJ/T 114-2007）中将城市公共交通系统按大类、中类、小类三个层次进行划分，并依据系统形式、载客工具类型和客运能力等指标将其具体分为城市道路公共交通、城市轨道公共交通、城市水上公共交通和城市其他公共交通四大类。

3.1.3.1 城市道路公共交通

城市道路公共交通是行驶在城市地区各级道路上的公共客运交通方式的统称，通常包括常规公共汽车、快速公共汽车系统、无轨电车和出租车等，其分类名称、代码以及主要指标特征如表 3-3 所示。

表 3-3 城市道路公共交通分类

分类名称及代码			主要指标及特征		
大类	中类	小类	车辆和线路条件	客运能力（N）平均运行速度（v）	备注
城市道路公共交通 GJ_1	常规公共汽车 GJ_{11}	小型公共汽车 GJ_{111}	车长：$3.5 \sim 7$ m 定员：≤ 40 人	N：≤ 1200 人次/h v：$15 \sim 25$ km/h	适用于支路以上等级道路
		中型公共汽车 GJ_{112}	车长：$7 \sim 10$ m 定员：≤ 80 人	N：≤ 2400 人次/h v：$15 \sim 25$ km/h	适用于支路以上等级道路
		大型公共汽车 GJ_{113}	车长：$10 \sim 12$ m 定员：≤ 110 人	N：≤ 3300 人次/h v：$15 \sim 25$ km/h	适用于次干路以上等级道路
		特大型（铰接）公共汽车 GJ_{114}	车长：$13 \sim 18$ m 定员：$135 \sim 180$ 人	N：≤ 5400 人次/h v：$15 \sim 25$ km/h	适用于主干路以上等级道路
		双层公共汽车 GJ_{115}	车长：$10 \sim 12$ m 定员：≤ 120 人	N：≤ 3600 人次/h v：$15 \sim 25$ km/h	适用于主干路以上等级道路
	快速公共汽车系统 GJ_{12}	大型公共汽车 GJ_{121}	车长：$10 \sim 12$ m 定员：≤ 110 人	N：≤ 1.1 万人次/h v：$25 \sim 40$ km/h	适用于主干路及公交专用道
		特大型（铰接）公共汽车 GJ_{122}	车长：$13 \sim 18$ m 定员：$110 \sim 150$ 人	N：≤ 1.5 万人次/h v：$25 \sim 40$ km/h	适用于主干路及公交专用道
		超大型（双铰接）公共汽车 GJ_{123}	车长：> 23 m 定员：≤ 200 人	N：≤ 2.0 万人次/h v：$25 \sim 40$ km/h	适用于主干路以上等级道路及公交专用道

续表

分类名称及代码			主要指标及特征		
城市道路公共交通 GJ₁	无轨电车 GJ₁₃	中型无轨电车 GJ₁₃₁	车长：7～10 m 定员：≤80人	N：≤2400人次/h v：15～25 km/h	适用于支路以上等级道路
		大型无轨电车 GJ₁₃₂	车长：10～12 m 定员：≤110人	N：≤3300人次/h v：15～25 km/h	适用于支路以上等级道路
		特大型（铰接）无轨电车 GJ₁₃₃	车长：13～18 m 定员：120～170人	N：≤5100人次/h v：15～25 km/h	适用于主干路以上等级道路
	出租汽车 GJ₁₄	小型出租汽车 GJ₁₄₁	定员：≤5人		随时租用或预定，按计价器收费或按日包车
		中型出租汽车 GJ₁₄₂	定员：7～19人		预订，按记程或计时包车
		大型出租汽车 GJ₁₄₃	定员：≥20人		预订，按记程或计时包车

3.1.3.2　城市轨道公共交通

当今，轨道交通系统是城市交通发展的高级表现，轨道交通的规模与发展速度支撑了城市发展的规模与内部的高效联系。城市轨道交通是城市公共交通系统的重要组成部分，泛指在城市区域中设置全封闭或部分封闭的专用轨道线路，以列车或单车的形式在城市中用于客运的交通系统，通常包括地铁系统、轻轨系统、单轨系统、有轨电车、磁浮系统、自动导向轨道交通系统和市郊铁路等，其分类名称、代码以及主要指标特征如表3-4所示。通常，城市轨道交通系统的定义应包含以下五个条件：

（1）必须是大众运输系统。

（2）必须位于城市之内。

（3）必须以电力或者内燃机驱动。

（4）必须行驶于轨道之上。

（5）班次必须相对密。

表 3-4　城市轨道公共交通分类

分类名称及代码			主要指标及特征		
大类	中类	小类	车辆和线路条件	客运能力（N）平均运行速度（v）	备注
城市轨道交通 GJ₂	地铁系统 GJ₂₁	A型车辆 GJ₂₁₁	车长：22.0 m 车宽：3.0 m 定员：310人 线路半径：≥300 m 线路坡度：≤35‰	N：4.5～7.0人次/h v：≥35 km/h	高运量适用于地下、地面或高架
		B型车辆 GJ₂₁₂	车长：19 m 车宽：2.8 m 定员：230～245人 线路半径：≥250 m 线路坡度：≤35‰	N：2.5～5.0人次/h v：≥35 km/h	大运量适用于地下、地面或高架

分类名称及代码			主要指标及特征		
城市轨道交通 GJ₂	地铁系统 GJ₂₁	L_B 型车辆 GJ₂₁₃	车长：16.8 m 车宽：2.8 m 定员：215～240 人 线路半径：≥100 m 线路坡度：≤60‰	N：2.5～4.0 人次/h v：≥35 km/h	大运量适用于地下、地面或高架
	轻轨系统 GJ₂₂	C 型车辆 GJ₂₂₁	车长：18.9～30.4 m 车宽：2.6 m 定员：200～315 人 线路半径：≥50 m 线路坡度：≤60‰	N：1.0～3.0 万人次/h v：25～35 km/h	中运量适用于高架、地面或地下
		L_C 型车辆 GJ₂₂₂	车长：16.5 m 车宽：2.5～2.6 m 定员：150 人 线路半径：≥60 m 线路坡度：≤60‰	N：1.0～3.0 万人次/h v：25～35 km/h	中运量适用于高架、地面或地下
	单轨系统 GJ₂₃	跨座式单轨车辆 GJ₂₃₁	车长：15 m 车宽：3.0 m 定员：150～170 人 线路半径：≥50 m 线路坡度：≤60‰	N：1.0～3.0 万人次/h v：25～35 km/h	中运量适用于高架
		悬挂式单轨车辆 GJ₂₃₂	车长：15 m 车宽：2.6 m 定员：80～100 人 线路半径：≥50 m 线路坡度：≤60‰	N：0.8～1.25 万人次/h v：≥20 km/h	中运量适用于高架
	有轨电车 GJ₂₄	单厢或铰接式有轨电车（含 D 型车）GJ₂₄₁	车长：12.5～28 m 车宽：≤2.6 m 定员：110～260 人 线路半径：≥30 m 线路坡度：≤60‰	N：0.6～1.0 人次/h v：15～25 km/h	低运量适用于地面（独立路权）、街面混行或高架
		导轨式胶轮电车 GJ₂₄₂	——		——
	磁浮系统 GJ₂₅	中低速磁浮车辆 GJ₂₅₁	车长：12～15 m 车宽：2.6～3.0 m 定员：80～120 人 线路半径：≥50 m 线路坡度：≤70‰	N：1.5～3.0 人次/h 最高运行速度：100 km/h	中运量适用于高架
		高速磁浮车辆 GJ₂₅₂	车长：端车 27 m，中车 24.8 m 车宽：3.7 m 定员：端车 120 人中车 144 人 线路半径：≥350 m 线路坡度：≤100‰	N：1.0～2.5 人次/h 最高运行速度：500 km/h	中运量适用于郊区高架

分类名称及代码			主要指标及特征		
城市轨道交通 GJ$_2$	自动导向轨道系统 GJ$_{26}$	胶轮特制车辆 GJ$_{261}$	车长：7.6～8.6 m 车宽：≤3 m 定员：70～90人 线路半径：≥30 m 线路坡度：≤60‰	N：1.0～3.0人次/h v：≥25 km/h	中运量适用于高架或地下
	市域快速轨道系统 GJ$_{27}$	地铁车辆或专用车辆 GJ$_{271}$	线路半径：≥500 m 线路坡度：≤30‰	最高运行速度：120～160 km/h	适用于市域内中、长距离客运交通

3.1.3.3 城市水上公共交通

城市水上公共交通是航行在城市及周边地区范围水域上的公共交通方式，是城市公共交通的重要组成部分，其主要运行方式有连接被水阻断的两岸接驳交通、与两岸平行航行且有固定站点码头的客运交通以及旅客观光交通，均为城市地面交通的补充，其分类名称、代码以及主要指标特征如表3-5所示。

表3-5　城市水上公共交通分类

分类名称及代码			主要指标及特征		
大类	中类	小类	车辆和线路条件	客运能力（N）平均运行速度（v）	备注
城市水上公共交通 GJ3	城市客渡 GJ31	常规渡轮 GJ311	定员：≤1200人	v：<35 km/h	静水航速
		快速渡轮 GJ312	定员：≤300人	v：≥35 km/h	静水航速
		旅游观光轮 GJ313	定员：≤500人	v：<35 km/h	静水航速
	城市车渡 GJ32	—	定员：8～60标准车位	v：<30 km/h	单车载重5 t的车辆限界为一个标准车位

3.1.3.4 城市其他公共交通

城市其他公共交通还包括客运索道、客运缆车、客运扶梯和客运电梯，其分类名称、代码以及主要指标特征如表3-6所示。

表3-6　城市其他公共交通分类

分类名称及代码			主要指标及特征		
大类	中类	小类	车辆和线路条件	客运能力（N）平均运行速度（v）	备注
城市其他公共交通 GJ4	客运索道 GJ41	往复式索道 GJ$_{411}$	吊厢定员：4～200人 索道坡度≤55°	N：≤4 000人次/h v：≤12 m/s	—
		循环式索道 GJ$_{412}$	吊厢定员：4～24人 吊椅或吊篮定员：2～16人 索道坡度≤45°	N：≤4 800人次/h v：≤6 m/s	—

续表

分类名称及代码			主要指标及特征		
城市其他公共交通 GJ₄	客运缆车 GJ₄₂	—	车长：8.5～16 m 定员：48～120 人 线路坡度≤45°	N：≤2 400 人次/h v：≤5 m/s	—
	客运扶梯 GJ₄₃	—	线路坡度≤30°	N：≤12 000 人次/h v：≤7.5 m/s	—
	客运电梯 GJ₄₄	—	定员：12～48 人	N：≤2 000 人次/h v：≤10 m/s	—

此外，城市公共交通还应考虑公共交通场站的规划与建设，如公共电汽车的首末站、保养场，地下铁路车站和调车场等；规划与运营管理，如公交票制、票价与票务管理、公交日常营运调度、公交车辆保养与维护、公交服务水平与服务质量监督。

3.1.4 城市交通系统的复杂性

城市交通系统具有很明显的网络性，而网络演化的一个重要特点是具有时空复杂性。城市交通系统的网络结构因交通模式、演化阶段及发展水平的不同会产生明显的差异，经济技术的发展时刻改变着网络的结构。城市交通系统网络时空演化的复杂性吸引了来自经济、地理、城市规划、数学等不同领域的学者对其拓扑分析的方法的研究。城市交通系统网络作为与城市功能和社会经济环境相联系的复杂大系统，它具有以下几个重要特征。

（1）人-车流以及道路、交叉口、枢纽等交通工程及控制设施众多，且各组分之间联系紧密。

（2）系统中的人-车流具有智能性，能够对周围环境变化做出反应，具有自组织、自适应和自驱动等能力。

（3）网络中运动的人-车流之间存在强烈的非线性相互作用。

（4）城市交通系统具有动态性和随机性，处于不断地发展变化中。

（5）系统的高度开放性又进一步加深了城市交通系统的复杂性。

因此，对城市交通系统复杂性相关问题的研究极具挑战性，特别是网络结构与出行者博弈行为二者之间的相关关系方面显得更为突出。

3.1.5 城市交通系统发展目标

城市交通系统发展目标是城市交通发展的宏观导向，是基于城市交通发展现状、经济社会发展和城市发展规划制定的，包括交通基础设施发展的总量规模、各种交通方式和交通枢纽的规模指标以及对居民出行和城市物流等服务水平发展目标等。在"互联网+"的新时期，移动世界数量的指数增长态势悄然改变了人们的行为方式，最具诱惑力的是智能手机的普及和车网联结等技术能够融入社交网络和点对点网络中，政府、企业、个人从中获益良多。未来城市交通系统中可能出现更小、更清洁、更智能的运输载体与人的出行意愿高度吻合，越精细化的交通运输单元越能满足个性化出行意愿，通过满足市民个性化需求，进而带动整个城市运转，激发城市活力。交通涌现出新的前景，这些新机会可能正在改变过往的交通使用行为，如图 3-2 所示。

该目标依附于先进水平的交通设施基础，构建以公共运输、慢行交通协同综合一体化发展的公共交通系统；以信息化和法制化为依托，提供安全、高效、便捷、舒适、生态的交通运输服务；城市交通建设同历史文化名城风貌和自然生态环境相协调，引导、支撑城市空间结构与功能布局优化调整，最终能够适应城市经济和社会发展需要，实现城市交通生态可持续发展。

图 3-2　互联网+交通

3.1.6　城市交通模式

城市交通模式指交通系统中使用各种交通工具出行的构成特点，包括出行量、出行方式、出行比例等。城市居民出行总量按交通方式不同而统计的频率分布，即为城市出行结构。熊文等按照出行结构将全球城市划分为小汽车导向型、公交导向型、慢行导向型、均匀发展型、不完全发展型五种交通模式，如图 3-3 所示。本章中将新型城镇中可能出现的城市交通模式概括为典型模式、可持续发展交通系统模式和生态交通系统模式。

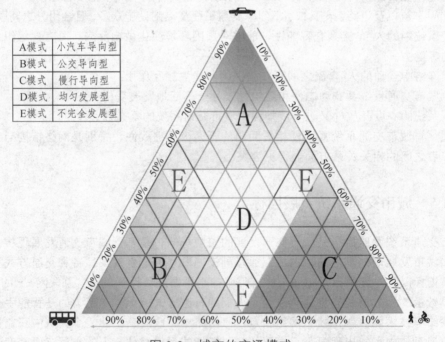

A模式	小汽车导向型
B模式	公交导向型
C模式	慢行导向型
D模式	均匀发展型
E模式	不完全发展型

图 3-3　城市的交通模式

3.1.6.1　典型模式

在机动化交通为主体的城市交通系统中，根据小汽车和公共交通在城市交通中的地位和作用，有两种典型模式："小汽车交通为主体，公共交通辅助"的交通模式和"公共交通为主体，小汽车交通补充"的交通模式，如表3-7所示。

表3-7 典型交通模式

模式	特性	代表性城市
小汽车交通为主体 公共交通辅助	舒适、安全、快捷、个性、私密	美国的洛杉矶；英国的伦敦 法国的巴黎；中国的北京、上海等
公共交通为主体 小汽车交通补充	强主导性、强吸引力 强集约性、强可达性	巴西库里提巴；德国柏林 日本；新加坡；中国香港

随着新型城镇化的不断深入发展，机动化水平的迅速提升，为实现城镇的持续性发展，我国大力推行"公交优先"政策，以公交引导城市向安全、高效、低碳发展，同时加强和方便各个城镇间的联系。

3.1.6.2 可持续发展交通系统模式

可持续发展问题的提出源于人们对环境问题的逐步认识和热切关注。可持续发展的城市交通系统模式通过协调社会经济、土地资源、城市环境与城市交通的关系，进而推动整个城市的可持续发展，而良好的城市可持续发展模式的建立对城市交通政策、交通规划、交通设计、交通管理等产生深刻的影响。然而，可持续发展的交通系统模式不是以牺牲某种交通模式为代价去实现另外一种交通模式的可持续性收益，它要求专业的交通规划人员站在城市可持续发展的角度上去考虑城市交通系统模式。在现阶段，最应该且最为重要的是做好城市的可持续性规划，力图通过科学的城市布局，合理的城市规模，更为优化的街区设计，完善的城市交通基础设施以及慢行交通系统的养成去创建宜居的社区，安全、友好的慢行一体化交通出行环境。特别是发展能够长期可持续性且适应于城镇空间动态演化的多层次性公共交通，如图3-4所示。

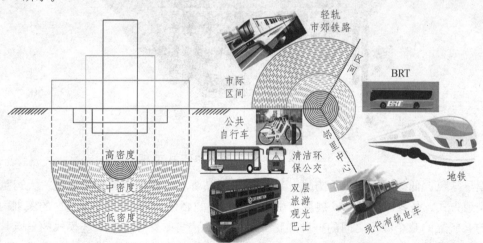

图3-4 可持续性公共交通系统与城镇空间层级示意图

3.1.6.3 生态交通系统模式

城市交通出现的行车难、停车难、交通堵塞状况日益严重，城市交通的污染已成为当今难以解决的顽症。为减缓交通问题加剧的现状，Chris Bradshaw 于 1994 年提出绿色交通体系。绿色交通是一种以人为本的环保交通，是为了减轻交通拥挤、降低环境污染、促进社会公平而采用低污染、有利于城市环境的多元化城市交通工具来完成社会经济活动的协调交通运输系统，即交通与环境的协调、交通与资源的协调、交通与社会的协调、交通与发展的协调。但仅仅将交通环境改善为绿色是不足以弥补和挽救城市使其朝着健康的方向发展的。因此，在新型城镇化进程中，人们在追求交通最基本功能的同时应将视野的着眼点放置于更为宏观、更为全面综合、更为生态的战略与规划层面，进一步深化和发展可持续性的交通系统模式，继承和发扬绿色交通系统的可持续性，融合生态之城的建设理念，建设城市生态交通系统发展模式。

　　城市生态交通系统模式是在生态城市框架上通过经济生态、自然生态、人文生态的规划、建设和管理方式构建出交通工具清洁化、交通网络最优化、交通环境绿色化和交通养成自然化的生态复合型交通系统，如图 3-5 所示。

图 3-5　城市生态交通系统模式示意

　　倡导绿色、低碳的交通进行方式，特别是发展以清洁能源为动能的低能耗、大运量轨道公共交通方式，是我国建设与发展城市生态交通系统的必由之路。"生态交通"的深刻内涵指交通与其所处的整个城市之间的一种和谐共生的关系。城市生态交通系统模式的重点是探讨如何规划建设符合新型城镇化生态要求，发展生态经济，力行节能减排，走城市能源可持续发展之路，缓解新时期我国的能源危机与环境压力，促进以人为本的慢行交通、私人交通与公共交通一体化的有机生态系统的形成。根据上文提出的城市生态交通系统模式发展的具体措施为以下四类：

（1）结构性措施：针对交通出行方式进行结构调整，将交通规划与城市规划相结合，提升高开发密度、高容积率地区公共交通的可达性和便捷性。倡导城市再开发，优先投资公共交通服务，通过城市设计、土地混合利用、合理交通规划，建设高密度、小街区的紧凑型城市，鼓励网络多核式开发，中心组团与各组团之间优先发展以轨道交通为骨干的公共交通体系，形成便捷、快速、安全的交通条件。

（2）技术性措施：针对交通工具、燃料的技术性改革发展。注重车辆的保养与维护，推广使用新能源、清洁能源的混合动力公交车辆，设置公交专用道，采取公交路权优先、交叉口信号优先。注重精明设计，公交车站、地铁车站、轨道交通应用节能设计手段。

（3）制度性措施：针对提高公共交通的管理水平和运行效率，完善城市交通管理体制，设立城市交通法规，完善城市交通技术规范及标准，加强城市居民交通养成的教育，培养"生态交通"观念的形成，鼓励非机动车交通出行，加强换乘设施建设，枢纽综合开发，用经济手段限制私人汽车的使用，提升公共交通的服务水平。

（4）财政性措施：通过价格杠杆促进公共交通发展，提高私人汽车的使用成本，激活慢行交通体系，保证稳定的公交补贴来源，建立公交基金，合理制定公共交通票价，实行道路拥挤收费，私人汽车牌照控制，停车收费管理。

总之，在这些交通模式的逐渐发展中，城市交通系统模式将逐步彰显出公平共享、法治有序、便捷高效、安全可靠、环境友善等鲜明特征。

3.2 新型城镇化背景下组群城市对交通系统发展的要求

3.2.1 组群城市空间结构对交通系统发展的要求

城市空间的演化离不开交通系统的引导与控制。城市里不同程度的空间规模、布局和密度对交通系统提出新的要求，完善交通系统建设，从不同层面满足城市空间演化要求。

1. 城市生长规模对交通方式选择的要求

城市生长规模对交通方式选择的需求是一个动态化的匹配过程，不同的交通方式在运载能力、空间占用、行驶速度、便捷程度、成本投入和能耗环保指标等方面有着不同的特征，不同的演化空间规模需要不同的交通方式。

2. 城市生长布局对交通结构的要求

交通结构指一定空间、时间范围内不同交通方式所承担的交通量比重。城市生长布局，即城市演化过程中空间的功能划分，常有居住区、商业区、绿化区、工业区、休闲区和仓储区。各个功能区有着不同的交通生成特性和交通吸引能力，同时还包括城市演化过程中土地使用模式促成的不同空间布局，两者都影响客流在城市空间布局上的生成与分布，从而决定了对交通结构的需求。汤姆逊 5 种交通与城市布局结构的关系模型，如图 3-6 所示。

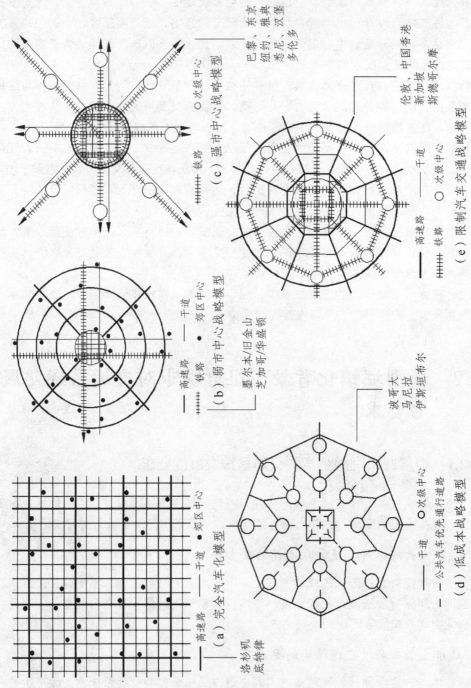

图 3-6　交通与城市布局结构的关系模型

3. 城市生长密度对交通强度的要求

城市生长密度重点关注城市土地开发密度、住宅密度和就业密度等方面的内容。交通强度是个集合概念，它指的是城市交通行为涉及的出行次数、出行距离和出行目的与各交通方式结合使用的频率。交通强度定性划分为单一强度模式、复合强度模式和高级强度模式。居住密度和就业密度都无法决定出行距离的远近，唯一可以确定的就是交通出行方式和交通出行目的，因为只有将两者进行综合考虑才会有出行距离的长短之说，而这种微观视角上的密度对交通强度的需求体现为单一强度模式，即在交通行为中某一方面表现得特别突出。传统意义上城市生长密度对交通强度的要求可以从宏微观两个层面上进行分析。微观层面上，当空间密度组合或者就业密度表现为就近原则时，此时的交通行为同时涉及了出行距离、出行方式、出行目的和出行次数等几个方面，由于出行距离的确定，界定了交通发生者的出行方式和出行次数，近距离出行表现为使用短距离交通方式高频率出行，远距离出行表现为乘坐长距离交通方式低频率出行，这种空间密度对交通强度的要求为复合强度模式；从宏观层面上考虑分析，无论是高密度集中型还是低密度分散型，交通参与者都有着很强的交通出行目的、较高的出行次数和相对一致的交通出行方式，也就是说集中型的核心或是分散型的区域内部结点都会有聚集效应，此时为高级强度模式。

3.2.2 组群城市生长质量对交通系统发展的要求

3.2.2.1 组群城市生态生长对交通系统的要求

城市生态学是研究城市人类活动和周围环境之间关系的一门科学，两者关系紧密。本书中构建网络多核组群城市的前提是保证城市生态的完整与可持续。1958 年，美国生态学家奥德姆（E.P.Odum）提出生态学是指研究生态系统的结构和功能的科学。城市生态系统是城市生态学的主要研究内容，按照《环境科学词典》的定义，城市生态系统意为特定地域内的人口、资源、环境通过各种相生相克的关系建立起来的人类聚居地或社会、经济、自然的复合体，如图 3-7 所示。

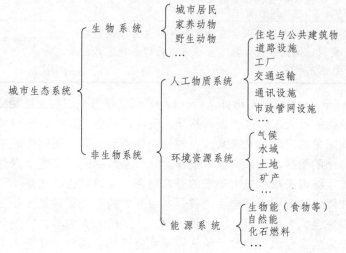

资料来源：沈清基著，城市生态与城市环境，同济大学出版社，1998，P67。

图 3-7 城市生态系统构成

1. 城市生态规划对交通环境的要求

城市生态规划强调运用系统分析手段，生态经济学知识和各种社会自然信息、经验，规划调节和改造城市各种复杂的系统关系，对城市生态系统的各项开发与建设做出科学合理的决策，从而能动地调控城市居民与城市环境的关系。所谓交通环境，是指交通参与者的运动空间及其周围的建筑、设施、树木花草等人文景观或自然景观，除此以外，还有由废气、噪声以及其各种交通现象所构成的静态与动态的环境。城市生态规划的目标强调城市居民与自然环境的和谐共处，建立人与环境的协调有序结构，强调城市与其所在区域发展的同步化，最终实现城市经济、社会、生态及建设的可持续发展。城市生态规划一般由人口适宜容量规划、土地利用适宜度规划、环境污染防治规划、生物保护与绿化规划以及资源利用保护规划构成。在这里主要就对与城市生态生长关系最为密切的土地利用适宜度规划展开叙述。

2. 生态城市规划对交通生态性的要求

生态城市是按照生态学原理建立起来的社会、经济、信息、高效率利用且生态良性循环、自然环境和谐协调、生态体系洁净的人类聚居地。生态城市规划又被称作生态导向的城市规划，与传统的城市规划进行对比，如表 3-8 所示。

表 3-8　生态导向的城市规划与传统城市规划区别

特征	生态导向的城市规划	传统的城市规划
区域性	城市规划的工作范围扩大到城市体系，延伸到城市行政界域以外的相关地区，把城市、城市近郊和农村作为一个复合系统，把不同地域空间层次的规划结合起来，从大的范围研究城市的分布格局	单个城市
系统性	城市是一个功能整体，强调要通过综合分析研究各组分间的关系来达到维持系统正常功能的目的	以地形地物为主的机械控制系统
动态性	城市规划是"现状—规划—实施—反馈"的不断修正的动态过程，强调规划的连续性、持续性和发展弹性	城市规划定格于一个终态方案。
综合性	同时考虑生态环境和社会的要求，它需要多学科、多层次的共同研究，以使规划方案统一协调	单纯的物质形态规划
生态导向性	生态导向的城市规划以生态学原理、方法为理论基础，通过辨识、模拟、调控和设计城市生态系统内的各种生态关系，使其具有良性发展状态	缺失或者只是单纯提及绿色覆盖率

环境承载力（Environmental Carrying Capacity）通常是指在维持生态稳定的状态下，一定地域范围内能够承担的最大人口或者经济规模。受环境承载力影响，生态城市在解决传统城市交通不可解决的问题的同时，又有其自身的生态性特点，即交通的生态性。交通生态性是城市交通功能多样化的概括，城市交通系统作为城市系统中的一个复杂部分，它不只具有通达的作用，还奠定了城市景观和城市形态的基本格局。交通的生态化是实现生态城市建设的基本任务之一，在建设生态城市中作用关键，其自身发展的生态性是支持生态城市发展的前提。交通生态性是完全人性化的设计，实现真正意义上的以人为本。它应当充分考虑非机动者的交通权利，把人的需要放在首位，给人以安全舒适的交通空间环境，充分体现生态城市下的交通的生态特性。在生态城市不断地循环、更新和发展中，交通系统的规划也是动态的、弹性的、滚动的规划，最终应形成多方式、多模式的一体化生态交通。

3.2.2.2　组群城市"以人为本"生长对交通系统的要求

组群城市生长要树立"以人为本"的理念，为了使城市交通更加高效、便捷、舒适，构筑现代化的交通体系应依靠科学规范的体系设计和以人为本的管理理念处理好人与人、人与组织、人与社会、人与自然的关系。城市与交通发展之间的矛盾和冲突表现为交通与人、社会、自然等的不协调，解决这一问题的策略是"优先公共交通、积极推进综合交通"。组群城市对交通系统应从倡导公交优先理念、建立跨行政区域的发展协调机制、优化服务品质以提升公交吸引力和完善综合保障措施四方面进行要求。此外，绿化、美化道路交通景观，充分利用自然景观，适宜的点缀人造景观，共同营造让人舒心愉悦的交通环境，使"以人为本"的交通理念彰显出多层次的立体感。

3.3 网络多核组群城市对交通系统发展的要求——以淄博市为例

3.3.1 淄博市城市交通概况

3.3.1.1 区位优势

淄博市是山东半岛东西向经济发展主轴上的重要经济节点，胶济线上的一级交通枢纽，交通区位优势示意图 3-8 所示。

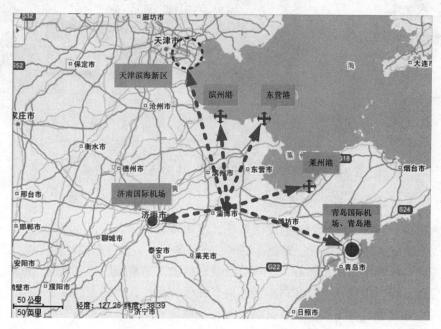

图 3-8 淄博市交通区位优势示意图

3.3.1.2 交通系统层次分析

1. 组群域交通

组群域交通是指城市区域内与区域外的交通体系。在组群域层面上，淄博市得天独厚的区位优势决定了它可依托黄河三角洲高效生态经济区和山东半岛蓝色经济区（合并简称"蓝黄两区"）国家战略，紧密衔接"省会都市圈"和"西部经济隆起带"，注重公共交通规划与土地利用规划的紧密结合，以集约化、高效率的土地利用模式为主，通过高速公路、城际轨道线路、航空等交通方式实现"葡萄藤式"串接组群域内各个城市，并实施有效的绿地控制，最终实现紧凑、生态化的区域空间形态。

2. 组群间交通

组群间交通指各个城镇集群之间相互联系的交通系统。淄博市下辖张店、淄川、博山、周村、临淄五个区和桓台、高青、沂源三个县，总面积 5 965 km²。针对"中心凸显、十字展开、组团发展"的城镇化发展格局，强化中心城区张店的核心地位和辐射作用，淄博市公交引导战略应进一步发挥"公共交通走廊"的横纵拉动作用，拓展城乡公共交通系统线路网络、层级，逐步形成以公共交通为导向、综合用地组团为节点的"带状+葡萄串"式的城市布局方式，如图 3-9 所示。

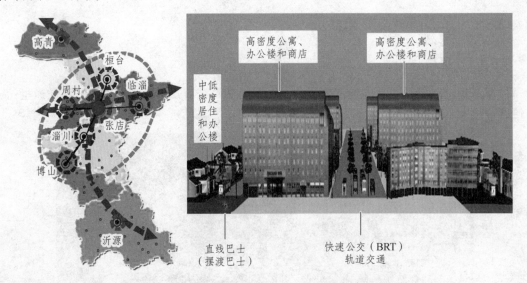

图 3-9　淄博市 TOD 战略与公共交通走廊示意图

3. 组群内（城镇集群）交通

组群内交通指各城镇集群内部的交通系统。在城镇集群层面上，城镇交通应倡导公交引导战略，以公共交通站点为中心设置公共空间、商务等用地，最终形成"站点核心区"，融合精明增长理论，准确定位城市核心、次核心区域，促成"葡萄粒"精明发展。此外，城镇集群内部还应通过步行友好设计，在核心区外侧布置居住用地，使得人们减少对小汽车交通的依赖，同时完善建设核心城市内重点区域或重点小城镇，彰显"葡萄籽"的组织、带动、辐射作用。

3.3.1.3　城市路网分析

城市道路网是城市交通的直接载体，完善的道路网络将城市各组群有机地连接起来，为城市各个功能中心之间人流、物流和信息流的往来创造了前提条件。

1. 道路网布局结构分析

淄博市作为典型的组群特色城市之一，在城市建设过程中，一开始沿着公路布局公共设施、居住和工业用地，是典型的"马路经济"，其道路结构主要为棋盘式和自由式两种类型。绝大多数城市干道都是由原有的公路转变而来的，导致组群间快速干道将过境交通引入城区中心，组群间的联系道路兼有公路和城市道路的功能，功能不明，定位不清，使得城市交通混乱无序、低效运行，形成干线交通上强大的交通流，如图3-10所示。

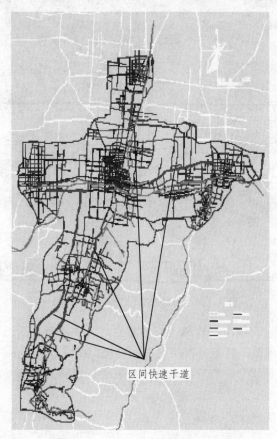

图 3-10 淄博市道路情况示意图

2. 道路网级配结构分析

城市道路合理的级配结构为主干道、次干道、支路构成金字塔型。根据城市道路规划建议值，主干道、次干道、支路的科学比例为1：1.5：3，而淄博市现状道路网中三者的比例为1：0.6：0.58，与标准建议值相比，次干道、支路占的比例偏低。

3. 道路网功能结构分析

淄博市主干道和次干道功能划分不明确，交通组织混乱。由于主干道通达性好，交通方便，商业用地大多向主干道两侧聚集，且出入口都正对主干道，交通干扰较大。

4. 张店区道路网结构

近年来，随着淄博市的城市化进程加快，一些城区以外地区的社会、经济、交通等方面越来越具备城市的特征，使得部分城市主干道承载交通量急剧增大，不能发挥原有的作用。淄博市城市化扩张过程如图 3-11 所示。

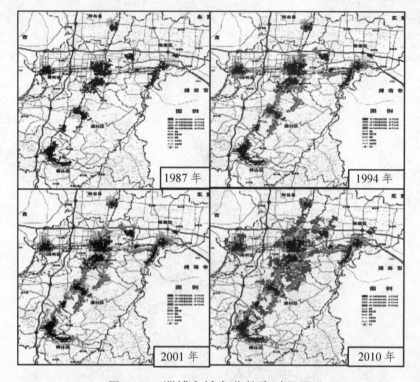

图 3-11　淄博市城市化扩张过程图

依据城市经济学理论，城市规模越大交通量也越大。城市主干道承载了市区主要客货运交通流以及区间过境交通流，随着城市化进程的加快，淄博市中心区张店城市规模越来越大，造成了主干道交通总量的增加，相应的就要求有完善的道路网络和大容量、高效率交通系统来适应它。

张店区位于淄博市的中部，是淄博市委、市政府驻地，承担着淄博市和张店区政治、经济、文化、金融、科技和流通中心的职能。作为山东省重要的交通枢纽城市，张店区具有全市最优的区位交通条件，立体化交通网络便捷。东西向的胶济铁路、G20 青银高速、G309 荣兰路和南北向的 S29 滨莱高速、G205 山深路形成交通"十字型"主干，与 S294 张博辅线、S703 张店绕城线以及 16 条地方骨干道路，构成了四通八达的方形网状道路骨架，形成了高速化、网络化的交通格局。张店区是典型的棋盘式方格网状道路网络，在中心城区建成了"九纵九横"的主干路路网，如图 3-12 所示。

3.3.1.4　交通构成分析

1. 淄博市居民出行强度

出行强度是衡量居民出行需求、出行能力和城市交通服务水平的综合指标，由一系列指标表示，其中出行次数、出行时耗、出行总量、平均出行距离等指标和平均指标最具代表性。对居民出行强度特性的分析是城市交通系统研究的基础。

图 3-12 张店中心城区主干路路网

出行次数主要反映居民出行能力和需求。出行总量是城市交通系统承受能力限度的基本量度指标，等于人口规模与人均出行次数的乘积。从多数大城市居民出行次数来看，各城市居民每天出行次数变化不大。淄博市居民平均出行次数为 2.443 次/人·天，多角度、全方位的居民出行次数构成情况如表 3-9 所示。

表 3-9　淄博市居民平均出行次数

编码	职业	平均出行次数	家庭月收入（元）	平均出行次数	年龄	平均出行次数
1	工人	2.435 6	<=1 500	2.248 4	18 以下	2.865
2	公务员	2.637 7	1 501~2 500	2.410 2	18-35	2.373
3	专业技术人员	2.520 9	2 501~3 500	2.486 2	35-60	2.392
4	职员	2.568 4	3 501~5 500	2.534 5	60 以上	2.053
5	商业服务人员	2.398 7	5 501~10 000	2.567 9		
6	企事业负责人	2.522 2	10 001~20 000	2.473 7		
7	大专院校学生	2.135 1	20 001~30 000	2.516 1		
8	农民	1.985 7	>30000	2.075		
9	中小学生	2.892 7				
10	家务劳动者	2.118 6				
11	个体经营者	2.221 3				
12	其他	2.268 6				
	平均出行次数	2.442 9		2.443		2.443

数据来源：淄博市 2007 年综合交通调查

居民出行时耗是城市居民出行特征中的重要指标之一，表示居民一次出行从起点到终点行程所花费的时间，主要受居民出行距离和交通方式的制约。淄博市各区县和部分典型非组群城市居民平均出行时耗如表 3-10 所示，淄博市和张店区不同方式居民平均出行时耗如图 3-13 所示。

表 3-10　淄博市及部分非组群城市居民一次出行平均时耗（单位：min）

| 所属区县 | 淄博市（2007） | | | | | | | 非组群城市 | |
	博山	桓台	临淄	张店	周村	淄川	全市	苏州（2000）	蚌埠（2002）
出行时耗	17.82	17.71	18.77	21.07	18.56	18.79	19.34	25	24

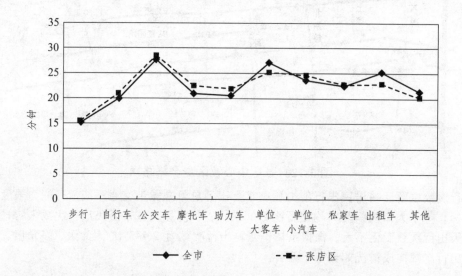

数据来源：淄博市 2007 年综合交通调查。

图 3-13　淄博市及张店区各种出行方式平均出行时耗

从上述图表中可以得出，组群城市居民一次出行的平均时耗不足 20 min，低于非组群城市。组群城市居民出行平均时耗低，导致城市居民所能忍受的出行时间要低于非组群城市。因此，组群城市各交通专项规划要着重于降低中远距离出行时耗的研究。从张店区（核心城区）和全市各种出行方式平均出行时耗的平均水平来看，除出租车、单位大客车以及其他少量出行方式外，张店区基本所有出行方式的平均出行时耗均大于全市平均水平。

2. 淄博市居民出行方式

居民出行方式指居民出行所使用的交通工具。在城市交通系统中，交通方式作为完成交通需求的直接载体和工具，对城市交通运输效率来说具有重要影响。不同的交通工具在运行方式、运行速度、运载能力、运输成本、可到达范围、道路占用面积、舒适度和安全度等指标上有很大差别。出行方式结构是反映城市交通发展水平的重要指标之一。同样的出行总量，不同的出行方式结构，对城市交通系统的要求差异很大。2007 年淄博市居民出行调查显示，全市步行分担率为 25.1%，自行车为 27.2%，而公共交通分担率仅为 8.2%，如表 3-11 所示。

表 3-11　2007 年交通调查居民出行结构

区域	步行	自行车	公交车	摩托车	助力车	单位大客车	单位小汽车	私家车	出租车	其他
博山	29.9%	20.1%	6.8%	22.4%	11.1%	1.6%	0.5%	6.2%	0.5%	1.03%
桓台	23.8%	33.5%	3.7%	15.9%	13.6%	2.3%	0.2%	5.1%	0.3%	1.72%
临淄	25.2%	26.1%	6.2%	13.7%	9.9%	6.3%	0.9%	9.9%	0.5%	1.20%
张店	21.1%	30.0%	12.6%	10.7%	11.1%	2.0%	1.0%	9.9%	0.8%	0.72%
周村	25.1%	30.8%	3.4%	17.6%	14.6%	1.0%	0.4%	5.3%	0.2%	1.54%
淄川	28.2%	25.5%	7.0%	21.5%	7.8%	1.3%	0.8%	6.2%	0.4%	1.11%
全市	25.1%	27.2%	8.2%	16.0%	10.5%	2.5%	0.8%	8.0%	0.6%	1.02%

　　从总体上来讲，2007 年淄博市居民非机动化出行方式占绝大多数，为 65.3%，这种以非机动化出行为主的交通结构是与组群式城市空间结构基本一致的。其中，博山区居民步行方式为全市之最，桓台县居民自行车出行方式达到 33.5%，超过全市平均水平约 7 个百分点。核心城区张店区的公交服务水平相对较好，公交出行比例达到 12.6%，远远高于全市平均水平8.2%。张店区摩托车出行比例为全市最低，较全市平均水平低 3.6 个百分点。张店区的私家车出行比例与临淄同列全市首位，高于全市平均水平 2.5 个百分点。

3. 淄博市交通结构分析

　　城市交通结构合理与否，直接影响到城市交通运输效率以及交通资源的配置方式。淄博市城市交通结构不合理主要体现在以下几方面：

　　（1）公共交通相对落后。

　　近年来，公共交通优先政策已在全社会取得共识，但政府对公共交通的重视不足，对公共交通投资偏少（相对于城市道路设施投资来说），各种公交优先政策的实施力度不大，造成淄博市公共交通不发达，出行比例较小，大部分城区都不足 10%。

　　（2）小汽车发展势头强劲。

　　随着社会经济的迅猛发展，人民生活水平的不断提高，加之我国把汽车产业作为未来发展的支柱产业，未来几年淄博市小汽车交通必将得到迅速发展，并在出行当中占据相当的比例。如果不加以合理引导和控制，势必使城市交通拥堵状况加剧。

3.3.1.5　公共交通存在的问题

　　与山东省 17 个地级城市相比，淄博市公共交通体现了三个特征，如表 3-12 所示：第一，公交车拥有率在全省处于中游水平；第二，公交运输效率位居最后一位；第三，公交线网覆盖水平在全省处于中等偏上水平。目前，淄博市公共交通发展面临巨大冲击，公交比例不足9%，公交发展后劲不足，主要存在以下问题：

表 3-12　2006 年全省地级市公共交通情况

位次	城市名称	万人拥有公交车（标台）	位次	城市名称	每标台公交车运量（人次/日）	位次	城市名称	公交线网密度（km/km²）
1	青岛	13.5	1	莱芜	708	1	菏泽	1.36
2	济南	13.2	2	青岛	451	2	济南	1.27

续表

位次	城市名称	万人拥有公交车（标台）	位次	城市名称	每标台公交车运量（人次/日）	位次	城市名称	公交线网密度（km/km²）
3	东营	10.1	3	济南	410	3	青岛	0.82
4	临沂	10.0	4	威海	363	4	淄博	0.60
5	烟台	8.9	5	济宁	331	5	临沂	0.59
6	威海	8.9	6	菏泽	329	6	滨州	0.55
7	枣庄	6.9	7	泰安	306	7	德州	0.53
8	日照	6.0	8	烟台	305	8	东营	0.41
9	淄博	5.2	9	聊城	284	9	聊城	0.38
10	德州	4.8	10	潍坊	222	10	烟台	0.34
11	济宁	4.6	11	日照	197	11	潍坊	0.31
12	莱芜	4.2	12	东营	184	12	济宁	0.24
13	潍坊	4.0	13	德州	152	13	威海	0.21
14	聊城	3.5	14	临沂	148	14	泰安	0.18
15	滨州	3.4	15	滨州	143	15	日照	0.14
16	泰安	2.1	16	枣庄	113	16	莱芜	0.09
17	菏泽	0.7	17	淄博	95	17	枣庄	0.06

资料来源：中国城市建设统计年报 2006 年。

1. 不同公共交通方式之间的冲突

混合交通是淄博市城市交通的一个典型特点。机非不分离的道路结构使机动车、非机动车和行人混行于有限的路面上，交通秩序非常混乱。此外，个体交通（如摩托车、电动车、私家车）与公共交通之间也存在着不可避免的冲突：个体交通的舒适性、门到门的服务优势，更符合交通出行高质量的需求，使不少城市的个体化出行趋势愈演愈烈。

2. 公交资源分配不合理

公共交通中不同公交线路间的矛盾尤为突出。受道路通行能力所限，淄博市某些地区公交线网密度整体水平较低，存在公交服务薄弱地区。总体来看，公交线路多沿城市干道布设，造成公交重复率高，而次干道、支路及边缘地区公交线路覆盖率不足。

3. 公交首末站用地缺乏保障，中途站及枢纽站点需要优化设置

考虑未来几年内淄博市公交服务质量和公交车数量将有较大发展，加快公交停车场的建设是当务之急。目前各组群城区严重缺乏规范的公交枢纽场站、公交首末站和具有保养、维修功能的公交车专用停车场。公交沿线停靠站设置得过于简单；站点用地不足；部分站点布设不合理；站距长短不均，致使乘客步行距离过长，换乘不便，造成公交客流流失。

4. 公交没有成为市区居民的主要出行方式，公交出行率较低。

受城市规模和用地布局的限制，淄博市各组群公交出行比例较低。由于建成区出行半径一般在 4 km 以内，居民出行距离较短，地势平坦开阔，有利于步行和自行车出行，而对适合

于中长距离出行的公交车来说没有优势，因此无法形成稳定的客流，公交运营效益差，进而导致公交线路少、车辆少、发车间隔大，降低了公交服务水平，最终形成了恶性循环，如图 3-14 所示。

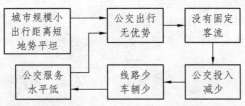

图 3-14 淄博市中心城区公交现状分析

5. 公交线网缺乏明显的等级体系

线网功能层次单一，等级单一，骨干线路和支线线路的功能定位不明确，没有形成良好的公交线路系统，不能适应城市不同客流等级的出行需求。

6. "公交优先"政策贯彻地不彻底

"公交优先"是指有效的公共资源在各种交通方式间进行分配时，优先考虑或满足公共交通方式的决策行为。"公交优先"包括政策优先、技术优先、规划优先和意识优先。淄博市在公交优先政策的贯彻上还不够彻底，今后应把"公交优先"战略落实到具体工作中，切实加快城市公共交通事业的发展。

3.3.2 交通发展战略研究

城市交通发展战略是在对城市发展历程和现状总结分析、对未来发展趋势总体预测和判断的基础上，综合考虑城市发展的社会经济、区域环境、政治环境等因素，结合城市自身的特点，宏观把握城市发展的重点和方向，确定城市交通发展方向、交通模式、交通政策以及重大交通设施的总体部署。

针对淄博市这样具有典型特色的组群城市，组团内采用"紧凑型"和"集约化"的土地利用模式，以发展镇静化绿色交通为主旋律，推行公交优先发展、适当控制小汽车比例的复合交通模式。交通发展战略的选择应该从以下几方面进行考虑。

1. 交通与土地利用协调发展策略

（1）既要保持各个城区之间的良好交通可达性，实现土地的集约化利用，又要防止土地蔓延。

（2）建设现代城市轻轨，支持张店区的"做大做强"，推动淄川和博山铁路沿线用地的优化和调整。

2. 区域交通发展交通策略

（1）加强区域对外交通与城市内部交通系统的转换和衔接，促进区域与城市交通的一体化。

（2）中心城区内打破行政区划和部门界限，通盘考虑大区域内交通设施的规划、建设和运营，加快实现中心城区内的城乡的一体化发展。

（3）促进公铁联运的发展。

3. 公共交通发展策略

(1) 常规共交改善和轨道交通建设并重。

(2) 加强公共交通枢纽的建设。

(3) 启动公共交通专用道路网络建设。

(4) 调整公交网络，兼顾集约化骨干交通和分散集聚客流的要求。

(5) 保障公共交通场站设施建设。

(6) 加强出租车管理，有效控制空驶里程，发挥公共交通的补充作用。

4. 城市道路网发展策略

(1) 优化道路等级结构，建立功能分工合理的道路网系统

(2) 协调区内道路和区间道路，有效分离客货运交通、机动车交通、公共交通、过境交通和区内交通。

(3) 在成熟的中心区和居住区，以调整路权分配和完善"微循环"系统为主；在新区和郊区，以优化配置各等级道路结构为主。

(4) 解决城区之间联络的瓶颈问题，完善城区间联系关键断面的通道供给。

5. 绿色交通发展策略

(1) 在新建的发展区，依托城市支路网络及街坊道路，建立起独立的自行车行驶网络；在主要居住区、商业区和交通枢纽之间，规划具有专有路权的自行车专用廊道，优化沿线的自行车交通设施和景观效果。

(2) 在中心区商业街的公交车站附近设置自行车换乘设施，发挥自行车接驳公共交通的功能；在商业区、写字楼、医院、学校等大型公建用地设置自行车公共停车场和出租点，发展自行车租赁系统等；

(3) 重视步行环境的整体改善，避免在资源配置中，因单纯追求通行能力的最大化而以机动车为中心。在新区的核心区可考虑建立步行街区，限制城市核心区机动车的使用。

(4) 公共交通走廊上建设完善的步行交通系统，配置完善的行人过街设施；城市主要的客流集散点的交通设计方面要突出步行系统，避免步行交通与其他交通，特别是机动交通的冲突。

6. 停车设施发展策略

(1) 实行不同区域的停车配建指标差异化和不同区域停车管理策略差异化，引导交通结构合理化，根据分区的原则制定和修订新城停车配建指标。

(2) 根据城市不同地区停车特征规范占路停车设施。

(3) 鼓励民间资金投资路外停车设施建设，并推进停车设施的市场化经营，政府对于停车设施建设应给予土地出让、税收等方面的优惠。

7. 交通管理发展策略

(1) 建立现代化的交通管理体系，协调路车平衡，逐步实现交通智能化。

(2) 加强交通系统组织，确保各类道路的使用功能。

(3) 建立科学的交通需求管理体系，保持路车协调发展，加强拥挤地区交通需求管理。

(4) 构建统一的交通信息平台，开发智能化交通控制诱导系统，建设交通信息诱导系统。

通过以上多方面策略构筑与城市职能定位、空间布局和土地利用相协调的高标准的新型现代化交通体系，营造和谐的、以公共交通为主体的、可持续发展的一体化"绿色"交通环境。合理引导其他交通方式中过剩的部分转移到公共交通，创造宜人的、适合步行和非机动车交通出行的空间形态，营造一种"交通安宁""步行友好""公共交通友好""人车共存"和"道路空间共享"的氛围。适机以公交引导进行城市空间的重组和功能的修复及再造，以实现社区或城区精明的生长，推动各组团内部的和谐生长。组团间以大运量的快速公共交通为主要交通方式的通道或复合通道建设为基础，把交通和土地进行一体化考虑以及对交通和房地产进行联合开发，合理控制土地开发，保持城市相对高的密度，以绿地和农田进行适当间隔和控制，使城市沿轴线呈"带状"发展，拉动城市主骨架的形成，逐步衍生出网络化的"葡萄串"，最终实现组群城市的空间与交通的耦合增长及协调发展。

3.3.3　交通发展模式研究

1. 基于道路改善为主的交通发展模式

本方案旨在以道路（特别是快速路）为基础的方案来支持城市"十字型"轴向走廊上组团发展，并给予私人机动车发展不加以限制或控制的优待政策。具体方案如表 3-13 所示。

表 3-13　基于道路改善为主的交通发展模式核心要素

核心要素	备注	模式一示例图
道路交通	•建立一个完善的多层次道路系统，充分利用快速路服务于城市对外交通衔接和组团间主要机动车走廊，并加强主干道、次干道以及支路的建设，形成"区域协调、干支相连、城乡通达、顺畅便捷、高效安全"的道路运输系统	
公共交通	•公交优先系统（其高级形式为 BRT）连接各城市组团和主要功能中心，线路覆盖张博路、张北路、309 国道、张周路以及张辛路等客流走廊。 •常规公交系统以现有公交系统为基础进行调整，形成与公交优先系统良好的接驳能力	
交通政策	•政府对于私人机动车的购买和使用采取宽松政策。 •公交票价维持现状不变	
交通管理	•建立核心区范围内的区域信号自适应控制系统。 •对主要路口进行渠化，提高路口通行能力。 •实施人车分流，提高道路使用效率	

2. 基于公共交通改善为主的交通发展模式

本方案旨在利用以轻轨交通、快速公交以及公交优先为基础的方案来支持"十字型"轴向走廊上组团的发展，拉动城市主骨架的形成。具体战略方案如表 3-14 所示。

3. 基于紧凑的生态交通发展模式

该方案特点是在目前城区的基础上向外扩展，力求每个就业区的居住就业相对平衡，发展为"紧凑型"和"内敛型"的城区，建立以自行车和步行为主、公交车为辅的生态综合交通系统。具体战略方案如表 3-15 所示。

4. 综合协同交通发展模式

本方案力求通过对道路、公共交通以及绿色交通等方面的协调建设，以及交通设施和交通管理均衡发展支持"十字型"轴向走廊上组团的发展，建立一个多层次、多方式、立体的、高效的城市综合交通系统。具体战略方案如表 3-16 所示。

表 3-14　基于公共交通改善为主的交通发展模式核心要素

核心要素	备注	模式二示例图
道路交通	• 建立一个完善的多层次道路系统，充分利用快速路服务于城市对外交通衔接和组团间主要机动车走廊，并加强主干道、次干道以及支路的建设，形成"区域协调、干支相连、城乡通达、顺畅便捷、高效安全"的道路运输系统	
公共交通	对于轨道交通近期内不进行建设，但是通过公交专用道或快速公交走廊建设预留轨道建设用地。 • 组团间开始着手"十字型"轻轨交通的规划建设，主要包括五区一县，即张店区、淄川区、博山区、周村区、临淄区以及桓台县。 • 快速公交系统连接各城市组团和主要功能中心，线路覆盖张博路、张北路、309 国道、张周路以及张辛路等客流走廊。 • 常规公交系统以现有的公交系统为基础进行调整，形成良好的与快速公交系统接驳的能力	公共交通改善为主
交通政策	• 政府对于私人机动车的使用从停车等采取较为严格的交通需求管理措施。 • 城区公交维持现状票价不变；区间公交（特指未来年组团间 BRT 和轻轨交通）票价按出行距离采用阶梯票价，并考虑换乘优惠	
交通管理	• 建立中心区范围内的区域信号自适应控制系统。 • 主要路口的渠化和公交信号优先	

表 3-15　基于紧凑的生态交通发展模式核心要素

核心要素	备注	模式三示例图
道路交通	• 建立完善的多层次道路系统，充分利用外围快速环路服务于城市对外交通衔接和组团间主要机动车走廊，屏蔽过境交通；组团内着重加强次干道、支路以及自行车通道的建设，形成一个功能明确、等级合理、高效安全的道路系统	
公共交通	• 组团间出行短途客运模式。 • 城区公共交通系统以公交车为主，出租车为辅。 • 绿色交通（步行和自行车）出行比例较大。 • 公交系统以现有公交车为基础进行调整，并做好"绿色交通"与公交车衔接	综合协同发展
交通政策	• 不限制小汽车的拥有量，但限制其使用频率。 • 道路资源分配优先考虑自行车和步行。 • 公交票价维持现状不变	
交通管理	• 合理设置信号灯，必要交叉口设置自行车专用信号灯。 • 组团内的路口进行渠化，如设置"自行车左转待驶区"，提高路口通行能力。 • 实施人车分流和自行车行人一体化，提高道路使用效率	

表 3-16　综合协同交通发展模式核心要素

核心要素	备注	模式四示例图
道路交通	• 建立完善的多层次道路系统，充分利用外围快速环路服务于城市对外交通衔接和组团间主要机动车走廊，屏蔽过境交通；加强主干道、次干道、支路、自行车专用道以及公交专用道的建设，形成"区域协调、干支相连、城乡通达、顺畅便捷、高效安全"的道路运输系统	
公共交通	• 对于轨道交通近期内不进行建设，但是通过公交专用道或快速公交走廊建设预留轨道建设用地。 • 组团间开始着手"十字型"轻轨交通的规划建设，主要包括五区一县，即张店区、淄川区、博山区、周村区、临淄区以及桓台县。 • 快速公交系统连接各城市组团和主要功能中心，线路覆盖张博路、张北路、309国道、张周路以及张辛路等客流走廊。 • 常规公交系统以现有公交系统为基础进行调整，形成良好的与快速公交系统接驳的能力	
交通政策	• 对于私人机动车，政府不限制其拥有量，但限制使用频率，并在县城核心区建立停车诱导系统，均衡路网的交通需求，最大限度地利用道路资源。 • 实施交通需求管理（Transportation Demand Management，TDM）措施，如对停车设施实行区域差别化政策，"以静制动、动静结合"地控制交通流。 • 城区公交维持现状票价不变；区间公交（特指未来年组团间 BRT 和轻轨交通）票价按出行距离采用阶梯票价，并考虑换乘优惠	
交通管理	• 建立核心区范围内的区域信号自适应控制系统。 • 主要路口的公交信号优先。 • 组团内的路口进行渠化，提高路口通行能力。 • 组团内实施人车分流，提高道路使用效率	

5. 不同交通发展模式在宏观仿真实验平台下的测试分析

本节侧重于四种交通发展模式的交通仿真测试分析，而对于经济指标（如建设成本）、投资情况（如实施难度和决策风险）以及土地结合程度情况等方面不做分析。将四种交通发展模式在宏观仿真实验平台下进行测试分析，进而找出适合淄博市发展的交通发展模式。

（1）不同发展模式的交通结构测试。

由于城市交通的运行方式多种多样，不同的交通方式结构将决定不同的城市效益。因此，制定城市交通发展战略的核心是交通模式的选择，即促使各种交通方式形成最合理、最符合实际情况的组合状态，最大限度地提高交通设施的运行效率，以获得最佳的运行效果。

根据对淄博市宏观人工交通仿真平台的构建，并进行仿真测试分析，得到不同交通发展战略测试方案交通方式结构，如表 3-17 所示。

表 3-17　四种模式交通结构

交通结构	模式一	模式二	模式三	模式四
步行	30%	25%	25%	25%
自行车	32%	23%	18%	23%
公共交通	20%	35%	20%	30%
出租车	3%	3%	4%	3%
小客车	12%	12%	30%	17%
单位大客车	1%	0	1%	0
摩托车+电动车	2%	2%	2%	2%
合计	100%	100%	100%	100%

（2）不同发展战略的交通运行指标测试。

不同交通发展战略测试方案交通运行指标如表 3-18 所示，城市道路网饱和度如图 3-15、图 3-16、图 3-17 和图 3-18 所示。

表 3-18　四种交通模式运行指标

交通运行指标	模式一	模式二	模式三	模式四
平均运行速度（km/h）	30.6	45.2	36.4	42.6
机动车平均出行距离（km）	25	24	28	26
机动车平均出行时间（min）	55.4	24.3	49.1	40.7
道路平均饱和度	0.74	0.53	0.62	0.58
VHT（pcu·h）	500 593	84 539	149 751	175 410
VKT（pcu·km）	11 732 648	5 009 744	5 123 856	6 723 349

注：VHT（Vehicle Hour of Travel）是指行车小时总数；VKT（Vehicle Kilometer of Travel）是指行车公里总数；PCU（Passenger Car Unit）是指标准小汽车或当量小汽车。

通过表 3-17、表 3-18 和图 3.15～图 3.18 可以得出结论，综合四个方案实施效果，无论从交通方式结构评价指标还是交通运行指标，模式四的综合效果最佳。因此，推荐将模式四（综合协同交通发展模式）作为未来淄博市的交通发展模式，该模式具有很强的可实施性和灵活性。具体表现为有如下特点：

（1）多方式组合协调发展，机动化适应各个组团一体化，公共交通引导并促进城市土地利用集约化。

（2）在大力发展公共交通的同时，提倡步行和自行车等绿色交通。既要提供高服务水平的公共交通系统，避免社会公众对小汽车的过分依赖，又要为公众出行提供多种选择，实现小汽车和优质公共交通系统的合理分工和友好竞争。

（3）通过高效、方便的衔接，发挥各种交通方式的组合优势，很好地和黄河三角洲生态经济区、济南都市圈、山东半岛城市群乃至环渤海经济圈的发展衔接起来，促进区域经济一体化的协调发展。

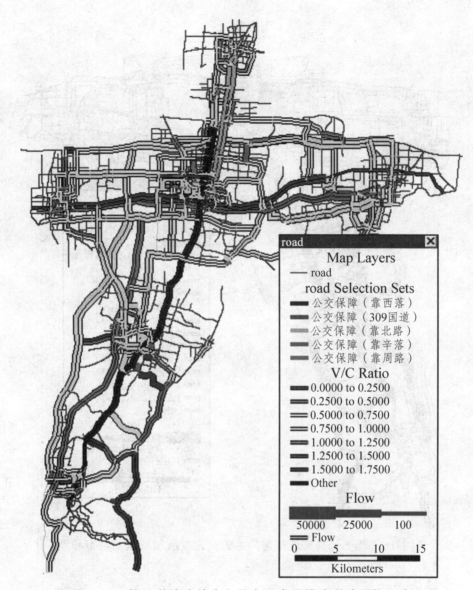

图 3-15　基于道路改善为主的交通发展模式道路网饱和度

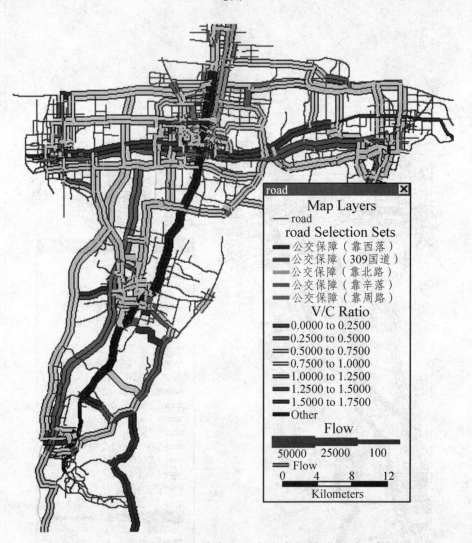

图 3-16　基于公共交通改善为主的交通发展模式道路网饱和度

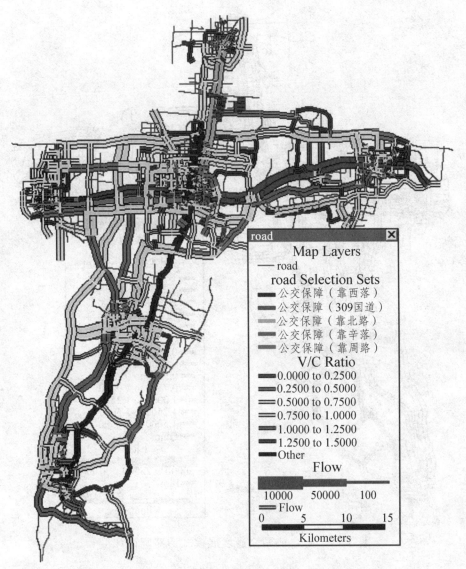

图 3-17　基于紧凑的生态交通发展模式道路网饱和度

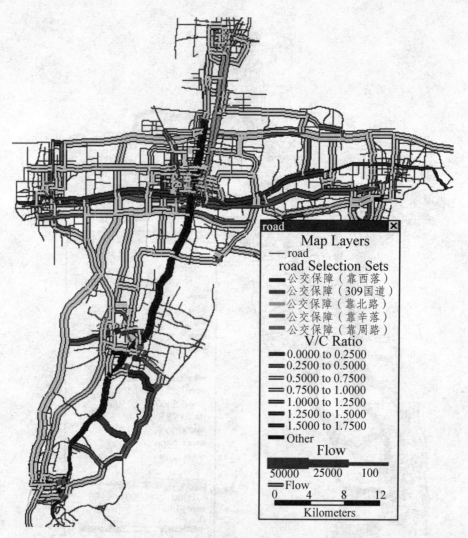

图 3-18　综合协同交通发展模式道路网饱和度

3.3.4 交通流时空均衡策略研究

时空均衡策略通过各种政策和措施来改变交通的出行结构和模式，从而提高交通效率，促进交通向可持续方向发展。交通问题的产生是多方面造成的，主观与客观因素并存。合理解决交通问题，基于不同区域的特点进行交通问题的研究，能够提升城市交通水平，实现以人为本的和谐交通环境。具体的交通网络均衡策略有许多，单向交通策略、交通诱导策略、措施上下班、差别停车费、行驶限行及其他政策策略，如图 3-19 所示。

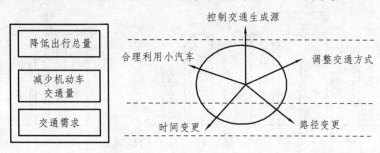

图 3-19 交通时空均衡策略

3.3.4.1 宏观时空均衡策略

宏观时空均衡策略是指从宏观的时间和空间的角度提高运输系统效率、实现特定目标所采取的均衡策略。交通系统组织优化是均衡策略的重要措施，是解决交通问题优先考虑的措施。常用的方法有：宏观交通组织优化、区域交通组织优化和微观交通组织优化。作为宏观的交通组织优化，主要从土地利用、路网规划、交通模式结构选择等宏观方面来优化道路交通系统，解决交通问题。

交通发展战略能够从宏观角度为未来的交通发展提供规划，合理分摊道路交通流量，同时也在一定程度上减少了交通量。把握公路系统优化这一宏观时空均衡策略的同时还应注重对其进行技术评价。技术评价主要是从路网的交通形态和路网的服务水平两个方面来对路网进行综合技术性能的评价。考虑到技术评价是进行多个复杂决策的过程，在结合淄博市实际情况的基础上，建立多分支的综合评价指标体系，如图 3-20 所示。通过对各分目标的定量分析，通过对合意度的计算将各分目标进行综合技术评价，便于准确地为决策提供依据。

3.3.4.2 中微观时空均衡策略

中微观时空均衡策略是指在区域整体或者局部地区上实施的，能够在时间和空间上提高运输系统效率、实现特定目标所采取的均衡策略。这里以可变信息板、停车诱导及单向交通组织来进行研究。

1. 可变信息板策略

可变信息板（VMS，Variable Messages Signs）的功能是通过文本、图像、数字等合成信号道路给提供几何信息，路面路况信息，路段交通信息和社会公众服务信息等各种信息，以利于驾驶员调整其驾驶行为，达到缓解交通堵塞、减少交通事故、提高路网通行能力的目的。

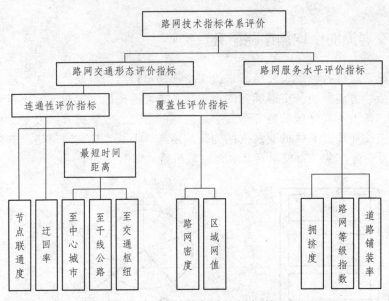

图 3-20　路网综合评价指标体系

张店区作为组群城市淄博市的中心，近年来汽车保有量持续快速地增长，加上城市开发建设与交通规划脱节，导致张店区交通问题越发严重。虽然主管部门不断加强对主干路和部分次干路的改造拓宽，但是仍然不能解决交通拥堵问题。从调查交通量来看，张店区路网并没有完全饱和，通过合适的交通诱导，完全能够达到缓解交通拥堵的局面。

在本节中采用仿真软件 VISSIM 模拟交通流在 VMS 诱导状态下，城市的交通流转移运行状况；研究在城市局部路网交通发生拥堵状况时，研究 VMS 诱导所起的作用。交通诱导需要满足以下条件的软件来进行模拟仿真。VISSIM 仿真软件能够在某一特定路段或地点设定交通事故，以便得到拥挤的交通环境；能够采集常用的交通参数数据，以便对路网交通运行状况和运行效益进行评价。VISSIM 交通模拟软件能够满足上述要求，因此选择仿真软件 VISSIM 作为仿真模拟工具对 VMS 的设置效果进行仿真试验和评价。

（1）VMS 设置原则。

VMS 的设置主要应该遵循以下原则：

a. 以确保交通畅通和行车安全为目的，应结合道路线性、交通状况、沿线设施等情况来设置。

b. 应进行总体布局，防止出现信息不足或过载的现象。

c. VMS 的设置应设在车辆行进正面方向最容易看见的地方，取得最大的可见度和观看效果，前方不应有遮挡物。可根据具体情况设置在道路右侧、中央分隔带或车行道上方。

d. 用于发布交通诱导信息的 VMS，应该设置在替代路线入口点的地方，以便于乘车者根据诱导信息选择合适的行驶线路。

e. 用于发布交通旅行时间、车流速度信息的，可以设置在快速路出入口之间、灯控道路交叉口之间的位置。

f. 快速路上应设置在由辅路进入快速路入口点之前，也可考虑设置在出口前方，显示出口道路交通信息。

g. VMS 位置的设置应充分考虑道路使用者的行为特性，即充分考虑在动态条件下发现、判断标志即采取行动的时间和前方距离。

（2）VMS 试验方案及评价。

为了更好地进行 VMS 的仿真试验评价，这里采用上述已经介绍的基于驾驶行为的微观仿真建模工具 VISSM，对张店区进行 VMS 设置并选取部分路段进行仿真试验和评价。

a. VMS 设置位置。

在本节采用理论与实践相结合的方式，对张店区城区及外围快速路设置可变信息板。根据所要设置区域的不同特性进行分区，如图 3-21 所示；初期根据张店区的实际状况，设置 9 块 VMS 进行试验，设置状况如图 3-22 所示，具体设置方式在这里不做说明。

图 3-21　张店区分区

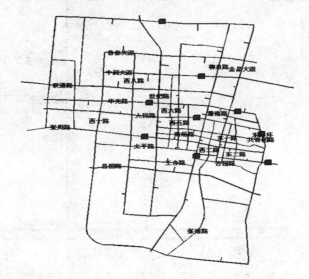

图 3-22　张店区 VMS 设置试验位置

b. 试验及评价。

本节选取组群城市淄博张店区进行 VMS 设置，对张店城区主次干道及外环快速路进行交通诱导。由于仿真工作量比较大，特别选取中心城区交通量较大的人民路、共青团路、中心路路段和交叉口及其周围区进行仿真试验，道路情况如表 3-19 所示。

表 3-19　试验区域道路状况

路名	车道数	断面结构	道路等级	道路现状
中心路	机动车双向四车道	三块板	主干路	北通桓台，向南经过淄博火车站、长途汽车站、张店区公交总站、东城联运站等，且位于张店老城区的中心位置，两旁商家众多，交通量非常大；后虽经过多次改造，交通拥挤现象仍然存在
柳泉路	机动车双向四车道	三块板	主干路	都是张店区过境主干路，同时肩负着城区交通流和过境交通流，交通压力比较大。
新村路	机动车双向四车道	三块板	主干路	
共青团路	机动车双向四车道	三块板	主干路	交通量比较大，同人民路一样，改造挖掘的潜力不大，且向西为断头路，交通条件较差。
人民路	双向四车道	一块板	主干路	张店区老城区主干道，沿路两旁政府机关、商场林立；随着张店城区的扩张，流经此路的交通量日渐加大，道路条件较差，机非不分离，且改造扩建亦非常的困难

为了增加试验的可行性与方便性，本书选取上文介绍的经常发生交通拥挤的部分路段进行交通诱导试验，具体措施是：通过 VISSIM 软件中的编程模块 VISVAP（visvap 编程模块如图 3-23 所示）进行编程设定，程序图如图 3-24 所示。

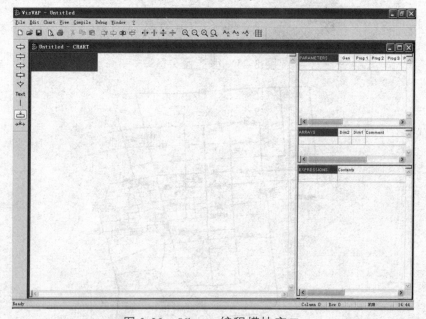

图 3-23　Visvap 编程模块窗口

仿真过程结合动态仿真，更加符合实际的道路交通状况；仿真时间设定为 3 600 s，前 600 s 不计入评价时间，这是因为一个仿真总是开始于一个空路网，为了得到更加符合实际的结果，需要考虑仿真前的"热身阶段"，通常可以在正常仿真时间段之前开始仿真，也就是说提前考虑热身段所需的时间。600~1 800 s 道路运转正常，1 800~3 600 s 运行设定的模拟交通拥堵模块，一条道路开始发生拥堵状况；通常的研究认为，车辆在无信号灯控制的交叉路口车行道上受阻且排队长度超过 250 m，或车辆在信号灯控制的交叉路口，3 次绿灯显示未通过路口的状态视为拥堵路口；拥堵路段为车辆在车行道上受阻且排队长度超过 0.3 km 的状态。分别设置检测器检测每条与此拥堵路段相关联的周围路段交通流状况，以此来模拟 VMS 诱导交通流转移，达到平衡路网的交通流，缓解交通拥堵的效果。路网简化图如图 3-25 所示（1-14 为设置的检测器，中间多星图形表示交通事故或者交通拥堵，箭头表示行车方向）。

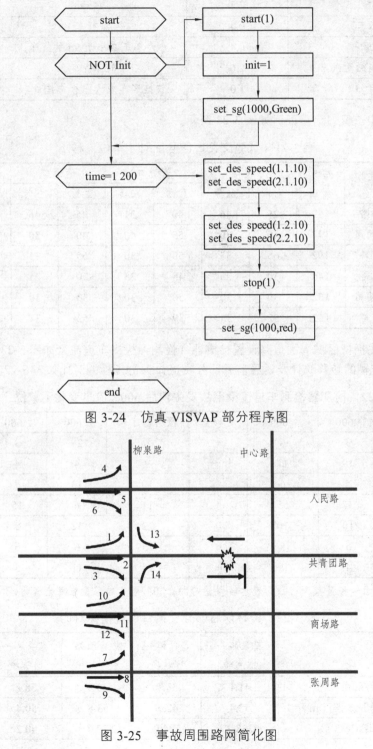

图 3-24　仿真 VISVAP 部分程序图

图 3-25　事故周围路网简化图

在进行模拟过程中,采用的交通量数据为淄博市综合调查时产生的小区 OD。为了模拟的方便,本书将交通流中的车辆类型全部换算成标准小汽车,换算标准如表 3-20 所示。

表 3-20　当量小汽车换算系数

车种	换算系数	车种	换算系数
自行车	0.2	旅行车	1.2
二轮摩托	0.4	大客车或小于 9 t 的货车	2.0
三轮摩托或微型汽车	0.6	15 t 货车	3.0
小客车或小于 3 t 的货车	1.0	铰接客车或大平板拖挂货车	4.0

仿真试验中交叉口信号配时如表 3-21 所示。

表 3-21　试验交叉口信号配时(单位:秒)

交叉口	信号周期	东进口		南进口		西进口		北进口	
		直行	左转	直行	左转	直行	左转	直行	左转
柳泉路与人民路	157	25	46	40	31	25	46	40	31
柳泉路与共青团路	177	40	30	55	40	40	30	55	40
柳泉路与张周路	192	65	35	50	30	65	35	50	35
中心路与人民路	140	30	25	48	25	30	25	48	25
中心路与共青团路	152	30	30	50	30	30	30	50	30
中心路与张周路	167	52	34	39	30	52	34	39	30

通过对发生拥挤区域周围道路设置检测器(检测器检测车道流量如图 3-23 所示 1-14)进行数据采集,车辆的转移统计及诱导前后部分交叉口评价指标的对比如表 3-22、表 3-23 所示。

表 3-22　检测器检测车道流量事故发生前后 600 s 流量变化(单位:辆)

检测器序号	前 600 s	后 600 s	转移量	检测器序号	前 600 s	后 600 s	转移量
1	3	6	+	8	29	3	−
2	19	11	−	9	4	4	0
3	5	6	+	10	13	2	−
4	37	55	+	11	6	15	+
5	10	10	0	12	12	8	−
6	5	5	0	13	6	6	0
7	4	19	+	14	11	5	−

注:"−"表示转移量减少;"+"表示转移量增加;"0"表示转移量未发生变化;

表 3-23　诱导前后部分交叉口评价指标对比

		流泉路—张周路	人民路—柳泉路	共青团路—柳泉路	流泉路—商场路	共青团路—中心路
前	平均延误(s)	41.1	33.1	30.8	38.2	40.6
	平均排队长度(m)	53.4	42.5	53.8	50.4	55.1
	EmissCO(g)	238.3	294.9	77.0	40.2	38.7

		流泉路—张周路	人民路—柳泉路	共青团路—柳泉路	流泉路—商场路	共青团路—中心路
后	平均延误（s）	38.3	28.1	21.2	31.8	34.4
	平均排队长度（m）	48.8	38.6	46.3	44.1	51.3
	EmissCO（g）	227.6	181.5	69.5	35.5	34.0

当前方发生交通事故时，将使驾驶员视觉、听觉或感觉等处于不舒服的状态，驾驶员会根据经验或者交通诱导选择替代的行驶路线，绕过发生交通事故的地点到达目标区域。按照实际交通情况及驾驶员驾驶倾向性，1~14 号检测器检测交通量的转移可分为四类情况：车流量应该减少的为 2、13、14；车流量应该增加的为 1、3；流量可增可不增的为 4、5、11、12；车流量可减可不减的为 6、7、10。

设置了 VMS 诱导后，从统计结果来看：2、14 车流量都明显地减少，13 车流量未发生变化；1、3 车流量都有所增加，转移了部分交通量；4、5、11 车流量可增可不增加的都有所增加，12 车流量未发生变化；10 车流量交通量减少，6、7 车流量未发生变化。同时，通过对诱导前后交叉口相关指标对的比可以看出，在研究范围内采取相应的交通诱导措施，其路网饱和度有所降低，交通运行状况得到不同程度的改善；减少了研究范围拥堵路口的平均停车延误和排队长度，降低了汽车尾气的排放；车辆流向行驶变得简单，较大限度地利用了现有道路资源，均衡周边路网流量。

利用可变信息板进行交通诱导，是城市交通需求管理一体化研究的重要内容。现代城市交通中，在小汽车发展趋势不可避免的情况下，寻求交通均衡措施进行路网交通流的均衡分配，就成为一个重要的课题。试验通过在组群城市淄博张店区进行可变信息板设置，并且假设在局部区域发生交通拥堵，通过微观仿真的方式模拟了 VMS 诱导条件下交通流的转移情况，分析表明，设置可变信息板进行交通诱导，确实能够转移有可能进入交通事故或者拥堵地区的交通流，平衡路网的交通流，转移矛盾体，从而创造更加公平、和谐的交通系统。

2. 停车诱导策略

城市停车问题历来是城市交通拥堵的成因之一，因此以多级信息发布为载体的停车诱导系统（Parking Guidance System or Parking Guidance and Information System，简称 PGIS）成为交通研究的热点。研究表明，当小汽车车速由 50 km/h 降至 20 km/h 时，其排放的一氧化碳和碳氢化物将增加 50% 左右。所以，减少城市中车辆的低速迂回交通，能够有效地减少环境污染，保护环境。本节在分析国内外停车诱导系统的发展情况的基础上，调查淄博张店区停车系统存在的问题，实现合理规划张店区的停车系统，缓解城区交通压力，创建安全、和谐、绿色的交通环境。

（1）现状及问题分析。

张店是组群城市淄博的政治经济文化中心，城市化水平发展很快；近年来，机动车数量持续增长，加上张店区处于重要的区域位置，城区交通压力越来越大。

由于用地紧张，目前张店城区的停车场大多为建筑自带的配套停车场，没有建设大型的公共停车场。张店城区主要停车场状况如表 3-24 所示。

表 3-24　张店区主要停车场状况

停车场	地址	泊位（个）	收费（元）
火车站广场	火车站广场	100	白天收费 3 元；晚间收费 4 元；跨时区收费 6 元
玫瑰大酒店	金晶大道玫瑰大酒店门前	20	白天收费 3 元；晚间收费 4 元；跨时区收费 6 元
银座商城	柳泉路与共青团路交叉口	500	免费
金帝购物广场	柳泉路与共青团路交叉口	90	免费
钻石商务大厦	共青团西路	380	免费（夜间地下停车场 6 元）
世纪大酒店	柳泉路	150	消费者免费（外来停车 50 元/天）
利群购物中心	金晶大道与美食街交叉口	80	免费
淄博商厦	金晶大道与美食街交叉口	420	免费
荣宝斋	共青团路	50	免费
齐赛电脑城	西六路	60	白天收费 3 元；晚间收费 4 元；跨时区收费 6 元
新华书店	金晶大道	15	白天收费 3 元；晚间收费 4 元；跨时区收费 6 元
淄博剧院	共青团路	25	白天收费 3 元；晚间收费 4 元；跨时区收费 6 元
全球通电影城	柳泉路	20	白天收费 3 元；晚间收费 4 元；跨时区收费 6 元
大润发超市	华光路	450	免费
淄博饭店	共青团路	100	免费
银座五里桥店	西六路与人民路交叉口	150	免费

数据来源：淄博公安交警网 2009。

从停车场现状可以看出，张店区停车场比较少，主城区仅有 16 个自带的较大的停车场。截至 2009 年年底，张店区机动车保有量已超过 10 万辆，与预测的每年平均 5% 的增长速度相比，停车位数量的增长速度很缓慢，这增加了驾驶员寻找停车位的难度，延长了车辆在道路上的迂回时间，增加道路交通流量，造成了更大的环境污染。

目前停车诱导系统存在许多问题，如功能不全面、决策系统不完善、技术及资源整合方面尚需优化提高等。

对于淄博市张店，目前没有大型公共停车场，因此没有进行相关的交通诱导系统建设；但是淄博市要向山东省乃至全国性的现代化城市发展，就必然要未雨绸缪，合理规划建设停车诱导系统，以应对现在已经出现及将来有可能加重的交通问题，为解决交通问题提供一个有效途径。

（2）停车诱导规划。

北京工业大学的关宏志老师曾经做过停车诱导方面的研究，他认为选择纳入停车诱导系统的对象停车场需考虑多方面的因素，如表 3-25 所示。

表 3-25　停车诱导系统考虑的因素

停车诱导因素	内容
类型	选定的停车场应为对外开放停车场，而不是专用停车场
规模	停车场的数量和每个停车场的车位都应当具有一定的规模。根据国外的实践，停车诱导系统所针对的停车场的数量为 10 个以上；而每个停车场的车位为 30~50 个车位，最少应具有 20~30 个停车位。在筛选停车场时，设定高峰期能够容纳对象地区的停车需求，在选定停车场时，按停车场的规模从大到小排列
分布	停车场的分布应距离目的地设施最近；以公共性强、能够长期经营的停车场为骨干

由以上因素可以看出，在选定停车场时，应该合理考虑停车诱导标志的布设及显示内容问题，合理引导交通的流向。

①停车诱导标志布设。

停车诱导标志一般分为四级，各级的主要作用为：

一级停车诱导标志设置的主要目的是向界外车辆传达市内主要商业区、商务区、旅游区等区域停车状况及行车方向。对于整个张店主城区，一级停车诱导标志可设置在进出张店区的主要出入口。

二级停车诱导标志为了使驾车者对二级分区内主要停车场分布和泊位使用情况有初步了解，应该设置在二级分区外围主要道路上。

三级停车诱导标志是为了使得进入二级分区的驾驶者对沿线停车场的泊位使用情况和入口方向有进一步的了解。为达到最佳诱导效果，且不造成信息重复等问题，结合定量规划模型，以诱导标志的效用最大化为目标。

四级停车诱导标志一般安装在停车场入口处，是用来向驾驶员传达停车场名称、当前有效泊位数、营业时间、停车费、车型等信息，该类诱导标志的布设位置较为固定，一般设置于停车场的入口位置。

四个级别停车标志互有层次，互相补充，共同为停车诱导的有效实施提供保障。

②停车诱导标志的显示内容。

一级停车诱导标志的主要目的是向进入张店市区的驾车者传递市区内重要区域的总体的、轮廓性的停车信息。如对于中心商业区等，一级停车诱导标志可采用 "中心商业区停车位紧张" 等模糊语句加以显示。

二级停车诱导标志建议采用地图式，根据二级分区内的停车场分布情况，组合成路网式指示、多单元显示发布牌，发布道路临近地块的泊位信息，对预进入二级分区的驾车者进行停车诱导。以中心路（由南向北方向）的二级停车诱导标志为例，如图 3-26 所示（图中圆圈的地方表示诱导标志）。

三级停车诱导标志采用文字式，对该类标志的有效影响停车场的泊位信息和行驶方向进行发布提示。以共青团路（由西向东方向）的三级停车诱导标志为例，如图 3-27 所示。

四级停车诱导标志位于停车场的入口处，也采用文字式，简要介绍停车场名称、空余有效泊位数、营业时间、停车费率、限高等信息。以银座商场为例，其相应的四级停车示意图如图 3-28 所示。

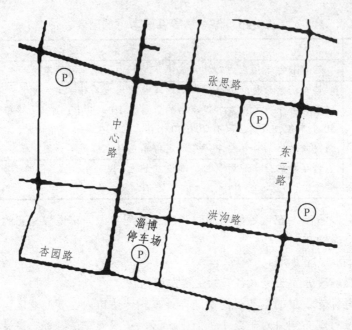

图 3-26　二级停车诱导示意图

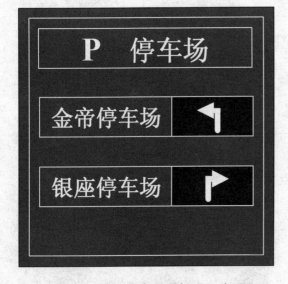

图 3-27　三级停车诱导标志示意图　　　图 3-28　四级停车诱导标志示意图

③仿真及评价。

　　针对停车诱导的实施效果,选择张店区交通比较混乱拥堵的火车站及周边区域作为试验点,应用微观交通仿真软件 VISSIM 对停车诱导的实施效果进行仿真。

　　为了降低研究的复杂性,本书针对确定目的地的单一停车场进行停车诱导仿真。停车诱导主要针对两种情况:一是明确知道停车场的位置,诱导针对的是停车场的空满;二是对停车位置及空满状况不熟悉,诱导针对的是停车场的位置。本节中诱导道路网状况如图 3-29 所示。

图 3-29　诱导区域道路状况

这里主要研究第二种情况下对城市交通流的影响，仿真方案如下：

仿真过程采用动态交通分配。在动态分配中，驾驶员的路径选择行为是建立在他们对行驶路径总体费用的评价结果之上的，总体费用是评价行驶路径优劣的一个综合指标，它是距离、行程时间以及其他各种费用（如：通行费）的一种综合体现。

假定驾驶者从 O 点到 D 点，如果驾驶员对停车场及周围道路状况足够了解，那么他基本将以最优或者较优路径（时间最短或路程最短）从 O 到达目的停车场 D；否则，车辆没有以最优或者较优路径到达 D，那么停车场及周边道路就不能有效地得到应用，同时增加了道路的交通流和车辆的无效行驶时间，加重了城市道路的负担。

仿真设定如图 3-30 和图 3-31 所示（黄色线路代表诱导路线和未诱导路线）的动态仿真路径，即费用最优路径（交通诱导路径）：O—共青团路—西五路—张周路—西二路—兴学街—金晶大道—洪沟路—东一路—杏园路—D；搜索路径（盲目搜索）：O—共青团路—西五路—张周路—西二路—兴学街—金晶大道—杏园东路—东一路—洪沟路—东二路—杏园西路—D。

图 3-30 设定为车辆到达 O 区域后，经过路径诱导（如图 3-31 所示），使目的地为 D 区域小区的车辆按照最优或者较优路径行驶。图 3-32 设定为车辆在到达 O 区域后由于驾驶员只知道目的区域的大体位置而进行的盲目搜索，致使到达目的停车场的行驶路径出现了偏差，没有行驶到最优或者较优路线上。

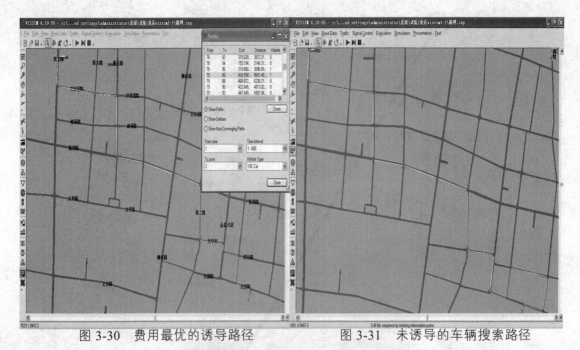

图 3-30 费用最优的诱导路径　　　　　　图 3-31 未诱导的车辆搜索路径

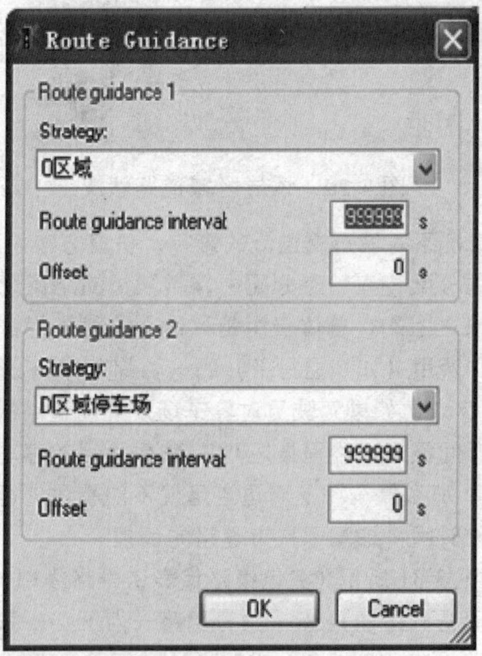

图 3-32 动态路径诱导设置

　　为了评价方案对受导车辆和整个路网交通的影响，在模拟过程中需要采集的交通参数数据包括平均延误、平均排队长度、尾气排放量等。

　　仿真过程界面如图 3-33 和图 3-34 所示（路线颜色代表着道路车流量，不同颜色代表车流量数量不同，具体流量如 3-32 的设定参数），根据需要选择相关节点进行相关指标的评价，如表 3-26 所示。

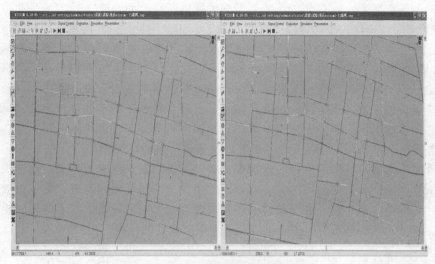

图 3-33　费用最优诱导仿真

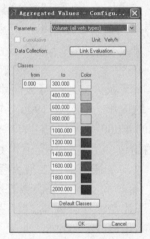

图 3-34　未诱导搜索路径仿真及表征参数

表 3-26　研究范围内交叉口的评价指标

评价指标	交叉口	中心路—洪沟路	杏园路—东一路	洪沟路—东一路	洪沟路—东二路	杏园路—东二路
诱导	平均延误（s）	30.1	31.4	32.3	32.6	31.1
	平均排队长度（m）	51.5	52.8	456.4	45.9	43.5
	EmissCO（g）	68.5	68.0	65.2	58.1	72.8
	EmissNOx（g）	45.7	37.5	20.7	12.6	47.6
	EmissVOC（g）	56.0	47.2	24.0	15.0	38.6
未诱导	平均延误（s）	37.5	30.1	23.2	29.5	30.1
	平均排队长度（m）	30.5	34.5	35.9	35.4	33.6
	EmissCO（g）	69.4	78.3	69.1	62.8	75.5
	EmissNOx（g）	43.4	43.3	29.8	18.3	54.2
	EmissVOC（g）	54.8	51.6	28.0	32.2	43.6

同时通过仿真得到，从 O 到 D，经过诱导的平均行程时间为 772.3 s（未发生交通拥堵的情况下），而未经过诱导的平均行程时间为 910.2 s；由此可见，（1）停车诱导确实能够大大地减少车辆迂回时间，缩短驾驶员对停车场的寻找时间（缩短 17.8%）；（2）减少车辆经过的交叉口数量，从而减少了路网的平均延误和平均排队长度，从表 4.16 可以看出，杏园路—东一路、洪沟路—东一路、洪沟路—东二路、杏园路—东二路都是由于没有诱导而导致迂回的车辆增加了交叉口的平均延误与排队长度；（3）经过诱导降低了城市的环境污染，尾气排放量大大减少，如本次试验，诱导后多个交叉口（杏园路—东一路、洪沟路—东一路、洪沟路—东二路、杏园路—东二路）可以避免不必要的交通量排放的尾气。

在本节中根据组群城市淄博张店区情况，简要分析了未来停车诱导的布设情况并进行仿真测试，试验表明停车诱导系统对城市交通流的减少，交通拥堵的改善，尾气排放的减少都起到了一定的作用，停车诱导对于调节停车需求在时间和空间分布上的不均匀、提高停车使用率、减少由于寻找停车场而产生的道路交通问题有重要的作用。

3. 单向交通组织

单向交通是指道路上的车辆只能按一个方向行驶的道路交通，又称单向通行、单行线、单向路（街）。如组织多条街道均为单向通行，并能相互衔接自成体系的，称为单向交通系统。单行交通系统是重要的时空均衡措施之一，它对于解决城市的交通问题，构建一体化交通系统具有重要的意义。

在国外，单向交通被认为是解决老城区交通拥挤最简单和有效的方法之一，在许多国家，单向交通组织受到重视并得到广泛的应用。美国在 1906 年就开始使用单向交通的方法，现在已经推广到各州和城市。法国巴黎的 4 000 多条街道中有超过 32%的单向街道，而中心区几乎全部为单行线。日本东京有 30%的街道实行了单行交通，其中大阪市有 38%的道路（其中大部分是干线道路）采用单向交通，单向交通的使用在很大程度上改善了日本的交通问题。

我国从 20 世纪 50 年代开始应用单向交通来解决城市交通问题，近年来国内许多城市积极推广单向交通，取得了较好的经济效益和社会效益。据不完全统计，广州设单向道路 84 条，总长度 75.4 km，占市区道路总长度的 13.5%。此外，北京 156 条，上海 44 条，天津 77 条，青岛 106 条，南京 33 条，沈阳、重庆、兰州等城市也都大量采用了单向交通。香港道路也非常注重单向交通系统的建设，并且依靠单向交通系统使城市交通更加有序地运行。

（1）单向交通组织。

① 单向交通的设置使用条件。

单向交通作为一种解决交通拥堵的措施，跟城市的道路网形态密切相关，如表 3-27 所示。

表 3-27　不同路网形态的单向交通组织适应性

路网形态	单向交通组织适应性
棋盘形道路	棋盘形道路系统是最适合组织单向交通的城市道路网络。可以由相邻两条道路配对组织单向交通，也可把部分道路系统都组织成单向交通，但道路网密度应较大，道路间距应不大于 200 m
带状形道路	带状城市道路系统较容易组织单向交通的路网。可选择局部区域有可能配对的道路组织单向交通，条件是有相邻或接近道路可以配对，道路之间呈对偶关系
其它路网	当道路网中有两条相邻环路且长度较短时，可考虑组织单向交通。两条相邻的放射性道路也可以组织单向交通

② 单向交通设置遵循的原则。

在设置单向交通的过程中，需要遵守一些原则。

➤ 符合城市交通的发展政策，并与城市交通规划和建设相协调。

➤ 应在交通供需矛盾突出、交通拥堵、路网密度高的区域范围内实施。

➤ 区域性单向交通网络力求设置成棋盘型，单行道之间应相互通联。

➤ 单向交通道路应该尽量长些，否则，路段易受两端干扰，使实施效果大打折扣。

➤ 配对单行道一般是相互平行的、通行能力相差较小的、间距在 400 m 左右的次要道路；有时可根据交通情况和道路条件，使主次干道的一个方向与平行支路组成一对单行道。

➤ 妥善安排好单向交通与公共交通、非机动车交通的关系，尽量减少其对公交和非机动车的影响。

➤ 单行道末端应该尽量设置在交通容易组织的干道上，以免造成交通混乱。

➤ 单向交通设置应该随交通情况的变化做相应的调整。

③ 单向交通的优点。

单向交通作为重要的时空均衡策略，它的优点主要表现在以下几个方面。

➤ 可提高道路通行能力。

美国将拥有 100 万人口的城市的中心道路在单向通行能力和双向通行能力的情况下进行了比较，结果如表 3-28 所示。

表 3-28　单向通行与双向通行道路的通行能力对比

行车道宽度（m）	路边可以停车			路边禁止停车		
	双向通行	单向通行	增减率（%）	双向通行	单向通行	增减率（%）
10	3 680	4 220	+14.7	5 600	6 680	+19.3
15	5 860	7 480	+27.6	8 220	9 900	+20.4

➤ 可增加车辆行驶的安全性。

把双向改为单向，将大大减少交叉口的冲突数目，如图 3-35 所示。从而提高交叉口通行能力，减少交通事故，国外许多报告认为，单向交通可使交通事故数减少 10%～15%，例如在美国的底特律市，单向交通实施后事故减少了 30%。美国俄勒冈州梅德菲尔德市，单向交通实施后事故减少了 55%。

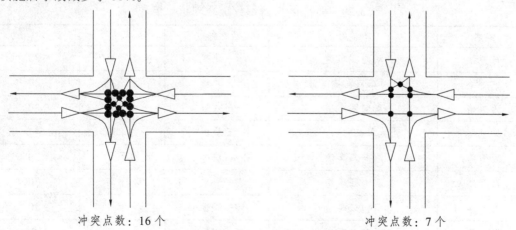

冲突点数：16 个　　　　　　　　　　冲突点数：7 个

图 3-35　单行交通减少交叉口冲突状况

> 可提高车辆的运行速度。

单向交通简化了交通组织，减少了停车及延误，不仅提高了道路通行能力，同时也提高了道路的运行速度（一般为 10%～20%），缩短了运行时间。

> 可取得良好的经济效益。

单向交通在提高道路资源利用率和行车速度方面具有很大的优势，能够减少资源浪费，取得良好的经济效益。

④ 单向交通的缺点

单向交通虽然有许多优点，然而也具有许多缺点：

> 增加了车辆的绕行距离和经过交叉口的次数，从而增加了车辆的运行时间和道路网上的交通量。

> 给公共交通带来不便。采用单向交通，需要调整公交线路走向和重新布置站点，而这会增加乘车者的步行距离。

> 给道路两侧商业活动带来影响。取消了对向车流，在单行道两侧进行商业活动不便，从而影响商家经济效益。

> 对居民区的环境影响。本来一些狭窄的街道因无汽车通行而非常安静，实行单向交通后，利用此街道行车会对环境产生不利影响。

> 单向交通的末端常常使交通组织复杂化，产生拥挤。急救车、消防车、过境车等也需绕行才能抵达目的地。

（2）单向交通应用

张店区作为淄博市的核心城区，随着经济的快速发展，机动车拥有量急剧增加，交通供需矛盾日益尖锐，导致张店区的车辆行驶速度降低、车均延误增加、交通事故率增大以及造成环境污染程度加剧。本节中所做的组织方案研究，旨在探讨单向交通在淄博市核心城区应用的可行性，同时给张店区今后的交通需求管理决策提供一定的帮助，从而更好地解决张店区现有的以及将来可能出现的交通问题。单向交通组织的研究，对于构筑张店区一体化交通运输体系具有重要的现实意义和战略意义。

张店区路网结构呈棋盘式布局，由于早期城市规划与交通规划的不协调，致使城区道路网体系等级较低，道路横断面结构简单，红线宽度较窄，随着交通量的日益增加，交通拥堵问题日益尖锐，交通状况无法满足经济的快速发展需求。城区主要道路状况如表 3-29 所示。

表 3-29 张店区城区部分道路现状一览表

路名	车道数	断面结构	道路等级	红线（m）
东一路	双向四车道	一块板	次干路	30
中心路	机动车双向四车道	三块板	主干路	47
西二路	双向两车道	一块板	次干路	30
柳泉路	机动车双向四车道	三块板	主干路	47
西四路	双向二车道	一块板	次干路	30
西五路	双向四车道	一块板	次干路	30
西六路	双向二车道	一块板	次干路	30
世纪路	双向十车道	一块板	主干路	108

续表

路名	车道数	断面结构	道路等级	红线（m）
西八路	双向四车道	三块板	主干路	100
西十路	双向四车道	一块板	主干路	60
杏园路	双向四车道	一块板	次干路	40
洪沟路	双向四车道	一块板	次干路	30
兴学街	双向四车道	一块板	次干路	30
新村路	机动车双向四车道	三块板	主干路	47
商场路	双向四车道	一块板	次干路	22
共青团路	机动车双向四车道	三块板	主干路	47
人民路	双向四车道	一块板	主干路	47
华光路	机动车双向四车道	三块板	主干路	51

资料来源：淄博市交通局数据

张店区交通拥堵和交叉口延误等交通问题日渐突出，根据对张店城区交通状况的调研，通过 VISSIM 对张店区的交通状况进行仿真，从中可以看出张店城区交通流分布不均匀，中心路、柳泉路、新村路、共青团路、商场路、人民路等都存在不同程度的拥堵。

张店区作为组群城市淄博市的核心城区，应该是一个适应性极强的结构体。在城区道路网络没有达到饱和的情况下出现交通拥堵，一定程度上说明了张店区交通组织存在问题。通过对张店区实行适当的单向交通组织的措施，达到交通矛盾的转移，从而平衡道路网的交通流，保证道路的畅通，从而最大限度地提高道路网的整体使用效率。张店区各道路流量表征图如图 3-36 所示。

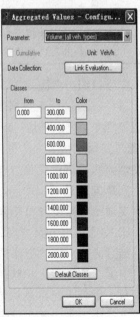

图 3-36　张店区现状交通流量图及表征参数

从张店区道路网流量图可以看出，张店区整体道路网的使用效率不高，交通流分布不均匀。通过单向交通组织，实现交通流的"矛盾转移"，即将某个方向的交通流转移到富有余力的周边道路中，以提高道路的整体使用效率。

① 交通组织方案方案一。

张店区交通问题主要集中在老城区且向周围扩散。火车站附近、人民路、共青团路、柳泉、张周路（老城区段）等都存在不同程度的交通拥堵现象，见表3-30。

表3-30　张店区现状道路（部分）单向交通组织描述

路名	描述
人民路	人民路是张店区老城区的主干道，近年来，随着城区的扩大以及交通量的逐渐增多，原有的道路条件差，机非不分离等弊端逐渐显现出来并且呈扩大化趋势，加之人民路扩建、改建非常困难，因此考虑实际情况，对其进行单行线组织。
共青团路	共青团路为机动车双向四车道，是老城区重要的次干道之一，道路宽度不足，两边高大树木的缘故阻止了其扩建。单向交通组织中将其中间两条设置为单行线，两边各设置一条公交专用通道，公交对向的车道用护栏隔开，防止行人随意穿行；在必要的位置留出行人过街口；非机动车双向行驶
商场路与美食街	商场西路与美食街本应是休闲购物的步行交通道路。考虑到张店区次干路不足的现状，不久前刚刚改善了路面状况，仍将其定位为通行能力一般的次干路；鉴于这种情况，将其设置为单行线，不仅最大限度地减少了该道路的交通混乱，同时弥补了次干路不足的状况。商场路仅1路公交车经过，将其逆行线路改为途径共青团路，既充分利用共青团路公交专用道，也不至于过多增加乘车者的步行距离
火车站周围（西二路、东一路）	张店区火车站区域周围汇集了淄博火车站、淄博东城汽车客运站、淄博汽车总站、淄博公交站等多家客运单位，使得该区域车多、人多，加之淄博汽车总站车辆与公交车交错行驶，加重了该区域交通组织混乱的局面。为缓解火车站区域道路交通压力，将南北向道路西二路、东一路组织为单向交通。区间公交车辆在进出淄博汽车总站时，可选择相应的单行道，右转进右转出，以增加公交车绕行距离为代价，缓解汽车总站出入口处机动车冲突严重的状况

交通组织方案图如图3-37所示（箭头代表行车方向）。

其中：通过调查数据表明，人民路作为张店区交通性次干路，具有较明显的"潮汐性"交通流现象，可以考虑：a. 在上下班高峰根据实际交通流情况对其实行可调式单向交通组织；b. 通过实行灵活多变的道路调节方式，取其中一条道路作为可调方向性道路，根据其早、中、晚交通流状况进行变化方向性的调节。

在单向交通组织的同时，要加强交通标志和可变信息板对驾驶人员的交通诱导，以解决单行交通组织给驾驶员带来的绕行不便。

② 交通组织方案方案二：

结合方案一中的道路情况，设置组织方案二，如图3-38所示（箭头代表行车方向）。

方案二取消了人民路的单向交通设置，仅仅应用共青团路与商场路配对，东一路与西二路配对，因为人民路虽然是张店区次干路，却承担着东西向的交通主干道的任务，交通流比较大，且由于张店区次干路较少，采用单向交通后可能会严重影响东西向交通的顺畅性。

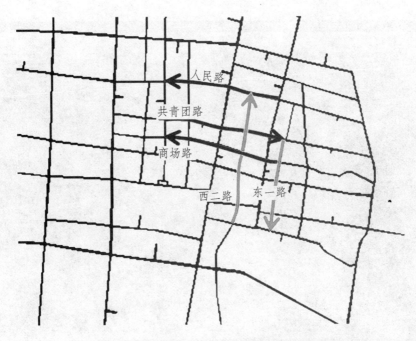

图 3-37 张店区单向交通组织方案一

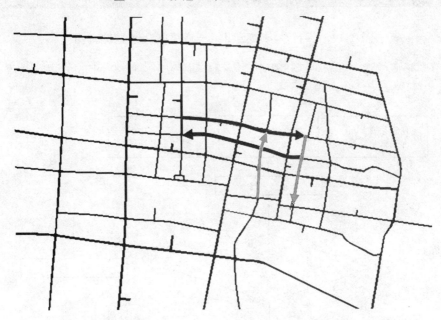

图 3-38 张店区单向交通组织方案二

（3）交通组织方案评价。

合理的、经济的单向交通组织方案可以有效地提高交通效率、减少交通事故和环境污染，从而达到交通流的时空均衡。本书从路网的平均速度、平均延误、交叉口平均停车延误等方面对所进行的单向方案进行评价，以检验该交通需求管理的合理性和科学性。通过 VISSIM 对张店区单行组织方案一的交通状况进行仿真建模，仿真图如图 3-39 所示（设定参数与前面一样，仿真方案二仿真及表征参数图和方案一类似，此处略）。

图 3-39　实行单向交通组织—道路网交通量仿真图

在本节中采用微观仿真软件 VISSIM 对单行交通组织后的道路网进行了模拟,流程图如图 3-40 所示。

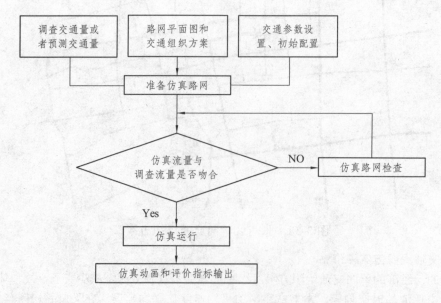

图 3-40　仿真流程图

通过对各个路段及路口的交通情况进行统计分析，采用平均速度、平均延误、平均停车延误和平均停车次数等指标对单行交通组织进行了对比，结果如表 3-31 所示。

表 3-31　单行交通组织与现状评价指标对比

	机动车			
	平均速度（km/h）	平均延误（s）	交叉口平均停车延（s）	平均停车次数
现状	26.15	122.21	103.25	4.32
组织方案一	25.54	107.89	80.38	3.15
组织方案二	26.02	108.32	82.52	3.45

　　通过对两种方案的单向交通设计进行对比并且进行仿真分析，张店区道路在没有进行大规模改扩建的情况下，仅仅实施单向交通并辅之以绿波控制可在一定程度上降低平均延误、提高车辆平均速度，缓解城区道路交通压力；另外，从两种方案仿真对比中可以看出，方案组织一在减少延误，增加道路平均速度等方面优于方案二，但是方案一将人民路作为单向，会造成交通的不便，人民路虽然为次干路，但是双向交通流比较大，且道路两侧多为政府机关，这样无疑增加了大量的车辆的绕行距离。

　　由于张店区传统的城市结构模式，城市道路主干路、次干路和支路不平衡，次干路和支路都严重的不足，导致主干路交通压力过大，因此在进行单向交通组织的时候选择的余地不大，虽然简单的单线交通组织在解决交通拥堵问题方面发挥了一定的作用，但是站在长远的角度来看，如果不从根本上解决干路、次干路和支路的密度平衡问题，就无法站在一个较高的层次水平上审视和解决张店区的交通问题。

3.3.5　组群特色城市交通拥堵一体化对策研究

　　城市交通系统涉及面广，城市交通问题的解决应采取一体化的交通对策。本研究将一体化解决交通拥堵问题分为四个层次：第一层次为调整城市结构、土地利用性质，从源头上避免因城市人口、城市功能的过度集中而造成的城市交通问题无法从根本上解决；第二层次为加强道路基础设施建设，从总体上提高城市交通可达性，降低交通出行时耗总量，加强各组群间的交通联系，使组群式结构城市在有机分散的基础上成为一个统一的整体；第三层次为改善城市交通结构，通过采用各种有效措施优先发展公共交通，打破单一运输体系，建立以快速公交、轨道交通为骨干的多层次运输网络，引导城市可持续、和谐发展；第四层次为通过科学化、信息化的交通管理措施，充分、有效地利用现有的道路结构，使现有道路交通基础设施发挥最大的作用。

3.3.5.1　调整城市结构

　　合理的调整城市布局结构，是从根本上避免因城市人口、城市功能过度集中造成交通总需求过大而使城市交通问题无法从根本上解决这一问题出现的重要对策。为了避免出现因城市单中心发展带来的人口密度过高、用地紧张、交通拥挤和环境恶化等一系列城市病，控制调整城市空间生长方式为多核心城市发展模式，引导大都市区向多中心城市网络结构模式演进。

　　"组群式"城市各组群具有相对完整的职能结构和自生长能力，彼此之间具有"磁性相吸"的特性。但是，这种"磁性相吸"的特性具有极强的蔓生色彩，如果不对其进行恰当的控制和引导，空间结构易延绵伸展扩张成片，构成非可持续发展城市形态，如图 3-41 所示。

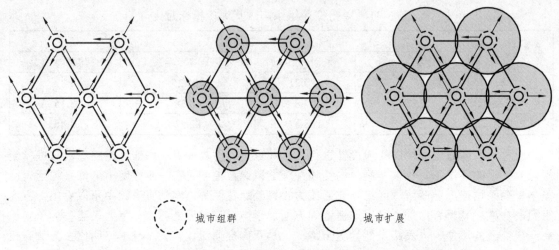

图 3-41　组群城市空间蔓延过程

　　此外，不同于其他城市结构，组群城市交通拥堵的产生原因之一为过境交通与区内交通的相互叠加。针对这种特殊的城市模式，淄博市应加强交通系统与土地利用的一体化管理，从区域层面上整合交通与土地的利用关系，形成公共交通引导的紧凑性开发，进而将土地利用模式与城市交通系统紧密结合。"组群式"城市交通问题的解决、城市经济的发展只有得到道路交通体系的支持才能够良性进行。与"组群式"城市布局相适应的交通系统应做到"三位一体"，即 3.3.1.2 节提到的组群域、组群间、组群内三个层级。

3.3.5.2　加强城市基础设施建设

　　组群式城市过境交通和区内交通相互叠加的特点，易造成组群城市道路负荷过重。完善组群城市道路网络建设的着眼点在于形成组群间通道-组群边缘环形集散道路-组团内部城市道路的合理衔接，如图 3-42 所示。通过组群边缘的集散性道路，平衡和分散进入组群的交通流，缓解城市交通拥堵状况。淄博市城市形态较为复杂，正处于由"十字型"组群结构向"葡萄串"式"网络多核"城市形态生长演进的过程中，遵循土地利用与交通协调发展的指导思想，组群边缘框形"环路"结构是结合淄博市路网结构对环形路网的一种改善，如图 3-43 所示。

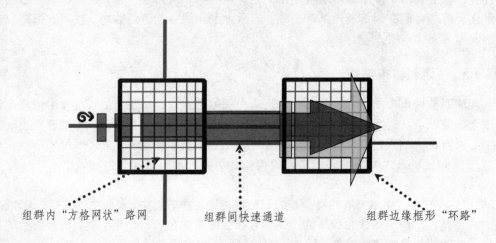

图 3-42　组群间通道-组群边缘环形集散道路-组团内部城市道路的合理衔接示意图

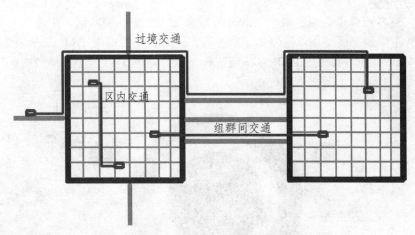

图 3-43 框形 "环路" 示意图

　　淄博市应结合未来城市发展形态，建立与城市布局和功能结构相协调，支持城市形态演变的城市干道系统空间布局。"组群式"城市道路与城市布局的理想关系模式如图 3-44 所示。理想模式有利于优先保障和服务城市各功能中心的快速交通联系、便捷地集散不同区域的进出交通和系统地组织城市对外交通。

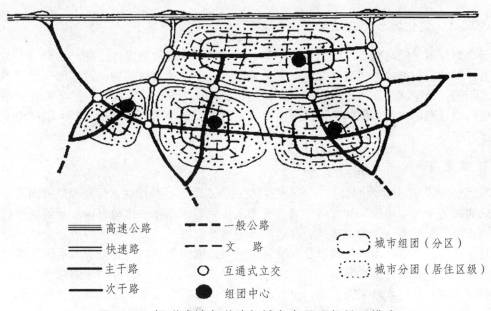

图 3-44　组群式城市道路与城市布局理想关系模式

　　客运交通枢纽建设可以紧密衔接各种交通方式，充分发挥城市交通整体运行效率。规划建设与城市发展相适应的综合客运场站，锚固城市公共交通线路，是发挥城市交通整体效益，实现各种交通方式间高效接驳，引导城市交通走向"公交优先"和"多方式协调发展"的最佳方式。

　　建立一个层次分明，逐层集散的客运交通换乘枢纽体系，对创造良好换乘交通，提高城市综合运输效率来说具有重要意义。淄博市应强化客运交通枢纽建设，构筑综合化、多方式协调发展的一体化城市交通体系，在组群间建设不同等级、不同层次的客运枢纽，提供不同类型的服务，实现不同分区的服务。譬如在分层式公交网络的基础之上，根据淄博市各组群的团状结构，将各组群中心城的城市空间分为以下三个部分：中心区、中心区外围和郊区。不同区域具有不同的交通特性以及停车需求，因此，淄博市组群内 P&R 应分为边缘 P&R 停车场、市区 P&R 停车场和郊区 P&R 停车场三种类型，如图 3-45 所示。

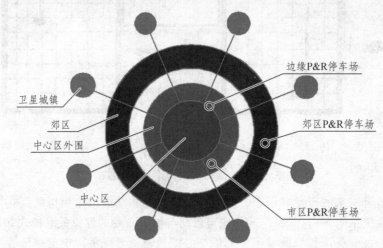

图 3-45 组群式城市客运枢纽布局

3.3.5.3 优化城市交通结构

组群的规模、距离核心组群的平均距离、用地类型的混杂程度、土地开发密度等都直接影响着居民的出行方式。在交通需求一定的情况下，不同的交通结构所带来的交通拥挤程度却大不相同。为了满足交通出行需求中不同出行目的、不同出行距离带来的多样化要求，必须构建一个合理的交通结构体系，保证现有交通基础设施得到有效利用，最大限度地发挥交通系统的作用。

1. 优先发展公共交通

"公交优先"是指有效的公共资源在各种交通方式间进行分配时，优先考虑或满足公共交通方式的决策行为。明确公共交通在城市交通发展中的优先和主体地位，对缓解城市拥堵现状，支撑城市和城市交通的可持续、和谐发展具有重要意义。目前，淄博市在公共交通发展上还处于被动的状态，尚未形成以公共交通为骨架的城市结构，而是处于为了顺应城市发展而跟进发展公共交通的尴尬局面。组群城市公交系统应以联系各组群的区间交通为主，各组群中心与周边乡镇的联系交通为辅，全市交通呈多中心放射型布局，实现公交层次化，如图3-46 所示。

此外，还应兼顾公交小车型的发展应服务于公交支线的建设，配合快速公交、常规公交，起到"补缝"的作用，多方式结合是逐步提高公共交通分担率，提高公交吸引力，最终实现公交优先的重要手段。其次，要优先发展公共交通，建立提升公交运力和服务水平的发展框架，如图 3-47 所示。

2. 合理引导小汽车交通

随着社会经济的迅猛发展，小汽车会凭借快速、舒适、方便等优点进入广大居民家庭的趋势是在所难免的。根据淄博市经济发展水平和城市布局特色，建议以控制小汽车发展为基本特征，控制城市中小汽车的拥有量或使用量，包括从源头的拥有控制以及停车方面的使用控制。做好政策导向，政府通过各种政策措施促使人们改变对交通的传统看法，降低人们对购买和使用小汽车的热情，并促使人们逐渐意识到公共交通的优越性。最终达到"小汽车拥有和使用"相分离的方式，适度发展小汽车交通。

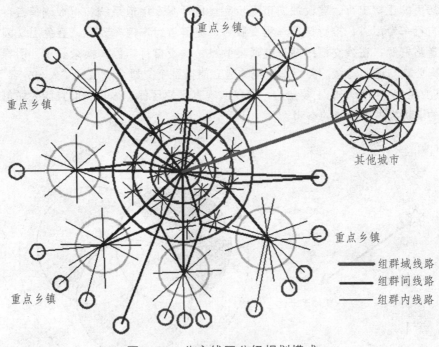

图 3-46　公交线网分级规划模式

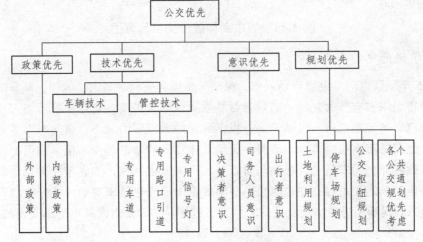

图 3-47　公共交通系统优先发展内容框架

3. 适度发展自行车交通

组群内部土地利用功能混合，如图 3-48 所示，这种复合用途的土地利用减少了出行距离，适合自行车等非小汽车出行。淄博市 2007 年自行车出行比例为 27.2%，张店区高达 30.0%，这种交通结构与淄博市城市形态基本一致，它反映出组群内以自行车为主导的空间模式。

自行车交通具有方便灵活、自主性好、适应性强、环保等多种优点。自行车交通作为淄博市一定范围内的个体出行主要交通方式，已经超越了自身的优越范围，加之长期以来城市规划者只注重机动车交通的规划，忽视了自行车交通环境的建设，导致自行车停车场严重缺乏，自行车与其他机动车辆混行、乱停乱放等现象严重，造成道路交通拥堵，直接影响了其他车辆及居民的正常出行。建议淄博市逐步完善自行车专用道系统：积极改善自行车交通条件，建立自行车专用道；推行自行车租赁服务，完善自行车停车设施，避免出现因自行车停放而占用道路资源；在公交枢纽站等交通集散点，增设自行车停车换乘设施，引导长距离自行车出行向公共交通的转移。自行车系统的建立使得整个交通系统做到"人车分离""快慢车分离"，减少混合交通影响的主要措施，不仅实现真正的环保型城市，而且能为如何缓解城市交通拥堵的现状提供有价值的参考。

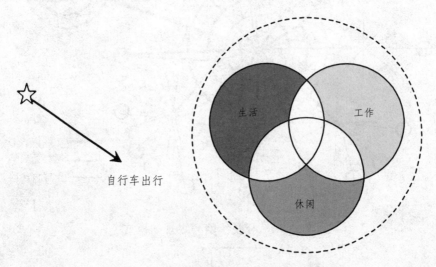

图 3-48　城市土地混合使用示意图

4. 科学规范电动车交通

自 1995 年轻型电动车投放市场以来，电动车便以其省时、省力、轻便、环保的优点很快在城市交通市场中占有一席之地，随着老百姓收入水平的提高，电动车的市场占有率越来越高。目前在汽车消费难以普及、油价高、提倡环保的多重压力之下，电动车有了更广阔的生存舞台，加之淄博市宽松的电动车政策，无疑对电动车的发展起到了推动作用。但是，淄博市电动车行驶在非机动车道上，极易与自行车、行人发生刮擦，加之市民对电动车的防范意识差，造成电动车的使用存在安全隐患。科学规范淄博市电动车交通，做好电动车与公共交通的合理换乘，逐步引导电动车交通向公共交通转移，是淄博市发展电动车交通的关键所在。

3.3.5.4　提高城市交通管理水平

1. 优化交通流组织

道路交通组织优化是指在有限的道路空间上，科学合理地分时、分路、分车种、分流向使用道路，使道路交通始终处于有序、高效的运行状态。交通组织优化的基本思路是：在时间上削峰填谷，空间上控密补稀。交通组织优化的方法有很多，如表 3-32 所示。

表 3-32　交通组织优化方法

编号	方法	定义	备注
1	单向交通	单向交通是指整条道路或其中某一区间只允许车辆按照一个方向行驶的交通组织形式	单行路网，最好是棋盘格局，路不在宽，而在长，路之间存在对偶关系，间距不超过200米，并有丰富的支路连接平行道路 单行路（直行）　单行路（向左/向右）
2	禁左	禁止车辆在路口左转弯	路口禁左，可以减少左转对对向直行车流通过路口造成的影响，进而提高道路通行能力
3	立交平做	也称成为平面立交，是利用路口周边路网条件的一种路口交通组织形式	
4	远引立交	把路口内由于左转车流和对向直行车流之间存在的交叉冲突通过左转车先直行掉头再右转或先右转掉头再直行的方式通过路口，完成路口左转弯，进而把路口内的交叉冲突引到路段上来解决	远近立交　信号灯控制路口　信号灯控制路口 先直行调头，再右转方式　先右转调头，再直行方式
5	交叉口渠化	尽量拓宽交叉口，增加进口道与出口道，使之与路段的通行能力相匹配；尽量在车道渠化上做到寸土必争，在信号配时上做到分秒必争，不让交叉口出现空闲时间和空闲面积	
6	交叉口信号控制	根据放行方法和交叉口渠化条件确定信号相位，根据交叉口内冲突情况和交叉口内空闲时间最少的要求确定信号相序，根据各流向上到达的流量情况确定信号配时	减少交叉口内的冲突点，控制交叉口内冲突，明确不同流向、不同种类交通流通过交叉口的时间路权
7	尾号禁限	按照车牌尾号日期限行。一般只适用于某条具体道路的禁限，不适用于一个封闭区域的禁限	若消减10%的交通量，按车牌尾号日期限行，即每月1，11，21，31日，尾号为1的汽车高峰时段禁止通行，以此类推

编号	方法	定义	备注
8	时段禁限	将全天按交通拥堵状况分为若干时段，在某一时间段限制某种车型通行	如：7:00~20:00 禁止货车通行

交通组织优化，从某种意义上讲是交通压力转移的过程。成功的交通组织优化措施能把拥堵严重的路口搬到相对畅通的路口，使路网内各路口交通压力较快得到解决，交通流在整个路网中均匀分布。通过优化交通组织，减少交通流量，使交通流均衡分布，以减轻拥堵区域的交通压力。

2. 实施交通需求管理策略

城市交通拥堵的本质是交通供需的不平衡，近年来，交通需求管理理念的提出，旨在对道路交通需求的源头进行管理，明确了从供需两个方面共同解决交通拥堵问题的思路。交通需求管理措施如表 3-33 所示。

表 3-33 交通需求管理对策

对策	措施
土地利用管理	交通引导土地利用；混合用地；城市布局优化
交通出行替代	网络办公；电话会议；居家工作；电子通勤
鼓励其他交通方式	大容量快速公交；穿梭巴士服务；多人合乘；鼓励步行和骑车；高占有率车辆（HOV）优先；通勤财政补贴；自行车/公交一体化；停车换乘；班车、校车；公共交通改善
限制机动车拥有和使用	拥挤收费/道路收费；根据里程收费；燃料税；停车管理及收费；车辆限制
调整机动车时空分布	错时上下班；弹性上班制；压缩工作日；交通信息发布；智能交通控制、诱导、调度；部分区域或道路分车种分时段限行

淄博市应改变自身落后的交通管理方式，建立缓解交通问题的长效机制，积极采用 TDM 策略，通过各种政策、法规和现代化信息设备等方式逐步改变人们的出行行为，减少派生交通需求，达到交通需求和交通供给的适度平衡。交通需求管理不是一种单一的行为，而是一系列的行为或策略。

3. 实施交通影响分析

"城市交通影响分析"是从整体上综合考虑某地区的局部交通问题的，根据系统交通组织原则进行交通设施的规划设计，从而形成良好的区域交通出行条件。借鉴发达国家的经验，为防止土地被超强度开发，保证新的开发不会导致交通服务水平的大幅下降，应导入交通影响分析制度，作为开发项目审批的先天条件。此制度的导入不但有重要的现实意义，还对城市的发展具有深远影响。

以交通影响分析为杠杆，充分发挥政策和规划部门对城市发展的导向作用，力图使土地利用合理化，避免土地开发强度过大，从城市规划和发展的角度建立交通负荷小的城市模式。土地利用和交通规划存在深刻的内在联系和能动作用，交通设施的建设和改良将促进该地区的土地开发利用，反之，土地开发利用亦将创造新的交通需求。在进行项目建设时，必须考虑这种相互影响关系的存在，分析系统应具有的反馈功能。进行交通影响分析是防止城市功能和交通需求过于集中，将城市规划、土地利用和交通规划联系起来的重要手段。

4. 加强静态交通设施的管理与建设

公共停车设施是城市交通基础设施的重要组成部分。建设高服务水平的停车设施，对促进城市可持续发展、减少道路交通拥堵、增强可达性以及保障交通安全均有显著的作用。目前的社会停车主要靠企事业单位、公共建筑和建设配件的停车场，兼职为社会服务，部分建筑物如淄博商厦、大润发等已经出现停车设施不足的问题。如果不能从宏观上把握停车设施的发展和建设，停车供需矛盾将随着小汽车进入家庭的步伐而日趋突出。国外经验表明，静态交通设施的提供不能仅仅以满足停车需求为目的，而应视其为整体交通管控计划中的一项重要措施。以"静"制"动"是指通过对停车设施供应总量、布局特征、管理手段的调节，限制特定地区动态交通的不合理需求，从而实现道路交通畅通的方法。目前，淄博市在停车设施供给上，应该针对不同区域采取不同的策略，实现停车设施供应区域差别化。

5. 推进交通智能化和综合协调机构建设

交通信息化是实现交通现代化的基础。交通信息化是交通行业在新的历史起点上实现又好又快发展的最为有效的手段，正发挥着越来越重要的作用。淄博市应遵循统筹规划、联合建设，应用主导、面向市场，统一标准、资源共享，技术创新、竞争开放的方针，建成各具业务特色的交通信息资源网络，使交通行业的管理更加规范化、科学化和系统化，提高企业经济效益，增强竞争力。推进交通信息化进程建设，可大大提高城市交通的整体效率，在一定程度上缓解交通供需矛盾，防止出现交通阻塞，减少车辆在途的逗留时间，并最终实现交通流量在路网上的最优分配，改善交通状况，减少交通污染。广州市交通诱导系统组成结构如图 3-49 所示

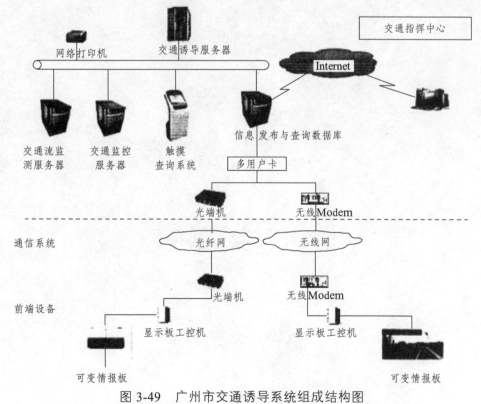

图 3-49　广州市交通诱导系统组成结构图

淄博市城市结构分散，体系内部衔接不够，亟待建立城市交通综合协调机构，实现城市交通系统的一体化管理，指导城市交通建设。城市交通综合协调机构是实现城市交通相关部门协调合作的重要保证，是系统地解决城市交通拥堵问题，实现持续性发展的组织保证。组群内各单元区块的发展应充分考虑组群发展的大局，从组群区域的整体出发，打破原有的行政区划限制，对组群内的各种资源要素进行综合配置，形成合力，发挥最大效益，以利于整体的进步和提高。因此，实施组群发展，必须统一全区上下，强化以组群为单位协同发展的理念，摒弃原有的"小而全"的发展思维模式，从组团整体发展需要出发，突出区域和产业特色。城市交通综合协调机构成立后，应注意协调交通各部门、各行业的发展，整合城市交通系统的各个子系统，从规划、投资、建设、运营和管理等各个方面出发协调各子系统之间的发展。

3.4 本章小结

本章研究新型城镇化背景下城市空间演化对交通系统发展的要求。简要描述了城市交通系统相关理论及交通模式，针对新型城镇化背景下城镇演化为网络多核式组群城市形态的情况，分别从组群城市空间结构与城市生长质量两方面着重论述城市空间演化机制对交通系统发展的要求，并举例说明组群城市淄博的交通系统发展的要求。

第四章　新型城镇化背景下交通系统对
组群城市空间发展的作用机制

交通系统的发展对城市组群发展具有重大的影响，一方面促进了组群城市空间扩展并改变着城市的外部形态，对城市空间的扩展具有指向性作用，另一方面，又直接改变着城市组群的区域条件和作用范围，产生了新的交通优势区位、新城市或者城市功能区，进而改变原有的城市组群空间结构。

4.1　交通出行与城市规模

4.1.1　交通出行

交通出行行为研究是研究人为了实现一定的目的，依托某种交通方式从一地到另一地的移动过程。出行行为研究作为交通规划中的重要内容，为交通规划、管理与控制提供了重要的理论支撑，不同交通方式的运输特性如表 4-1 所示。

表 4-1　各交通方式的运输特性

交通方式		运量（万人次/h）	运输速度（km/h）	道路面积占用（m²/人）	使用距离范围
自行车		0.2	8～15	6～10	短途
小汽车		0.3	35～45	10～20	较广
公共巴士		0.6～0.9	10～25	1～2	中等距离
BRT		1.5～2.5	20～35	专用道：0.5	中长距离
有轨电车		0.8～1.5	25～35	专用道：0.5	中长距离
轨道交通	轻轨	1.0～3.0	30～45	高架：0.25 专用道：0.5	长距离
	地铁	3.0 以上	40～70	高架：0.25 地下：不占用	长距离

4.1.2　交通方式对城市空间规模的影响

居民出行行为常常通过出行目的、出行距离与出行频次三个维度进行来刻画。出行维度与交通方式存在着一定的对应关系，两者的性质共同决定了居民选择出行的交通方式。如图 4-1 所示为出行距离与交通方式使用频率之间的关系图。

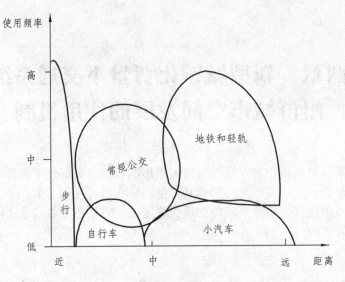

图 4-1　出行距离与交通方式使用频率之间的关系图

　　交通方式的使用频率与距离之间的对应关系决定其对城市演化的影响规模，当居民生活、工作、娱乐等活动依赖某种主要的交通方式时，对城市的演化具有更显著的作用。对交通方式引导城市空间规模的总结如下。

1. 不同的交通方式引导城市空间规模

　　各种公交方式相异的运输特性是改变城市空间结构和土地利用形态的重要影响因素。不同的公交方式在建设成本、运行速度和运量等方面的差异性主导着城镇空间规模的动态发展。交通方式的发展给城镇形态打上了时代的烙印，不同的交通方式影响着居民的活动方式和范围，导致城市结构和土地利用形态差异的出现：由最初马车引导下的单核点状城市形态到轨道交通主导下的线形带状或者十字星形城市形态，再到由不同方式的公交线网布局组合形成的网络多核型新城镇，如图 4-2 所示。

图 4-2　不同交通方式影响下的城市形态

2. 不同交通方式的运行速度引导城市空间规模

　　居民出行对所需时间有一个预计值，乘坐不同交通工具能够快速抵达目的地是出行者关心的重点。人们通常会选择半小时作为自己的容忍时间，因此乘坐城市某种主流交通工具在半小时内所达到的距离就是城市空间规模的适宜半径。城市规模与交通方式的关系如表 4-2 所示。

表 4-2　不同交通方式与城市规模的关系

| 项目 | 个体交通 | | | 常规 | 中运量 | | 大运量 | | | 个性 |
	步行	自行车	电动车	公共巴士	BRT	有轨电车	中低速磁悬浮	轻轨	地铁	出租车
速度范围（km/h）	4～5	8～15	10～20	10～25	20～35	25～35	30～40	30～45	40～70	35～45
速度取值（km/h）	5	10	15	20	25	30	35	40	55	40
半小时行程（km）	2.5	5	7.5	10	13	15	17	20	28	20
半小时行程影响的城市规模（km²）	20	80	177	320	531	710	910	1 300	2 463	1 300

4.2　交通可达性塑造城市空间

4.2.1　基本概念

1. 交通可达性

1959 年汉森首次提出可达性的概念。目前，较为一致的看法是：交通可达性是指利用一种特定的交通系统从某一给定区位到达活动地点的便利程度。可达性反映了区域与其他有关地区相接触进行社会经济和技术交流的机会与潜力，其包含了时间的概念、空间的概念、区位的经济价值三个方面的内容，具体如图 4-3 所示。

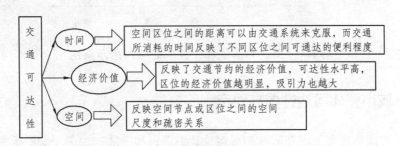

图 4-3　交通可达性的内涵

2. 空间布局

城市空间是城市的经济、社会、文化、历史以及各种活动的载体，通常包括建筑物的内外空间，也包括地面、地上和地下空间。它具有多种属性，如物质属性、社会属性、生态属性、认知与感知属性等，而布局反映的是一种分布状态。本书不涉及建筑物的内部空间，主要关注物质要素在城市范围内的空间分布，因此，这里所说的空间布局主要是指不同性质的城市土地使用在城市空间上的分布状况。

4.2.2 局部区域相对可达性提高对空间的影响

对城市居民和企业来说，城市交通与其日常的生活、经营密切相关，显著影响着他们的选址行为。这是因为，城市中的不同位置具有不同的区位优势，表现为地域的聚集优势和交通优势等。在集聚优势相同的情况下，城市中哪个区域的交通设施完善、可达性好，这些区域就能吸引更多的居民和工商企业。受交通可达性影响的家庭及企业的选址决策改变了城市空间的规模、结构和密度，影响着城市让其不断更新演进。实际上，城市空间演化与交通正是通过可达性的不断变化这一关键因素来实现二者之间的相互促进和协调发展的，如图 4-4 所示。图中 M_1、M_2 分别表示某一区域交通线路或交通条件改善前后的交通成本，随着交通成本的减少，该地区的人数呈现出 $N_2 > N_1$ 的趋势，即由于新交通线路的建设或交通条件的改善，有更多的居民或企业会被吸引到该区域来，从而改变城市的空间布局。

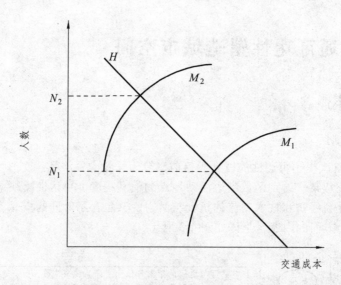

图 4-4　交通对居民和企业的影响作用示意图

4.2.3 城市整体可达性提高对空间的影响

交通条件的改善提高了相应区域的可达性，对居民和企业产生了一定的吸引作用，当整个城市的交通状况都变好时（城市整体的可达性都提高了），居民和企业将会有更大的选址空间，即居民和企业将在更大的范围内居住、工作、生活和经营，城市空间规模也会随之向外扩展，如图 4-5 所示。可以看出，在城市空间的演化过程中，若只考虑住房和交通成本，交通状况的改善对城市居民选址行为有较大影响。城市整体交通状况的改善提高了可达性，降低了交通成本，促使城市居民由均衡位置 X_1 迁移到均衡位置 X_2，促使城市空间规模的扩大。

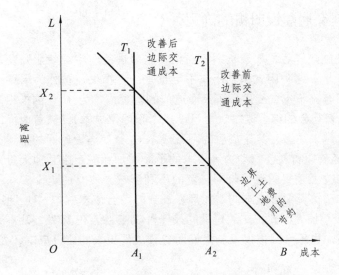

图 4-5 交通改善对居民选址的影响

4.3 交通建设时机与时序对城市空间发展的作用机制

4.3.1 交通建设时机的作用机制

交通建设时机通常被划分为导向型、追随型、饥渴型三种模式。在城市建设初期需要进行重要的交通设施建设，这时期的交通建设在规划阶段就具有一定的超前性，增值城市土地，重新架构城市空间，使得空间演化对交通路径产生依赖性，表现出交通导向型的发展模式，而随着城市建设的进一步完善，交通建设接着表现出追随型和饥渴型的发展模式，这两个时期的交通建设不再是引导城市空间演化的主导力量，但仍具有一定的引导作用，主要表现在城市空间的微演化，空间的微演化指城市空间内的某一板块的更新，内部构造、功能等方面的重新整合，同时包括人口组成、商业项目、公共资源的重置。

4.3.2 交通建设时序的作用机制

交通建设时序囊括交通自身不同建设项目的先后安排问题、土地开发与交通建设的时间顺序问题等也会在城市演化方向上引导城市生长，例如交通干线的建设会加快城市的演化速度，引导城市沿干线轴向发展。如若土地开发先于交通建设，尽管先前的土地开发会为后续交通建设提供客流，产生交通需求，但从长远发展的角度看，早期的土地开发会阻碍城市空间的优化，过早的房地产、厂区土地利用模式会使得城市空间固化；而安排重要的交通建设项目，则可以为城市空间的演化创造条件，引导城市未来空间演化方向，进而科学、合理、人性地进行城市空间布局。

4.3.3　最佳交通建设时机的确定

当某一交通设施建好后，如果长期不在相关区域进行住宅或商业开发，就会造成交通设施闲置或利用率不足。这种闲置和利用率不足也是一种损失，被称为闲置成本。假设城市交通设施建成后，因客流不足或使用率不高而造成的闲置成本为 C_1，因推迟建设而带来的建设成本为 C_2，C_3 代表社会的综合成本（含建设成本和闲置成本）。随着时间的推移，由于对某一交通设施的需求越来越多，其建成后的闲置成本 C_1 会随建设时间的推迟而不断下降。对建设成本 C_2 而言，随着原材料、劳动力等成本的不断增加和城市中其他大量商业土地开发项目的不断完成，会给交通项目的建设带来一定的不利影响，使交通建设成本不断增加，其中包括拆迁成本的增加和协调配套成本的增加等。社会的综合成本就如"U"形曲线 C_2 所示的那样，在 T_0 处达到最小值。因此，交通建设的最佳时机应当选在 T_0 处，既不会使交通设施建成后的闲置成本很高，也不会因推迟设施建设而导致出现更大的建设成本，如图 4-6 所示。

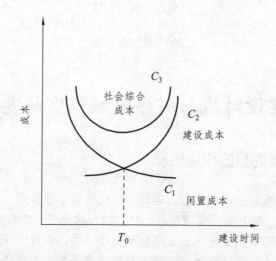

图 4-6　城市交通建设时机与建设成本的关系

4.4　交通成本与城市次核心的形成

4.4.1　交通成本对城市更新演进最优规模的影响

人口和生产要素逐步向城市集中，城市的演化规模不断扩大，延长了通勤距离，使交通成本随之增加。若只考虑聚集利益和交通成本，则在一定空间范围内，人口和要素向城市集中带来的聚集边际利益先增加后减少，而交通边际成本则随着城市空间规模的扩大不断增加。因此，当聚集利益（收益）的边际减少等于交通成本的边际增加时，城市的吸引作用不再变强，此时城市的更新演进规模达到最优，如图 4-7 所示。

实际上，影响城市更新演进规模的因素很多，交通成本只是其中的一个因素，并且私人成本和社会成本之间也存在差异，造成对成本和收益衡量的困难。因此，现实中城市演化的最优规模并不容易最终确定。

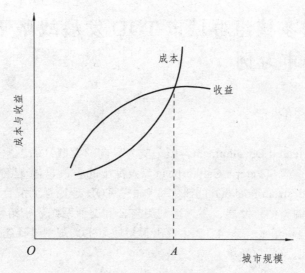

图 4-7　交通成本与收益对城市规模的影响示意图

4.4.2　交通成本对城市次核心形成的影响

　　城市更新演进过程中，随着城市空间规模的不断扩大，去往城市中心区的通勤距离不断增加，通勤的货币成本随之提高。同时，在交通速度不变时，交通的时间成本也随之增加。当城市由单中心向分散的多中心更新演进时，居民的平均出行时间会缩短，城市中心的交通拥堵程度会降低，从而使居民的出行成本减少。这一过程中，部分居民不愿长距离出行到城市中心去工作或购物，特别是交通成本较高时，更容易形成混合程度较高的用地模式，居住、就业、购物更为集中，促使他们在相对较近的次核心工作、购物或娱乐，居民和交通向各次核心分配，使城市中心的交通拥堵程度趋于缓和，并推动了次核心的形成。此外，政府决策对这种变化也会产生影响，但这些区域最后能否真正更新演进成城市次核心，与该区域的吸引力、交通条件、居民的选址偏好和消费意愿等密切相关。城市次核心的出现，使得城市人口密度不再以市中心为圆心，向外呈逐步递减的趋势，而是在次核心 X_1、X_2 处又出现小幅增加，如图 4-8 所示。

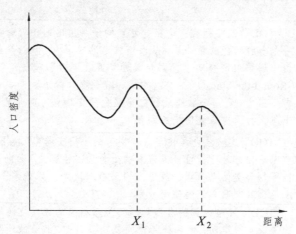

图 4-8　人口密度对城市次核心的影响示意图

4.5 网络多核组群城市 TOD 发展战略研究——以淄博市为例

4.5.1 TOD 理论

TOD（Transit-Oriented Development，以公交为导向的发展）的思想是由加州大学伯克利分校的彼得·卡尔索尔普（Peter·Calthorpe）等人提出的。最早体现在他们进行的一个名为"步行地带"（PP，Pedestrian Pocket）的研究课题中。TOD 理论强调混合土地用途，并以公共交通为规划原则，强调集约化发展，将土地利用与公共交通系统紧密结合起来。TOD 用地示意图见图 4-9，功能结构组成见表 4-3。体现出了新城市主义规划设计的最基本特点：紧凑、适宜步行、功能复合以及重视环境。

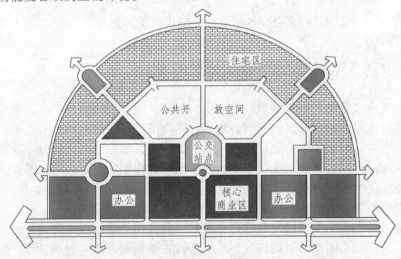

图 4-9　TOD 用地和基于 TOD 的城市形态示意图

表 4-3　典型"TOD"各种用地功能结构组成

功能名称	功能内容
核心商业区	"TOD"战略拥有一个紧邻站点的多种用途的核心商业区，使公交站点成为一个多种功能的目的地，从而增强它的吸引力。核心商业区的位置和规模应当由市场需求调查决定，同时鼓励"商住混合"建筑，使商业区成为"全天候（Round-the-clock）"的公共中心，避免那种传统城市中心夜晚缺乏人气的现象再度出现。利用公共绿地和广场强化公交站点与商业区的核心地位，保证自行车与人行通道与之便捷的联系
办公区与居住区	"TOD"战略强调居住与就业岗位的平衡布局（Jobs-housing Balance），进而改变居住与就业岗位分离带来的大量的"钟摆式"通勤交通的压力，同时办公区紧邻公交站点布置，鼓励人们更多地依靠公共交通解决长距离的工作出行，保证公共交通系统的使用效率
开敞空间	"TOD"战略内部的各项功能围绕着相应的开敞空间展开，为人们提供良好的沟通交流空间，这种开敞空间包括公园、广场、绿地及担当此项功能的公共建筑。必须保证人们能够不受干扰地使用这样的设施

功能名称	功能内容
"次级区域"	"TOD"战略鼓励高密度的土地使用，但同时不排除多种层次的住宅选择。而且为更大范围的人口服务，也有利于"TOD"内核心商业区的发展以及提高公交站点的服务人口，然而紧邻"TOD"的外围低密度发展区域也是必要的，被称为"次级区域（Secondary Area）"

然而，TOD战略并不排斥小汽车的使用，TOD旨在通过精心的设计使得步行、自行车、公共交通成为更具吸引力的交通方式。同时也为那些不能或不愿选择小汽车的人们提供了另一个交通方式。

4.5.2　TOD主要内容

TOD战略是将TND和TOD二者结合的交通规划，其内容主要包括大运量的快速公共交通系统、网络状步行方便的道路系统、无缝衔接的多样化换乘系统、紧凑的混合功能社区等，如表4-4所示。

表4-4　TOD主要内容介绍

系统名称	特征要求	含义	示例图片
公共交通系统	大运量快速	具有枢纽性质的大运量公共交通站点，包括地铁、轻轨、城市铁路、快速公交及主要的区域性大型公共交通站点。通过将站点周围居住、商业和办公等用地与公交设施有效整合，形成符合城市公交发展和利于步行的土地利用结构，使城市空间趋于适度集中、紧凑发展	
步行道路系统	网络状方便	以站点为起点通往交通小区内各处，通过改造传统居住小区中方便汽车通行的尽端路，尽量将公共绿地、环境保护区、公园等外部开敞空间组织成网络，并且与学校、图书馆等公共设施以及自行车线路、步行线路结合在一起，方便步行出行，从而最大限度减少短距离机动车出行带来的小区交通拥挤和环境污染	
换乘系统	无缝衔接	在大型社区内设停车场，方便驾车人士使用区内的设施，或换乘公交。强调内部支线公共交通系统、自行车系统、步行系统的规划，采用"安静交通"的措施为人们提供多种可供选择的出行方式	

系统名称	特征要求	含义	示例图片
功能社区	紧凑混合	社区采取高密度用地开发模式，社区空间范围限制在适宜人步行的距离，社区生活、商业、工作功能混合布置，人们的一般日常生活和工作、交往、娱乐等可以在社区得到基本满足，从而减少长距离出行和机动出行的频率	

4.5.3　淄博市 TOD 战略

　　城市要想实现可持续发展，必须要有一个和谐可持续的城市交通系统作为支撑。为了避免出现美国许多城市的"摊大饼"式的结构布局，以公共交通引导城市布局是实现可持续和谐发展的可行战略。TOD 战略理念的一个非常重要的因素是把公交系统的建设和土地的开发结合起来，公交系统要能够方便有效地服务于沿线地区，而沿线土地开发也要创造出一个适合乘坐公交的环境，并能为公交系统提供足够的客流。台湾学者张学孔认为 TOD 发展需要一个演变过程，如图 4-10 所示。

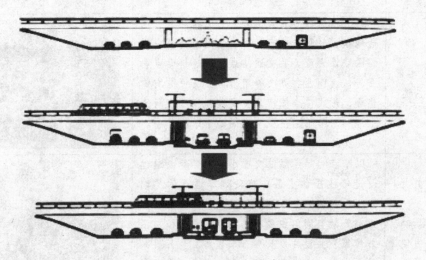

图 4-10　TOD 发展演变

　　根据淄博市公共交通发展现状，淄博市公共交通规划应根据"组群式"城市布局特色及各城区社会经济发展状况，针对"中心凸显、十字展开、组团发展"的城市化发展格局，强化中心城区张店的核心地位和辐射作用，对全市的公共交通发展进行总体把握，按照"统筹规划、三级衔接、协调发展"的原则分时、分地、分序地构建核心城区、区间、其他各城区及其城乡公交一体化发展体系，促进各种交通模式的合理配置和衔接。适时开展新时期淄博市居民交通全方式出行调查，从战略高度重点研究和确立淄博市交通发展模式，未来淄博大公交体系的结构和方式，特别是解决针对轻轨、BRT 等某一具体的运输方式抉择问题等，实现公共交通引导下的"葡萄串式"城镇精明发展，如图 4-11 所示。

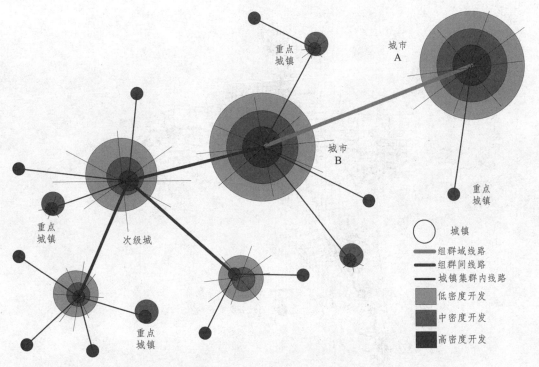

图 4-11　城镇公共交通系统与空间精明增长示意图

4.5.3.1　淄博市 TOD 战略的层次

1. 区域层面

主要考虑公共交通与土地利用规划紧密结合，采用集约化、高效率的土地利用模式，加强与其他城市的联系，与其他城市形成紧凑生态化的区域空间形态。

2. 城市层面

主要以"公交走廊"为纽带、公共交通为导向的综合用地，组团为节点的城市布局方式，拉动城市主骨架的形成，从而通过"十字型"交通走廊联系整个城区，形成"网络多核"的"大淄博"空间格局，如图 4-12 所示。各城区之间通过大型绿地、农田、水系和绿化隔离带等生态硬质空间有机隔离，使各城区之间既相互独立又密切联系。在城市发展重大调整之际，提倡"公共交通支撑城市"，通过公交客运走廊加强淄博市的整体凝聚力，建设一个层次分明、等级合理、服务均衡的公共交通客运体系，拉动城市主骨架的形成，引导城市空间合理布局。其次，将人居环境、交通体系和开敞空间一体化考虑，通过开敞空间产生生态效应，提供足够的生态补偿，最大限度地保证人居环境的安全、舒适和便捷，切实提高城市生态环境质量。最后，加快经济结构调整和产业布局的优化，促进经济、文化、社会和生活的和谐发展，通过 TOD 战略和精明生长理念实现城市空间和谐生长及交通协调发展，促进生态型的"网络多核"组群城市形成。

3. 城区层面

主要考虑在城区的客运走廊上发展公交走廊，并与城市公共交通走廊和公共交通站点进行协调规划，形成良好的接驳，实现"无缝换乘""零换乘"，本书以淄博市张店区为例。

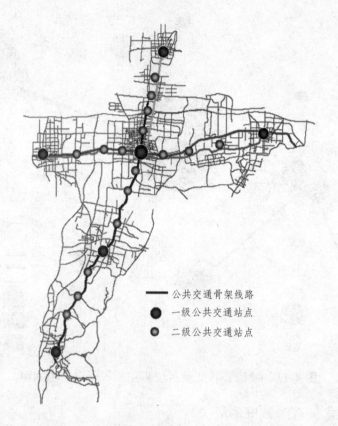

公共交通骨架线路
一级公共交通站点
二级公共交通站点

图 4-12　淄博市城市层面的 TOD 战略

　　张店区作为淄博市核心城区，是淄博市"十字型"骨架的交叉点，随着交通基础设施的建设，为中心城区一体化的发展提供了保证，进一步强化了张店城区的核心地位。与现状的各组团独立发展的状况相比，未来各组团之间的交通联系将进一步加强，各组团间的交通干线既是各组团相互联系的主干道，又是城市发展的辐射方向，形成"中心凸显、十字展开、组团发展"的城市新格局。组群式城市特点决定了未来淄博市城市发展趋势，即形成一种"网络多核"结构，呈现出各城区组团自我完善、以张店为核心逐步强化的趋势。张店区 TOD 发展战略如图 4-13 所示。

　　4. 社区层面

　　传统社区开发模式很少从整体考虑街区布局和社区道路的规划设计，虽然也能形成网状分布的道路系统，但与 TOD 社区（TND）道路网相比，往往容易形成断头路和迂回反复的道路，提倡"公共交通支撑社区"。传统社区道路网结构与 TND 道路网的对比如图 4-14 所示。

　　淄博市 TOD 社区的布局规划应该注重街区的小型化，道路的网状分布以及道路线型的交通稳静化（Traffic Calming）。小型街区能够缩短居民短距离的出行时间，方便日常出行，同时体现出 TOD 密集开发的特点。在不同地区，TOD 的形式各有不同，但人们最关心的是 TOD 能否从实质上提高居民的生活质量，TOD 社区土地利用与交通是否能够相协调。未来年淄博市 TOD 社区交通示意图如图 4-15 所示。

　　淄博市 TOD 社区道路规划方面要注重采取以下措施实现道路交通稳静化设计。

（1）自行车道和机动车道分离，结合步行道，实现快慢分离。在不排斥机动车出行方式的前提下，优先保证行人与骑行者安全，维持良好的社区居住办公环境，如图4-16所示。

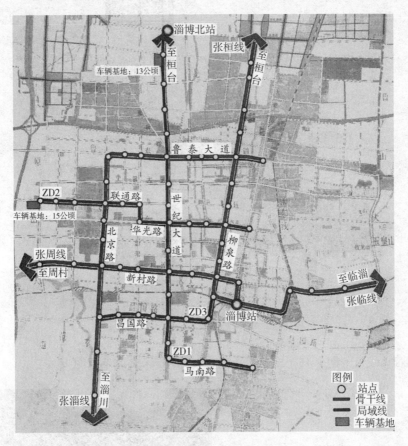

图 4-13　淄博市城区（张店）层面的 TOD 战略

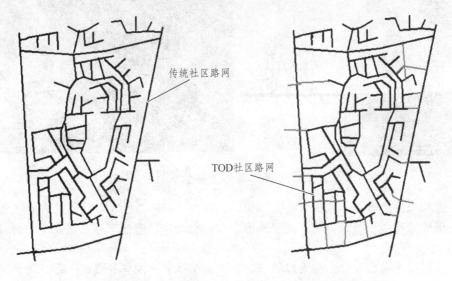

图 4-14　传统社区道路网结构与 TOD 社区道路网比较

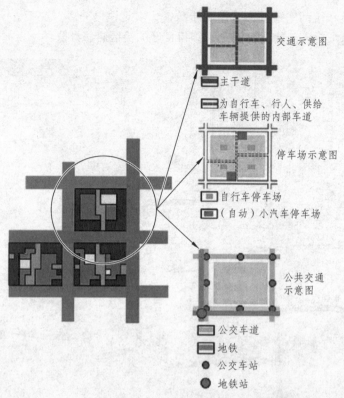

交通示意图

主干道

为自行车、行人、供给
车辆提供的内部车道

停车场示意图

自行车停车场

（自动）小汽车停车场

公共交通
示意图

公交车道

地铁

● 公交车站

◉ 地铁站

图 4-15　未来年淄博市 TOD 社区交通示意图

图 4-16　慢行一体化设计

　　（2）铺装个性化道路，尤其是交叉口铺装，增加步行连续性和舒适性。彩色混凝土或特殊地砖的铺设，有助于消除视觉上的宽阔感，警示机动车辆降低车速，提高过街舒适性，如图 4-17 所示。

　　（3）道路减速弯道设计，交叉口收缩。在美化街区景观的同时限制车行，降低车速，减少行人过街距离，使街道尺度更加窄小，增加社区园林设计力度，优先保障行人和自行车交通，如图 4-18 所示。

图 4-17　道路、交叉口铺装

图 4-18　道路、交叉口设计

4.5.3.2　TOD 战略下淄博市土地利用规划和控制

　　TOD 战略下的交通系统是以公共交通为核心的，为加强城市土地利用规划和公共交通规划的协调性，以实现城市交通和城市可持续发展，要重视公共交通的发展规划与宏观层面上的城市空间结构、中观层面上的片区土地开发、微观层面上的街区（邻里）土地开发的细部设计紧密结合起来。其中，TOD 走廊和站点周边的土地合理利用显得尤为重要。

1. TOD 走廊两侧土地开发利用研究

TOD 走廊代表了一种类型的发展，它节约空间，同时为不可预测的变革留有余地。TOD 走廊两侧地区开发，是在一定的用地范围内将土地利用、基础设施建设、房地产开发和交通系统的建设和运营作为一个整体来策划和运作的大型系统工程，从系统的观点出发，统筹各项规划和建设项目，以实现整个区域的经济效益，如图 4-19 所示，其城市的发展形态可以描述为"串在线上的珍珠"及"一串串的葡萄"。

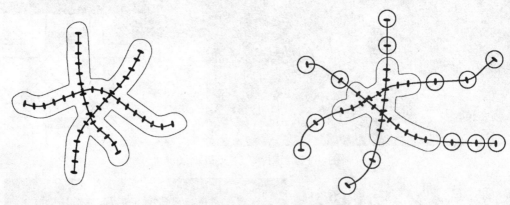

图 4-19 TOD 走廊模式

结合不同的区位和环境条件，在 TOD 走廊两侧采取适度"密度+强度"的混合土地利用方式，如图 4-20 所示。

（1）在 TOD 走廊两侧紧密影响区范围内布置强度较高的商贸、办公等用地。

图 4-20 TOD 走廊布置示意图

（2）在稍远的一般影响区域内综合布置中高强度的居住用地。

（3）在非轨道交通走廊影响区的用地，采用较低的开发强度，最终形成沿 TOD 走廊的协调综合开发带（Comprehensive Development Belt，CDB）。

2. 站点周边土地开发利用研究

（1）站点周边土地利用性质分布及其特征。

TOD 战略提倡公交站点周围地区的混合土地利用，也就是建立以公交站点为核心的综合开发区域（Comprehensive Development Area，CDA），使土地利用具有一定的弹性。因此，为保证对高可达性的追求，土地利用性质的分布表现在对车站集中的趋势，如图 4-21 所示。这样的分布格局可以避免盲目建设高层建筑，并可让人们从车站通过步行到达目的地，既有利于公共设施使用效率的提高，又能创造人性化的居住环境，提高人们生活质量。

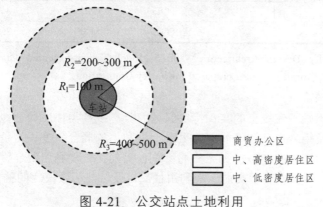

图 4-21　公交站点土地利用

（2）车站地区土地利用强度的分布特征。

与 TOD 战略下土地利用性质的分布相对应，土地利用强度以车站及其毗邻用地为最高，即在车站周围形成峰值，从车站向外围递减，如图 4-22 所示。这种土地利用形态（塞维诺称之为"婚礼蛋糕"）对实现高效组织客流集散来说十分有利。

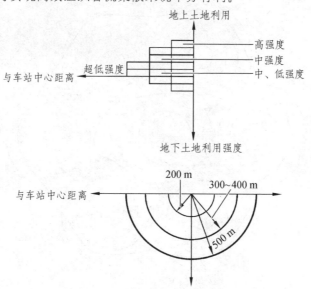

图 4-22　车站地区土地利用强度

（3）TOD 战略下的土地利用强度和混合度。

土地利用强度的合理形态特征可以概括为连通、便捷、舒适。这里连通是指建筑物之间用全天候步行道路相连。便捷主要特征是在城市紧凑的基础上，通过公交车站深入社区和办公楼以减少人们的出行时间。舒适不只表现在出行的便捷性和安全性上，更体现出了人性化的一面。土地利用强度合理界限的选择，涉及土地利用的优化分析（表 4-5 给出了美国城市规划界对 TOD 居住密度的下限建议）。

表 4-5　美国 TOD 居住密度的下限

城市	TOD 类型	最低居住密度（户/公顷）
圣迭戈	城市 TOD	63（45）
	社区 TOD	45（30）
华盛顿特区	城市 TOD	37（18）
	社区 TOD	20（18）

来源：Community Design+Architecture. 2001. Model Transit-Oriented District Overlay Zoning Ordinance. Okland，California：Report prepared for Valley Connection

注：1 公顷=0.01 km^2

混合的土地利用是指在城市的某一特定区域内具有多种类性质的土地利用。仅仅用土地利用的用地规模以及用地类别还不能准确反映土地利用的混合程度，这是土地利用的区位因素决定的就业岗位强度没有能够得到充分的反映；另外，土地利用混合程度是一个可比较的归一化数值，能够充分反映多种类的土地利用性质以及区位因素决定的就业岗位因子。

3. 以 TOD 站点地区作为交通规划的基本单元

站点地区由于被城市主干道路围合，成为城市交通规划中具有一定独立性的基本单位。因此，在 TOD 战略实施地区，交通规划应该从研究站点地区的出行特征入手，TOD 站点地区社区功能示意图如图 4-23 所示。

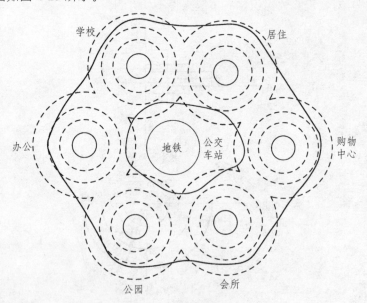

图 4-23　TOD 站点地区社区

TOD 站点地区成为整合各种交通方式的重要平台,是一种综合的客流转乘中心。因此 TOD 战略下的城市交通网络需要以车站为核心来组织，在车站地区的各个单元内的步行街道、自行车道和社区内道路直到市级道路形成和谐的等级结构，控制单元规模，此外通过公交专用道和步行道路的协调，使得汽车的主导地位逐渐让位于公共交通和非机动交通，社区与 TOD 走廊连接示意图如图 4-24 所示。

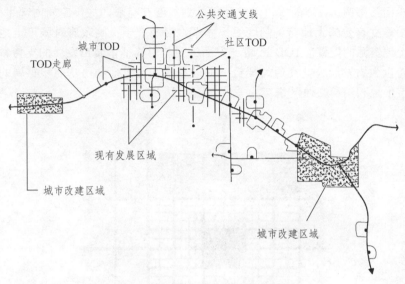

图 4-24　社区与 TOD 走廊

淄博市必须明确土地利用规划、城市发展和交通发展之间存在的相互作用，按照经济、社会和环境的准则，形成可持续发展的交通系统。合理的土地利用规划和控制是城市健康发展和地区和谐发展的必要条件。欧洲国家、日本和新加坡的市政当局在土地利用规划上有着长远的目光，并在保持良好的城市结构方面取得了令人瞩目的成就（新加坡的土地利用模式实例如图 4-25 所示）。

图 4-25　新加坡的土地利用模式实例

　　随着淄博市中心城区将问题提出，中心城区的综合服务功能正在逐步得到强化，城市聚集效益和辐射力将会得到明显增强，结合淄博市城市规划目标、不同片区现状及发展特点和城市交通概况来制定城市不同地区的土地使用控制条件。根据城市空间发展的时序关系，从规划管理与用地控制的角度出发，将淄博市城市用地分为五种类型：土地调控区、土地完善区、土地优化区、土地提升区、土地拓展区。为了创造或保持一个适合居住的城市环境，就要求各种功能相互协调。合理的城市土地利用规划能够在有限的城市空间内部平衡各种需求。此外，还需要建立有效的土地储备制度组织体系，目的在于提高政府对城市土地市场的调控能力，优化土地资源的配置。TOD 战略一方面体现着对淄博市城市发展的支持和引导；另一方面则体现着以大力发展公共交通为契机，促进各区城市土地利用功能和布局的优化调整的决心。淄博市土地利用和交通网络结构关系如图 4-26 所示。

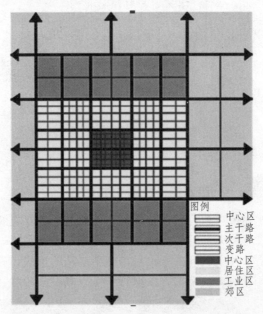

图 4-26　淄博市土地利用和交通网络结构

4.5.3.3　TOD 战略下淄博市道路网络布局

1. 宏观道路建设

　　提高组群式城市交通效率的关键在于提高其组群间的交通运转率，而在时间上和空间上都十分集中、流向明确的通勤交通是功能组群格局城市最重要的交通。通过规划建设合理的组群间联系通道，与淄博市 TOD 战略相协调，以保障城市交通流由低一级道路向高一级道路有序汇集，并由高一级道路向低一级道路有序疏散。

　　组群间应以快速路作为联系纽带，同时与区内"方格网状"路网、城区边缘框形"环路"构成骨干路系统，在空间上支持六大组群相互联通，把被自然屏障所分隔的地域联成一个有机的整体，使之在空间上实现城市内部的互相顺畅联系，以加强城市空间结构的整体性和路网结构的完整性。根据淄博市组群城市布局特色、城市土地利用规划、淄博市综合交通调查数据，结合城市道路现状，淄博市应建立"井字型"城市快速路网布局结构，即"两横两纵"布局，如图 4-27 所示。

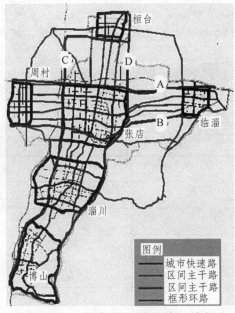

图 4-27　淄博市规划道路网结构

2. 微观道路建设

城市道路建设是实现城市现代化的前期工程，是解决城市交通拥堵的物质基础和先决条件，城市道路建设必须适应城市规模扩展和交通量增长的需要。

（1）调整道路等级级配。

根据城市用地功能，淄博市核心城区可以划分为四个片区，分别为旧城区、新城区、高新区以及昌国路以南片区，如图 4-28 所示。不同区域具有不同的道路等级级配结构，各片区 2006 年年底的道路建设情况如表 4-6 所示。

图 4-28　淄博市核心城区布局

从表中可以看出，在淄博市核心区土地利用情况和道路网现状中：

① 旧城区道路条件最好，主干路远远超出国家规范要求，与其他片区次干路和支路条件相比较也较好。

② 高新区道路网络整体相对较差，未达到规范要求。

③ 新城区目前仅建设了主干路，次干路和支路有待完善。

④ 昌国路以南片区主干路条件较好，次干路和支路稀缺。

表 4-6　张店区 2006 年底的道路建设统计表

分项		旧城区	新城区	高新区	昌国路以南片区
高速公路	长度（km）	0	1.7	8.5	0
	密度（km/km²）	0	0.05	0.26	0
主干路	长度（km）	56.1	53	24.8	36.2
	密度（km/km²）	1.64	1.47	0.75	1.05
次干路	长度（km）	38.2	3.5	32.05	2.4
	密度（km/km²）	1.11	0.1	0.97	0.07
支路	长度（km）	67.8	10.7	11.6	4.3
	密度（km/km²）	1.98	0.3	0.35	0.13
道路网长度（km）		162.1	67.2	66.5	80.15
相应地区用地面积（km²）		34.3	36.1	32.9	34.4
道路网密度（km/km²）		4.73	1.86	2.02	2.32

（2）道路功能必须同毗邻道路的用地性质相协调。

道路两旁的土地使用决定了联系这些用地的道路上将会有什么类型、性质和数量的交通存在，决定了道路的功能；反之，一旦确定了道路的性质和功能，也就决定了道路两旁的土地应该如何使用。以柳泉路为例，作为城市主干路，交通功能与景观功能并重。现在柳泉路沿线呈现出多样性和综合性的土地利用特点，在道路功能优化整合中应以"延续、强化、提升、完善"为主，进一步强化沿线城市功能带的布局，使其综合功能得以充分发挥，创造宜人、畅达的交通空间。建议按如下步骤执行：

① 依照行人、公交、小汽车和自行车等不同交通方式的优先次序，合理配置道路交通资源。

② 尽量减少道路两侧开口的数量。

③ 实施公交优先，建立多元化、高效的公交运输服务系统，促进对城市功能的服务。先期布设柳泉路公交专用道，建立快速公交系统 BRT，预留大运量轨道交通系统空间走廊。

④ 建设相对完善的道路网络系统，实施系统交通组织，分流通过性交通，合理分担周围地区进出交通，重点保障沿线地区内部服务性交通。

4.5.3.4　TOD 战略下淄博市公共交通系统整合

公共交通是现代城市交通系统中重要的交通方式。高效运转的城市公交系统能够满足人的需求，提供最大的便捷性。TOD 战略下组群特色城市公交系统的整合，不仅仅是为了提高公交运转的效率，更是为了满足人的需求，给人们提供最大的方便。

1. 公共交通枢纽布局整合

建立一个层次分明、逐层集散、立体的公共交通枢纽布局体系，对创造良好换乘交通，提高城市综合运输效率具有重要意义。根据淄博市城市客运体系发展的实际状况，淄博市应强化公共交通枢纽建设，构筑综合化、多方式协调发展的一体化城市交通体系，在组群间建设不同等级、不同层次的公共交通客运枢纽，提供不同类型的服务，实现不同分区的服务。

2. 公共交通内部系统整合

城市交通方式是多样的，组群特色城市更应当体现多样化。淄博市未来交通发展不仅要大力发展公共交通，实施 TOD 战略，也应当注重多种交通工具共同运营，组建以公共交通为骨干，多层次、多方式的多元化城市交通体系。

3. 公共交通与其他交通方式整合

对淄博市来说，应尽快制定完善的、相互协调的、满足绿色交通各种交通工具需要的路网规划，因地制宜形成快速道路系统、常速道路系统、自行车道路系统、步行系统等配套合理的综合道路系统。居民可以根据不同交通方式的特点合理地选择交通工具，发挥各自交通方式的优势，充分体现"以人为本"的城市交通建设指导思想，使自行车、步行交通有路可走，互不干扰，创造出绿色的、和谐的交通社会。如图 4-29 所示为慢行一体化交通与公共交通的融合。

图 4-29　慢行一体化交通与公共交通的融合

在中心区商业街的公交车站附近设置自行车换乘设施，发挥自行车接驳公共交通的功能；在商业区、写字楼、医院、学校等大型公建用地设置自行车公共停车场和出租点，鼓励发展自行车租赁系统等（哥本哈根市提供的租赁自行车如图 4-30 所示）。

图 4-30　哥本哈根市的自行车租赁点

未来年，淄博市需要将"步行+自行车＋公共交通"接驳系统作为城市交通换乘的主要模式之一，既可以充分发挥步行和自行车交通方式的辅助作用，实现城市公共交通"门到门"的服务，进一步提高公共交通的服务水平和吸引力，减少机动车交通的需求总量，又能充分发挥城市综合客运交通体系运输效益，实现道路网络运送人流的最大化。

4.5.3.5　其他公共交通规划

（1）慢行交通一体化：在城市机动化出行高阶段，为体现"以人为本"和"生态宜居"的城市化发展理念，着重发展步行和公共自行车慢行交通一体化，政府需加大步行和自行车通行设施建设，开拓和塑造城市慢行空间，提供良好的自行车（公共自行车）出行系统，加强步行空间的改造和管理，处理好慢行交通与公交换乘节点之间的接驳关系，广泛宣传环保意识，出台鼓励短距离步行、自行车（公共自行车）出行等多种政策，保持步行、自行车在交通方式结构中的合理比例，使其应有的作用得到发挥，避免私人小汽车的过度使用，努力塑造一个安全、便捷、舒适、宜人的城市公共交通体系。

（2）出租车交通：出租汽车交通是城市客运交通的一个重要组成部分，是城市常规公共交通的重要补充。它直接反映城市客运交通水平的高低、出行方式选择的多样性，在树立城市形象、满足高层次的出行需求等方面都具有重要的意义。近年来，随着人民生活水平的不断提高，对出行的要求也逐步提高。出租汽车作为公共交通的一种特殊方式，由于其快速、便利、舒适、安全等特性，受到越来越多的短途（市内）出行者的青睐，淄博市发展出租车交通应服务和适应本市经济的快速发展，应成为淄博展示经济建设和城市建设成果的窗口之一，应与城市其他客运交通方式协调发展。

4.5.4　淄博市公共自行车租赁系统

淄博历史悠久，是齐文化的发祥地、国家历史文化名城。淄博市以北大部分为山前冲积平原和黄泛平原，土地平坦肥沃，山区、丘陵、平原面积分别占市域面积的 42.0%、29.9%和28.1%。淄博市地处暖温带，属半湿润半干旱的大陆性气候（温带季风气候），年平均气温为12.5 ℃～14.2 ℃。截至 2015 年，淄博全市常住人口 464.2 万人，淄博市主要城区地理环境、自然环境和人文环境的优良为公共自行车系统的构建奠定了坚实的基础。

公共自行车租赁系统，又称公共自行车出行系统，或简称为公共自行车。该系统通常以城市为单位进行部署、建设，由数据中心、驻车站点、驻车电子防盗锁、自行车（含随车锁具、车辆电子标签）及相应的通信、监控设备组成。

4.5.4.1 定位分析

1. 交通功能

自行车适用于短距离出行，是一种健康、环保、生态的低碳交通出行方式。淄博市新一轮城市建设环节，公共自行车应当作为接驳轨道交通、地面常规公交等主要城市交通方式、完成"城市最后一公里"出行任务的重要交通工具，从而可以使城市居民享受到更加灵活、便利、人文的门到门的服务。

2. 休闲娱乐功能

服务大型旅游、休闲景区，构建自然、和谐的交通环境。在马踏湖、红莲湖、文昌湖大型旅游休闲景区及孝妇河绿荫大道等周边设置公共自行车系统，满足市民和游客休闲娱乐的出行需求，提高市民生活品质，提升城市形象。

4.5.4.2 公共自行车发展模式

目前，国内的城市公共自行车运营模式主要有四类：（1）政府投资，国企建设运营模式；（2）政府投资，购买运营维护服务模式；（3）企业投资建设运营，政府购买服务模式；（4）企业投资建设运营，政府给予企业资源，自负盈亏模式。各种模式优缺点对比如表 4-7 所示。

表 4-7　公共自行车发展模式优缺点对比

模式	（1）	（2）	（3）	（4）
优点	政府对项目有全面的控制权,市民比较认可，推行效果最好	政府对项目有较大的控制权,项目推进效果较好	政府初期投入较小，经营风险转嫁到企业身上	政府无资金压力,仅需提供广告资源
缺点	政府初期投资最大,不易控制成本	政府初期投资较大，运营成本不易控制	政府无经营管理权,对运营情况不可控,持续投入高	无经营管理权,难以有效约束企业使其保证服务水平,社会效益风险高
代表城市	杭州	株洲	上海	武汉

淄博市公共自行车租赁系统的构建应当本着公益、人文、绿色、低碳的发展原则，从市民出行需求、城市经济发展水平、淄博市公共交通出行环境、淄博市财政基础和产品服务的可持续性等方面进行综合考虑选择合适的发展模式，特别要激发本市重点企业、积极为建设

美好淄博的"步行+自行车+公共交通"交通出行体系提供支持。

4.5.4.3 淄博市公共自行车系统建设策略

在新一轮的城市总体规划和公交综合规划中，针对本市现状交通和城市空间进行慢行一体化设施建设，营造新时期淄博市慢行空间，特别是从以下几方面入手构建未来年公共交通接驳关键环节的公共自行车系统。

1. 网点布局

作为公共自行车系统的重要组成部分，网点配备有一定规模的公共自行车、停车桩，并且安装了智能终端，为公共自行车用户提供租借和归还公共自行车服务。网点布局按照与选址周边用地相协调、与周围交通环境相协调、就近布置便于停放的原则，结合大型客流集散点的用地性质，将公共自行车租赁系统的网点布局划分为如表4-8所示的四大类。依据网点的规模大小、占用空间面积大小和其所在区域的用地性质将淄博市公共自行车网点分为Ⅰ级、Ⅱ级、Ⅲ级三个服务等级进行设置，如表 4-9 所示。北京市公共自行车现状网点布局图如图4-31所示。

表 4-8　公共自行车租赁系统的网点功能

名称	设置区域	功能
公交点	以设置在轨道、常规公交枢纽、站点周边为主	提供换乘服务，通过两个系统的无缝衔接，达到吸引市民采用"B+R"方式出行的目的，解决公共交通出行"最后一公里"问题
公建点	设置在人流密集集中的公建区，例如学校、医院、商场等	通勤和辅助休闲两大功能
居住点	设置在人流分散的居住区内	为居民日常出行提供保障，便捷服务
休闲点	设置在旅游景区或大型休闲娱乐场所	景区之间或者景区内部提供公共自行车的有效衔接，提升休闲品质

表 4-9　公共自行车网点服务等级表

等级	配套设施		停放规模（辆）	服务说明
	标准配置	特殊配置		
Ⅰ级	智能租赁设施、自行车车辆	服务亭、驻车棚和简单自行车保养	≥40	主要布设在公交点，可兼顾部分公建点；提供信息咨询、卡票办理等人工服务；提供租还记录自助查询、自助小餐、自助银行等智能服务
Ⅱ级		停车棚	20-40	主要布设在公建点及休闲点，提供租还记录自助查询、
Ⅲ级		停车桩	≤20	主要布设在居住点，提供租还记录自助查询

2. 自行车出行环境营造

（1）车辆设备。

公共自行车系统的车辆配备要更加注重车身质量，选择坚固耐用的材质，车辆的核心零部件要区别于私家自行车，特别是与普通自行车不兼容；其次，公共自行车外观形象应统一，与私有自行车有较明显的区别，且车身外形常常设置成利于广告招商的形式；最后是智能装备的配备，车身载有智能安全监测装置、智能租赁平台和 GPS 安全定位仪，如图 4-32 所示为摩拜单车（Mobike）和 ofo 共享单车。

图 4-31   北京市公共自行车租赁系统的网点布局图

图 4-32   摩拜单车和 ofo 共享单车

（2）自行车路网建设。

在国外，自行车道非常畅顺，甚至在部分地区无信号灯障碍。为方便实施公共自行车项目，提高公共自行车的使用效率，淄博市应该建立完善的自行车路网基础设施，沿目前路网进行增建或者改建，对现有道路进行升级改造，分划自行车专用道，如图 4-33 所示，多采取在机动车道上设置物理隔离或者是软隔离的方式，张店主城区应规划建设形成"环+放射"的自行车廊道格局。

图 4-33　自行车专用道

（3）人自慢性一体化空间

城市慢性交通的建设不仅仅只是修路的问题，众多的配套设施也应该同期跟上，这就要求淄博市以构架公共自行车系统为契机，大力改善主城区交通慢行环境，通过道路改造、增建等方式，建设完善的交通路网；增建步行道路及过街天桥、隧道等；同时通过营造合理的绿色空间、艺术空间、活动空间来融合各种社会活动，实现交通方式转换，最终构建以人为本的慢行交通系统。

3. 智能服务系统构架

依托"互联网+"、移动客户端等全新的智能设备，搭建智能租/还车平台，通过"共享经济+互联网+智能硬件"解决城市最后一公里出行问题；同时应加强智能公共自行车管理系统的建设，实现智能车辆管理、线路管理、调度管理、会员管理以及信用管理。

4.6　网络多核组群城市交通微循环与院落式街区的融合发展案例研究

4.6.1　院落式封闭式小区布局形成及历史发展

院落式封闭小区存在于城市当中，封闭小区随着城市的发展而发展。其狭义的定义为："以实体围合方式封闭的并禁止或限制非成员进入的居住区，区内成员通过一定的法律契约实现公共环境的共享并达成共识"。而本书所指的封闭小区是其广义的范畴，不单指是封闭社区，还包括其他诸如学校、医院、军区、工厂等的封闭小区。20 世纪 80 年代以来，封闭社区以惊人的速度在全球范围内蔓延，作为一种以物质围合与社会契约为基础，以空间与资源私有化为特征的居住形态，成为地理、规划、社会、心理、法学等城市研究学科关注的热点。

近代以来，由于规划思想与管理体制的限制，我国城市中形成了许多大型封闭的小区，诸如学校、医院、军区、工厂、居住区等，这些小区一定程度上阻碍了城市微循环道路网的形成，切割了城市交通，增加了城市道路网的压力。

　　回顾中华人民共和国成立以来的居住区规划理论与实践的历史,让我们能更好地理解我国当前住区规划设计中引入"社区"概念以及住区规划理论面临更新的必然性。依据中华人民共和国成立以来的社会历史分期和参考建筑界学者回顾我国住宅建设历史,可以将 1949 年至今的居住区规划理论和实践分为以下几个时期:(1)学习"邻里单位"阶段(1950 年代初);(2)学习苏联街坊阶段(第一个五年计划时期:1953—1957);(3)寻求自身发展道路时期(1958—1965);(4)"文化大革命"及影响期(1966—1978);(5)改革开放以后发展时期(1979 至今)。

4.6.2　院落式封闭小区的利弊

1. 院落式封闭小区的优势

（1）居住安全。

院落式封闭小区的最大优势就是安全性,封闭式小区的推行能够迅速地改善小区的安全问题,能够有效地遏制入室盗窃和车辆丢失等犯罪行为的滋生。目前我国处在社会转型期,贫富差距拉大,其中城乡之间的贫富差距尤为突出,低收入人群进入城市以后可能会导致犯罪率上升,使城市居民缺乏安全感。封闭小区管理作为预防犯罪的手段,居住者对于其能改善小区治安环境这一点是普遍认同的,所以封闭式小区被广泛采用。

（2）良好的居住环境。

封闭的边界在某种程度上减少了城市对小区环境的干扰,封闭小区的户外空间也为小区居民提供了一道屏障以隔绝不佳的城市环境,改善了小区的自身环境。封闭小区封闭式的管理限制了非小区成员的进入,减少了外界人员对小区内部环境的干扰,小区居民可以独享小区的环境。这样小区环境实际上变成了家庭私有空间和城市公共空间的一个缓冲带,这条缓冲带缓解了日益恶化的城市环境具有的种种负面影响,比如城市交通带来的噪音、糟糕的卫生情况和拥挤的城市街道,总之一切不良的城市环境都被小区的围墙拒之门外。从小区居民的角度来看,封闭式小区无疑是一种对自己有利的居住模式。

（3）安宁交通。

出于对交通环境的厌倦,20 世纪 60 年代欧洲人们开始采取措施尽量减少机动交通对城市环境的影响,其中出现了一个重要的概念是"安宁交通"。时至今日安宁交通已经成为一种规划政策。封闭的小区会限制外来车辆的出入,从而减少了机动车带来的噪声、尾气污染对封闭小区内部的影响,封闭式院落式小区很好地执行了"安宁交通"的理念。

（4）宜于组织管理。

现在封闭社区都是委托物业公司进行管理,通常来说,社区的封闭性越高,小区的物业公司就越能够管理好社区的环境、卫生、绿化等方面,而社区的整体环境越好,则居民对社区的满意度越高,社区归属感也就越强。社区的封闭使社区中的居委会更易于组织、开展各项工作和活动,促进居民的社区工作参与度,如对社区的环境、治安、物业的治理,以及一些社团活动如健身、读书会、舞蹈、合唱等各方面的参与。

2. 院落式封闭小区的弊端

　　首先是封闭小区割裂了与城市公共空间的联系。封闭的边界强制性地把封闭小区内部空间和城市外部公共空间割裂开来,形成了两个相对隔绝的空间。这就造成了两个空间之间交流的困难，有时候面对封闭的围墙，人民宁愿待在家中也不愿意绕过围墙去城市公共空间提供的休息娱乐场所，使得城市公共空间活力不足。由于居住小区的独立与封闭，使得城市公共空间的联系被切断，城市的各个部分游离开来，失去了城市本应该具有的紧凑高效的特点，城市也失去了活力。

其次是封闭式小区加剧了城市空间的分离。特别是在住宅小区中，由于开发商开发楼盘的时候，同一片小区的内部的房屋价格之间相差不会很大，所以同一小区的购买者基本上都是收入相当的人，高收入者在高档小区，低收入者在低档小区，这样就造成了不同阶层之间联系的中断，会导致不同阶层人们之间疏远以至于形成敌对的心理，不利于社会各阶层和谐相处。

最后是对城市交通的影响。虽然在一定程度上极大地改善了城市居民的居住水平，美化了城市环境，但是其大规模的出现所带来的周边交通拥堵问题变得越发严重。封闭小区封闭的边界和封闭式的管理都使得小区内部道路不会对外界开放，小区内部道路也无法被称为城市道路，城市道路网密度都会普遍偏低，导致了城市交通阻塞。同样对于小区内部居民来说，由于小区出口有限，边界漫长，给居民出行造成了诸多不便。

4.6.3 交通微循环与院落式街区的融合发展

封闭式社区在我国流行的原因有安全问题、居住环境问题、内部设施问题等。但是封闭小区正由于它的封闭性，阻隔了交通微循环的畅通，从而影响了整个城市的交通。随着社会的全面深入转型，在新型城镇化背景下封闭院落式小区正逐步将打开，其开放式的形式与交通微循环的融合发展对城镇的发展起到了关键性作用。而交通微循环和支路网作为解决区域细部交通需求、分担干线交通的有效手段，不仅维系着城市功能的正常运转，而且对社会经济发展发挥着重要作用。为此，我国应重视和加强城市道路微循环和支路网规划研究，城市道路微循环的评价体系研究、城市交通网络功能和级配结构研究、城市交通微循环和支路网规划的社会空间效应研究、院落式封闭小区布局对城市微循环交通的影响的研究。

4.6.3.1 城市交通微循环运行机理及功能

道路在城市生活中具有它独特且重要的作用。在城市道路系统中，根据道路在系统中的地位和交通功能分为快速路、主干路、次干路和支路，它们共同组成了城市路网系统。城市路网系统主要分为：城市干路网系统和城市微循环路网系统。城市干路网系统主要包括快速路、主干路和次干路；城市交通微循环系统通常是由干道网络以外的支路、支路以下道路，包括比如窄巷、小街以及便道等道路及部分次干路组成的区域道路网络。城市交通微循环系统，也被称为城市道路微循环系统，引用了血液系统的微循环来描述城市道路的小区域网络。

1. 交通微循环运行机理及特性

微循环本是医学术语，如果把整个城市交通比作人体，那么城市道路就是人体内的血管。整个道路网好比人的血管系统，有主动脉和静脉，还有毛细血管，而毛细血管的数量和长度均要远远大于主动脉和静脉。城市快速路、主干道、次干道便是联系各个功能单元的主血管、次血管，而干道网络以外的支路、胡同及社区道路等就是数量惊人的毛细血管，即构成了交通微循环系统。显然，交通微循环是否通畅对于整个城市各项功能的正常运行发挥着至关重要的影响。因此，广义上讲，所谓城市交通微循环系统就是由部分次干道、支路以及支路以下道路组成的区域路网体系。

微循环系统与由快速路和主干路组成的主循环系统相比，具有更高的路网密度和更长的道路总长，可以缓解干道交通压力，提高干道网络运营质量。需要指出的是，新城市主义倡导步行与公共交通，但并不排斥汽车出行，并不否定汽车在现代生活中的必要性。新城市主义反对那种"树枝状"的道路结构，因为这种结构运输效率低下，并且会造成主干道上交通压力过大，易导致交通堵塞出现。他们推崇的是传统市镇沿革已久的那种"网格状"的道路系统，因为这种系统一方面便于紧凑化布局，另一方面可以提供灵活多变的出行线路选择，疏通干道上的交通压力，从而减少堵塞、提高运输效率。

2. 城市交通微循环的分类

国内对以支路为载体的城市交通微循环的分类研究相对较少。广义上来讲，根据其不同的功能和性质采用不同的划分方法。

（1）从控制范围上可分为城市整体交通微循环、区域交通微循环和小范围交通微循环。

$$
控制范围 \begin{cases} 整体交通微循环 \\ 区域交通微循环，例如老城区、政务新区等 \\ 小范围交通微循环，例如火车站、汽车站等 \end{cases}
$$

（2）从时空连续性上可分为临时交通微循环和长期交通微循环。例如一次大型运动会在其影响范围内实施的交通组织管理随着运动会的结束而取消，而对于一个生活小区内部道路的规划及其与外部道路的衔接形成的区域交通系统为长期性的。长期型的交通微循环也不是绝对的，其会根据交通需求的变化而进行相应的调整。

$$
时空连续 \begin{cases} 临时性交通微循环，例如运动会、博览会等\\体交通微循环。 \\ 长期性的交通微循环 \end{cases}
$$

（3）从交通载体上可分为机动车交通微循环和自行车交通微循环、步行交通微循环，而从运载工具的服务对象上可分为货运交通微循环和客运交通微循环，而客运交通微循环可分为私人交通微循环和公共交通微循环。

$$
运输载体 \begin{cases} 机动车交通微循环 \\ 自行车交通微循环 \\ 步行交通微循环 \\ 客运交通微循环 \\ 货运交通微循环 \end{cases}
\qquad
\begin{array}{l} 私人交通微循环，包括私家车、自行车、步行等 \\ 公共交通微循环，包括公交车、单位车 \end{array}
$$

（4）从交通走向上可分为单向、双向和可变向交通微循环。

交通走向
- 单向交通微循环体
- 双向交通微循环
- 可变向交通微循环

3. 城市交通微循环的交通特性

城市交通微循环的有效运行，进行有效的交通组织和采取科学合理的管理措施是必不可少的。这就要求从城市交通微循环本身出发，充分了解城市交通微循环本身的特性，对比并研究其与常规交通的不同，做到有的放矢，保证城市交通微循环系统顺畅有序地运行。从交通需求特征、交通流特征、交通组织管理三方面入手，充分认识各自的特殊性，通盘细致地把握交通需求特性，以便制定科学合理地设计交通微循环及进行交通组织与管理优化。

（1）交通需求特性。

密度大、连通度要求高：广义上来讲，对于整个城市交通微循环系统而言，其是由通过城市的不同类型的道路连接而成的，因此城市交通微循环可细化为多个狭义的微循环子系统，微循环子系统通过支路、街巷相连，这就必须拆除人为设置的各种隔离设施，打通断头路、人为占据或是历史遗留占据的道路资源，才能实现高密度的目的，进而达到较高的连通度，使细部微循环自由顺畅连通。

可达性、灵活性要求高：城市市民的出行起点及其出行终点都需要城市交通微循环连通并通过一定的交通方式解决，所以微循环系统必须具备很高的可达性。如果需要高质量可达性，就需要可供选择的多条出行线路，为此微循环系统要求有很高的灵活性。

特殊需求优先、兼顾公平：在城市交通微循环中对于各类交通需求，必须确定优先级别和划分路权，以保障整体交通功效可以得到最大限度的发挥。确定交通需求的优先级具有其必要性的一面，但是如何满足不同层次出行需求的要求，最大限度地体现交通需求供给的"公平"原则，是微循环交通组织管理的重要目标。

（2）交通流特性。

城市交通微循环交通流具有如下特征：

流向自由且流量可满足不同需求：对于居住生活区的交通微循环系统，单位时间同一断面内通过的车流量很小，可自由且任意地转向、掉头，自由选择行进路径。而对于商业密集区，可以根据需要，设置单向机动车路段。对于商业高度密集区可设步行街，最大限度地满足交通需求。

交通流受干线交通流的波动影响小：良好的微循环内部系统由于其路网系统发达，而干线交通流在选择微循环交通系统通行进行分流时，就其巨大的承受能力而言，对其运输系统的影响较小，同时微循环系统可有效分流干线交通的时空波动峰流。

时空分布比较均匀：城市微循环交通流量始终保持在一个相对平稳的水平，与目前干线交通较大的高峰小时时空波动相比有明显的不同，为此要充分发掘城市交通微循环系统，对于缓解乃至解决干线交通拥堵问题具有重要意义。

时空波动性小：城市交通微循环以其高密度、高连通度，使其邻近的小支路、街巷可以相互分流，整体比较平均，不会产生很大的时空波动。

（3）交通组织管理特性。

艰巨性：从前面的分析可以知道，城市交通微循环系统涉及范围广而各种日常交通运输服务和相应的配套设施建设才刚刚起步，其现实的通行能力和网络布局不能满足城市交通微循环系统需求，在实施城市交通微循环的过程中由于现状或是历史遗留问题，往往会遇到这样那样的阻力，需要协调好各方面的工作，需要付出巨大的人力、物力，因此，完善城市交通微循环系统，开发城市交通微循环运输潜能是一项非常艰巨的任务。

复杂性：城市交通微循环组织管理需要考虑众多因素，在有优先通行交通需求的部分路段，既要保障具有优先通行权限的交通的出行安全及顺畅，又要满足普通交通出行者的基本交通需求。而城市交通微循环涉及众多片区，各片区情况又不尽相同，需要采取不同的组织管理措施，因此其组织管理任务极其复杂。

长期性：城市交通微循环的实施大都是长期的，随着时间的推移，当产生更高、更迫切的需求时需要及时改进，这不是一朝一夕能够完成的。这就需要规划、建设部门结合实际、立足长远，统筹兼顾，为建设良好的、健康有效的、可持续的城市交通微循环系统不懈努力。

4. 交通微循环的功能

城市交通微循环的狭义功能是指交通功能，广义功能还包括服务功能。交通功能是最基本的功能，良好的城市交通微循环具有"分流交通压力、解决组团或片区的交通问题"等功能。由于城市交通微循环系统与居住、医疗、教育等公共服务密切相关，因此良好的交通微循环除了要具有服务居民日常生活出行的功能，支路的设置应该包括"车辆的停驻空间、适宜的生活空间和必需的公共空间"外，还应具备"集散车流为城市用地和居民生活服务"等功能。一个完善的城市交通微循环系统的功能特征可概括为体现在以下七个方面：（1）交通压力分流；（2）输送的便捷性；（3）解决组团或片区的交通问题；（4）地段特征的差异性；（5）动态时段性；（6）对行为模式的影响；（7）有机疏散。

4.6.3.2 张店旧城社区与微循环交通建设

1. 张店旧城社区建设概况

这里所指的张店旧城区是指世纪路以东，华光路以南以及山东铝厂生活区和南定镇附近的范围。张店旧城居民小区大部分是院落式封闭小区的布局，且一般是小区居民委托物业公司进行管理的各个出入口都有保安人员看守，不允许外来车辆人员随便进出，如图4-34所示。机关单位、家属大院、工厂、医院和学校等更是封闭式小区布局，外部车辆无法穿越其内部，只能绕行。大部分社区内部设施都不完善，缺少必要的生活、娱乐、医疗、休闲、体育锻炼、文化活动等设施和场所。

2. 张店旧城微循环系统概况

淄博市在整体布局上呈现出棋盘式和"树枝状"的以干支形为主的两种基本道路网结构。在这里以张店区为例，其路网结构是比较典型的方格网状。在旧城区建成了"纵横交错"的城市道路主干路路网，纵向的主干路有：世纪路、柳泉路、金晶大道、东二路、东四路、西二路、西五路等，横向的有：华光路、人民路、共青团路、新村路、杏园路、昌国路、中润大道、联通路等。张店旧城区道路网络建设过程中主干路先行建设，而配套的次干路和支路的建设相对滞后。长期以来，城市道路网规划中缺乏对城市支路网和街巷小路网规划的重视，使城市普遍缺乏支路系统，不能有效地分散主次干道的交通压力，是导致城市交通拥堵的主要原因。张店区旧城道路网规划中也只重视快速路和主干道网的规划建设，忽视了次干道和支路网规划建设，导致城市道路网等级匹配不尽合理，未能形成合理的交通微循环。

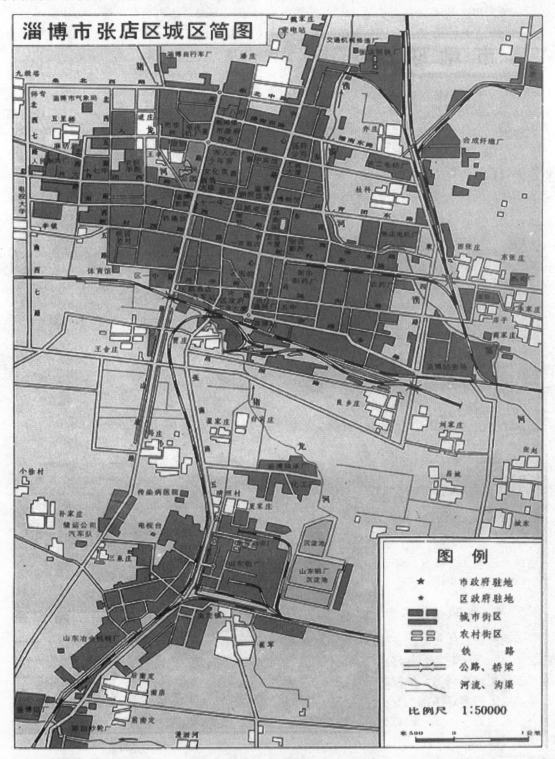

图 4-34　张店区旧城区简图

4.6.3.3　张店旧城社区建设对微循环系统影响分析

张店区旧城区，路网结构形成较早，随着城区的快速发展，路网结构已难以适应发展要求；同时，受胶济铁路影响，老城区南北向道路只有东四路、西二路、柳泉路、世纪路贯通，造成南北向的交通瓶颈。在张店旧城区中，院落式封闭小区仍占据主导地位，这些小区在一定程度上阻碍了城市微循环道路网的形成，切割了城市交通，增加了城市道路网的压力。受新思潮的影响，众多的专家学者越来越倡导街区开放、社区开放和拆除围墙。本书为了更加科学地解释街区开放这一决策，就针对封闭小区的封闭和开放这两种方案，仿真研究其对城市交通微循环的影响并进行比较和评价。

1. 选取典型院落式封闭小区

张店区是典型的棋盘式道路网络结构，旧城区存在着大量的工厂、学校、机关单位和医院等封闭小区，这些小区散落在城市的各个角落，我们要根据封闭小区的典型特征来进行选取。

对淄博市张店区内的封闭小区进行分析、经过层层筛选后，选取了山东理工大学东校区这个典型的院落式封闭小区作为研究对象。之所以选取它作为研究对象，就是因为它符合"以实体围合方式封闭的并禁止或限制非成员进入的居住区，区内成员通过一定的法律契约实现公共环境的共享并达成共识"所定义的典型封闭小区特征。它的四周是封闭的实体围墙，只有北门南门是开放的，并且有保安人员看护，不允许外来人员随便出入。然后它的地理位置也很特殊，山东理工大学东校校区位于山东省淄博市张店区共青团西路 88 号，东西南北分别被新世界商业街、北西五路、共青团西路和人民路环绕，如图 4-35、图 4-36 和图 4-37 所示。它东边就是新世界商业街，临近张店区中心商业地带，四周较为繁华，交通压力较大。

2. 划分交通小区

在进行交通需求分析时，需要全面了解各个交通源之间的交通流。但是交通源的数量一般比较大，因此不可能对每个交通源进行单独研究。因此在交通需求分析过程中，需要将交通源按一定原则和行政区划分成一系列小区，使得这些小区成为交通小区。划分交通小区的主要目的是：（1）将区域交通需求的产生、吸引与区域的工农业产值、人口等社会经济指标联系起来；（2）将交通需求在空间上的流动应交通区之间的分布图表现出来；（3）便于通过交通分配理论来模拟路网上的交通流。

交通小区划分原则：（1）交通小区划分的规模数量要适宜；（2）为了基础资料收集的便利，交通小区的划分一般不会打破行政区划；（3）假如面临规划区域内有铁道等构造物或河流等天然分隔带时，应该被它们分隔的那些交通区一分为二，以满足一个交通区只有一个集聚中心的要求。

根据以上这些原则，最终把淄博市张店区划分为 64 个交通小区和 11 个交通中区，其具体划分情况见图 4-38、图 4-39。选取的典型院落式封闭小区即山东理工大学东校区的 1 号小区。

3. 初始路网的选取

城市道路网在城市建设和城市布局形态方面起到极为重要的作用。在动态交通分配中，路网结构描述主要为系统提供便于构造路网拓扑结构和基础数据输入的途径，包括拓扑结构定义，即定义节点、路段彼此之间的关联关系；路段参数如路段长度、车道数、车道宽度及通行能力等数据的输入；节点参数如节点类型、信号配时数据的输入，选取张店区的路网形式如图 4-40 所示。

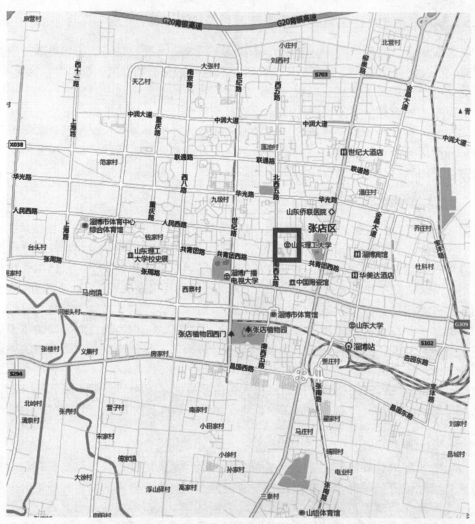

图 4-35　所选小区位置图（矩形框内）

图 4-36　山东理工大学东校区三维地图

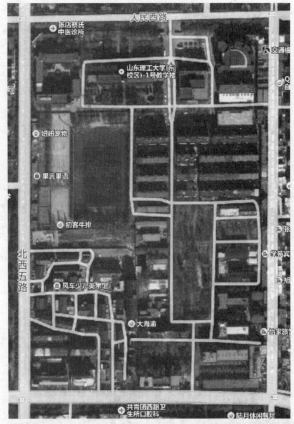

图 4-37　山东理工大学东校区卫星俯瞰图

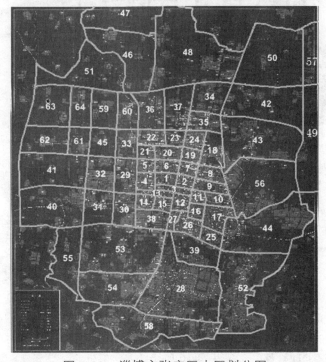

图 4-38　淄博市张店区小区划分图

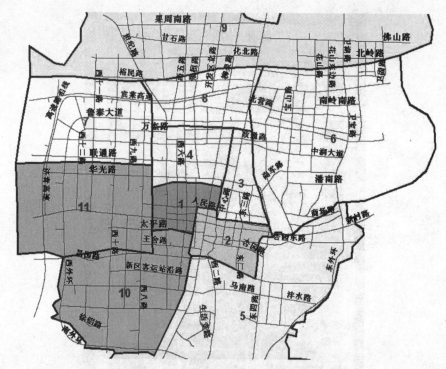

图 4-39　淄博市张店区中区划分图

图 4-40　淄博市张店区划路网图

4. OD 数据准备

根据淄博市 2007 年综合交通调查以及 2008 年、2010 年和 2011 年的补充调查，获得 2011 年淄博市张店区中区 OD 数据，如下表 4-10 所示。

表 4-10　2011 年机动车（标准车）OD 矩阵部分数据

O＼D	1	2	3	4	5	6	7	8	9	10
1	7 920	3 484	2 844	1 322	1 201	1 565	1 119	567	595	542
2	3 504	1 925	1 707	874	848	939	476	1 032	867	485
3	2 670	1 595	4 670	4 107	966	852	586	1 311	1 700	535
4	1 397	922	4 050	2 766	1 185	1 749	412	1 039	1 349	425
5	1 088	756	1 032	1 124	7 295	1 048	416	628	751	428
6	1 693	1 022	745	1 676	938	4 948	642	1 205	1 437	443
7	1 059	475	492	372	386	558	1 393	1 322	911	438
8	657	986	1 451	1 024	670	1142	1 363	6 249	2 004	667
9	723	885	1 595	1 303	799	1579	943	2 085	7 101	2 260
10	480	504	524	412	414	445	389	629	2 114	2 174
11	845	580	522	520	253	490	534	866	1 705	520
12	1 016	1 016	803	738	964	677	425	1 006	1 619	409
13	1 794	547	646	833	363	456	266	863	317	330
14	2 078	1 498	1 024	1 162	631	1 244	758	1 054	999	659
15	1 289	990	625	793	532	780	356	1 235	786	436
16	790	700	439	563	566	628	185	859	1 075	1 692
17	1 467	1 113	727	789	253	933	468	1 106	1 704	505
18	800	725	286	538	144	652	295	5 091	1 088	301
19	1 640	1 065	948	803	1 426	917	440	2 002	1 767	520
20	2 505	1 851	1 961	1 893	2 260	2 393	469	2 300	2 924	940
21	917	797	789	878	1 309	471	731	831	1 101	363
22	1 001	1 463	1 056	1 209	436	466	563	913	923	745
23	560	849	631	644	482	722	431	762	757	270
24	888	1 159	805	924	397	410	500	1 232	1 301	440
25	1 007	696	640	498	31	16	263	776	865	264
26	2 636	2 381	1 793	1 296	990	1 530	694	1 684	2 187	705
27	1 106	1 624	1 687	816	526	900	443	1 096	1 633	326
28	741	1 331	1 406	63	112	47	53	129	177	80
29	2 131	2 010	1 923	3 522	1 034	769	383	1 081	1 056	611
30	1 868	1 415	1 469	1 126	448	1 278	611	626	1 073	616

5. TransCAD 仿真研究

（1）封闭院落式小区仿真试验（试验截图见图 4-41～图 4-53）。

① 数据准备。

在运行交通分配模型之前，需要准备以下三类数据：

- 出行分布矩阵。
- 交通网络地理文件。
- 小区图层。

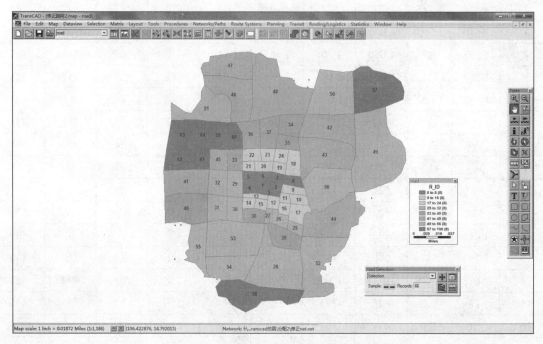

图 4-41 2011 年小区分布图

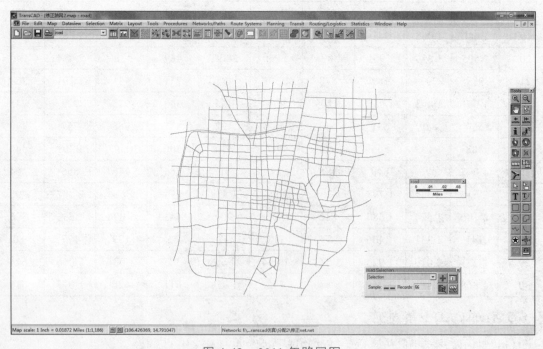

图 4-42 2011 年路网图

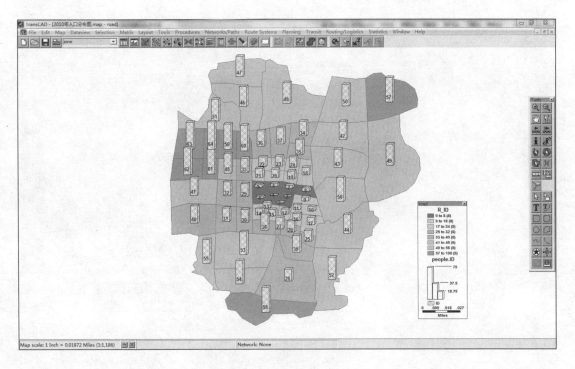

图 4-43　2011 年人口分布图

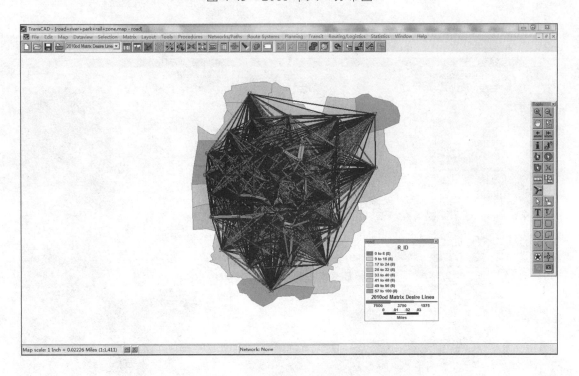

图 4-44　2011 年期望线图

② 创建小区质心文件并将质心连接到路网。

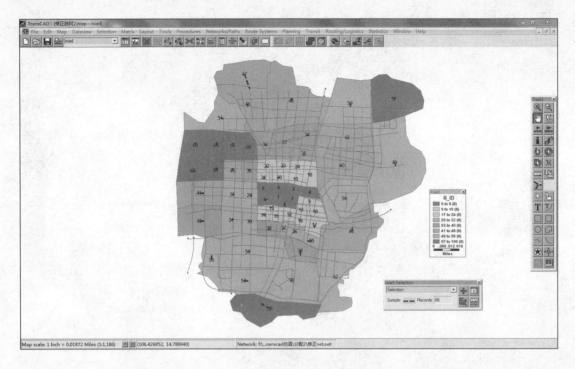

图 4-45　小区质心连接到路网

③ 设置质心连接线属性。

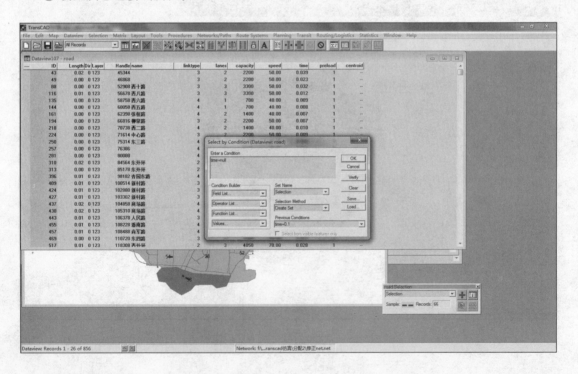

图 4-46　筛选质心

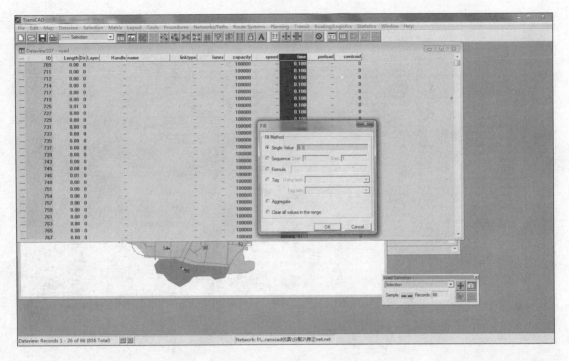

图 4-47　设置质心属性

④ 创建网络。

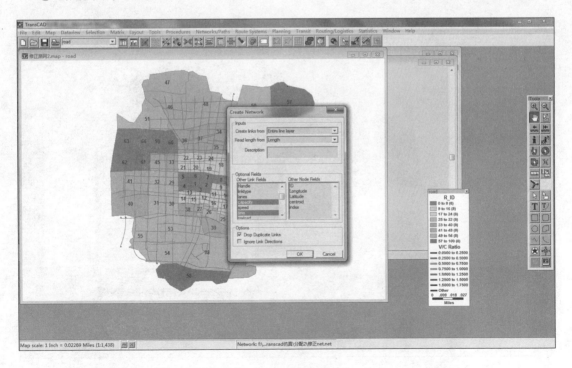

图 4-48　创建网络

⑤ OD 矩阵索引转换。

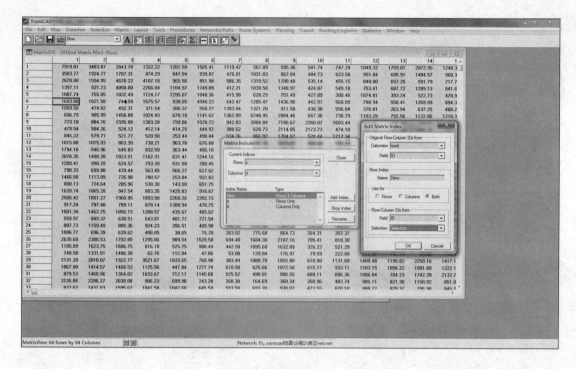

图 4-49　OD 矩阵索引转换

⑥ 运行交通分配模型。

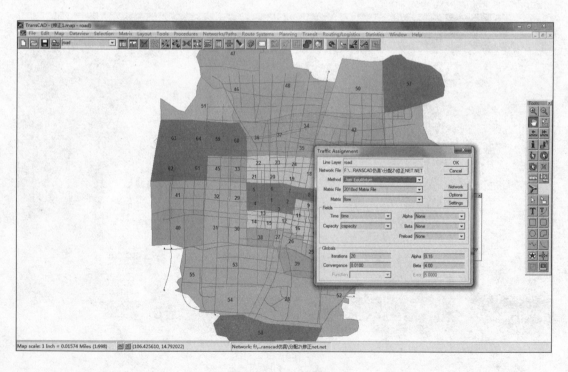

图 4-50　交通分配

⑦ 显示分配结果。

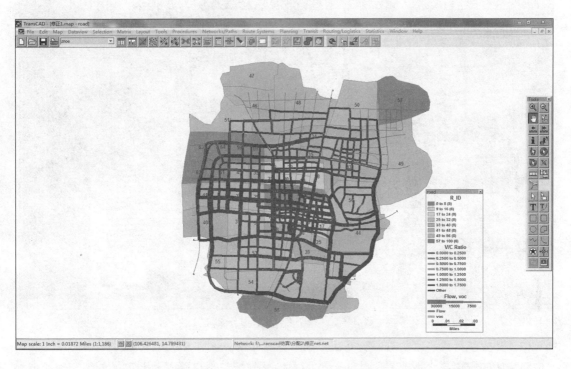

图.4-51　路段流量专题地图

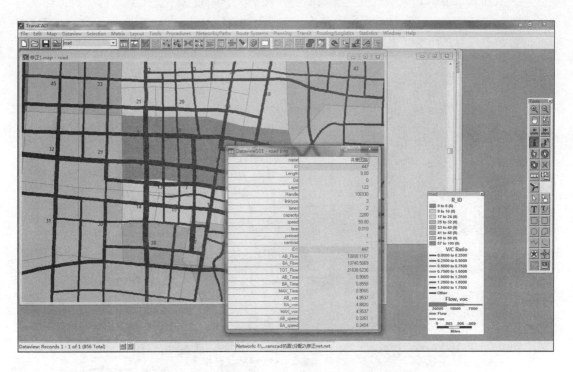

图 4-52　新世纪商业街数据显示窗口

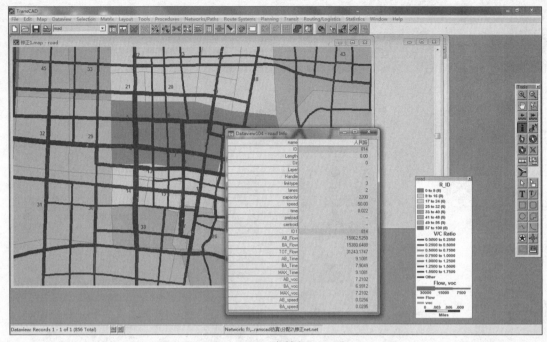

图 4-53　西五路数据显示窗口

（2）开放院落式小区仿真试验（试验截图见图 4-54～图 4-57）。

与封闭的院落式小区布局相比，开放的小区就是把内部道路对外开放，外部交通流能够进入小区内部。本书仿真试验就是把选取的山东理工大学东校区小区道路进行开放，让其与外部道路连接起来：小区北门与人民路连接，南门与共青团路相连。在基于同等仿真试验 OD 数据的情况下，与封闭小区做一下对比。

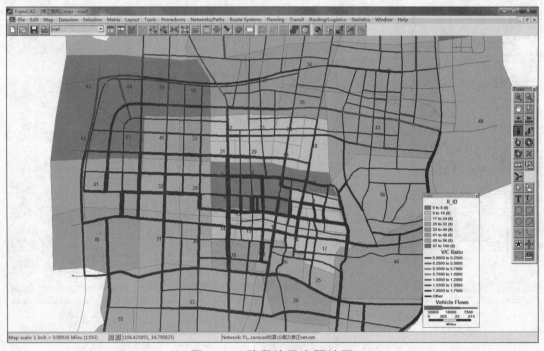

图 4-54　路段流量专题地图

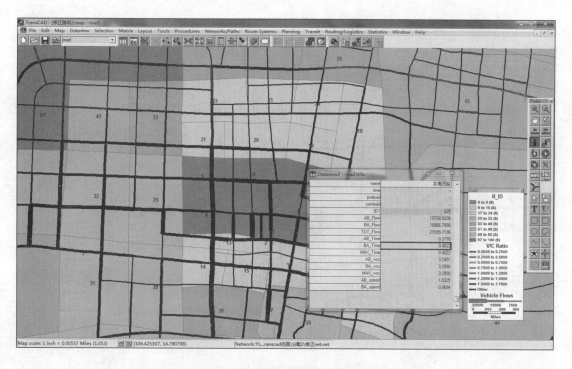

图 4-55　新世纪商业街数据显示窗口

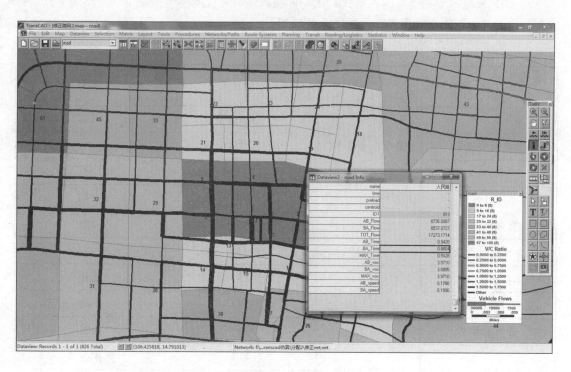

图 4-56　西五路数据显示窗口

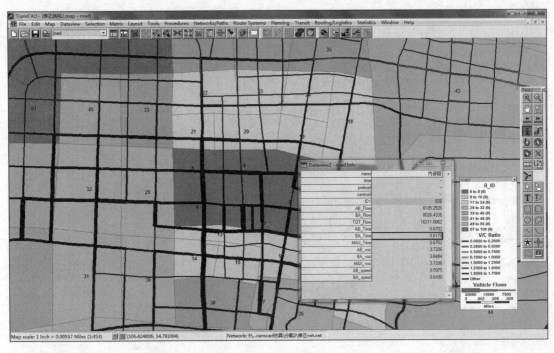

图 4-57　内部路数据显示窗口

（3）对比分析。

在 OD 数据不变，选定的院落式封闭小区在封闭与开放的两种情况下，对路网分别进行模拟交通配流，封闭小区周围路段的仿真结果如下。

表 4-11　选定小区西面西五路路段

路段指标　　　小区路网对外		封闭	开放
南北向车流量	单位：标准车	1 833	1 527
北南向车流量		1 998	1 519
总车流量		3 831	3 046
南北向通过时间	单位：秒（s）	55	47
北南向通过时间		53	45
最大通过时间		55	47
南北向路段饱和度	—	0.83	0.69
北南向路段饱和度		0.91	0.69
最大饱和度		0.91	0.69
南北向行驶速度	单位：km/h	42.5	49.8
北南向行驶速度		44.1	52.0

表 4-12　选定小区东面新世纪商业街路段

路段指标/单位	小区路网对外	封闭	开放
南北向车流量	单位：标准车	467	301
北南向车流量		586	395
总车流量		1053	696
南北向通过时间	单位：秒（s）	90	73
北南向通过时间		80	61
最大通过时间		90	73
南北向路段饱和度	—	0.67	0.43
北南向路段饱和度		0.84	0.56
最大饱和度		0.84	0.56
南北向行驶速度	单位：km/h	28.0	34.5
北南向行驶速度		31.5	41.3

由表 4-11 和表 4-12 中的数据对比可以看出，在开放内部路网的情况下，小区外围路段各项指标均有不同程度的改善，内部路网承担了部分流量，改善了周围路段的交通状况。例如，通过对比分析可以看出选定小区西面的西五路路段的总流量由 3831 标准车减少到 3 046 标准车，通过该路段的最大行驶时间由 55 s 减少到 47 s。东面的新世纪商业街路段总流量由 1 053 标准车减少到 696 标准车，通过该路段的最大行驶时间由 90 s 减少到 73 s，通过这两个路段的车辆行驶速度也均有所提升。

表 4-13　选定小区内部路路段

路段指标	单位	选定小区内部路段
南北向车流量	单位：标准车	818
北南向车流量		802
总车流量		1 620
南北向通过时间	单位：秒（s）	73
北南向通过时间		76
最大通过时间		76
南北向路段饱和度		0.74
北南向路段饱和度		0.73
最大饱和度		0.74
南北向行驶速度	单位：km/h	33.65
北南向行驶速度		32.39

由表 4-13 可知小区内部路段总流量为 1 620 标准车，通过该路段用时最长为 76 s，双向行驶速度分别为 33.63 km/h 和 32.39 km/h。这表明小区开放以后，有更多的车辆通过该路段，并且行驶时间减少了，并且有相当部分车辆通过了小区内部道路。由此可以看出小区内部道

路与外部城市路网联通之后，会对城市微循环交通有积极影响，分散干线交通流从而缓解了交通拥堵，使得通勤车辆能更迅速地通过该路段。

6. VISSIM 仿真研究（试验截图见图 4-58 和图 4-59）

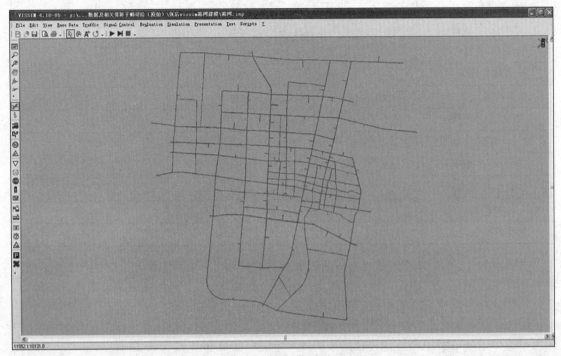

图 4-58　2011 年张店区路网

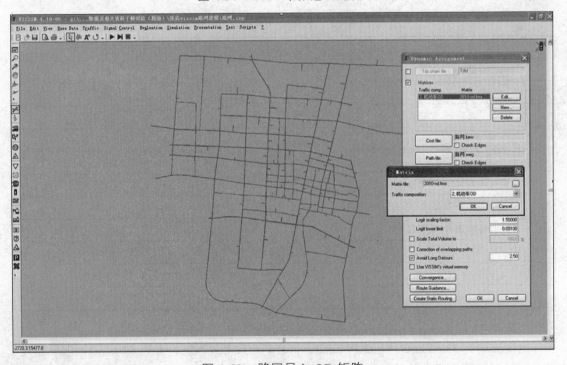

图 4-59　路网导入 OD 矩阵

　　本书主要运用动态交通分配对大型道路网络进行可行性分析这一模块。在没有实现动态交通分配的情况下，用户需要使用路网编辑器手动输入仿真车辆的行驶路径。设计动态交通分配模块的目的是建立驾驶员的路径选择行为模型，允许用户使用 OD 矩阵取代静态路径作为输入交通流量，并在此基础上建立路网模型。在 VISSIM 中，动态交通分配功能是按照时间顺序，通过迭代运行仿真程序实现的。

　　（1）封闭院落式小区仿真试验。

　　① 建立抽象路网。

　　为了使交通分配更加有效，VISSIM 中需对路网进行抽象处理，将交叉口抽象成节点，将交叉口间的路段抽象成通路。动态交通分配中的交通量是以 OD 矩阵的形式输入的，所以需要将仿真区域分成几个交通小区，并在交通小区内设置停车场，停车场用于生成和吸引交通量。

　　建立抽象路网的具体要求如下：

　　a. 一个停车场只能属于一个特定的小区，一个小区可以拥有一个以上的停车场。VISSIM 中的停车场分为真实停车场和抽象停车场，真实停车场符合实际停车状况，并且停车场有容量限制，默认容量为 700 辆/小时/车道，该类停车场适用于路网模型比较符合实际的情况，而抽象停车场没有容量的限制，适用于建模车辆不使用真实存在的停车场驶入或驶出路网起讫点的情况。

　　b. VISSIM 中将交叉口简化为节点，并且规定将处于路网边缘的路段终点也需要定义节点，各个节点间及节点内部存在多条通路，OD 点间的路径是由一系列通路组成的。

　　② 导入 OD 矩阵。

　　在 VISSIM 中可使用 OD 矩阵构建交通需求模型，也可使用出行链文件或将二者结合定义交通需求。一般使用 OD 矩阵加载各个交通小区间的出行量，每个 OD 矩阵中可以定义该矩阵的时间间隔和小区之间的出行量。用户无法在 VISSIM 中直接定义和编辑 OD 矩阵，可以在记事本中按照固定格式编写 OD 矩阵，并将编好的文件以后缀名 fma 的形式进行保存，详细的 OD 矩阵编写格式见实例仿真分析。

　　在 VISSIM 的动态分配中，也可使用出行链文件加载交通需求。出行链文件中包括一系列单一车辆的出行定义，出行链与车辆是一对一的关系，可以通过与车辆相关的 3 个编号来定义各出行链，3 个编号分别是：车辆编号、车辆类型和起点小区编号。出行链文件对于单一车辆出行的描述详尽，但是它的编码工作量很大，一般较少采用。

　　本书仿真案例使用的是 OD 矩阵构建交通需求模型，OD 矩阵的编写格式如图 4-60～图 4-63 所示。其中以*开头的行为注释行。第一个非注释行为矩阵定义时间间隔从 0 到 1 h，第二个非注释行为矩阵缩放比例因子（本例中为 1.0），第三个非注释行为交通小区个数（本案例中为 64 个），第四个非注释行为交通小区编号（本案例中为 1～64），最后是交通小区之间的 OD 分布量。64 个交通小区的 OD 如图 4-60～图 4-63 所示。

　　③ 运行仿真，输出结果。

　　仿真时间长度设定为 3 600 s，前 600 s 不算入评价时间，这段时间仿真总是开始于空路网，为了得到更加符合实际的结果，评价需要考虑仿真前的"热身阶段"进行截图见图 4-64 和图 4-65。

　　（2）开放院落式小区仿真试验。

　　① 建立抽象路网。

所谓的院落式封闭小区开放的情况就是，把封闭小区内部的道路对外开放，让外部车辆可以自由出入封闭小区，如图 4-66 所示，这样封闭小区内部道路就也成为城市路网系统的一部分。

2010-OD - 记事本

文件(F) 编辑(E) 格式(O) 查看(V) 帮助(H)

* time interval in hours
0.00 1.10
* scaling factor
1.0
* number of zones:
64
* zones:

1	2	3	4	5	6	7	8	9	10	11	12	13	14	15	16	17	18	19	20	21	22
23	24	25	26	27	28	29	30	31	32	33	34	35	36	37	38	39	40	41	42	43	44
45	46	47	48	49	50	51	52	53	54	55	56	57	58	59	60	61	62	63	64		

* number of trips between zones

7920	3484	2844	1322	1201	1565	1119	567	595	542	747	1049	1759	2073	1248	825	1342	816	1712	2571	843	1044
625	752	952	2698	976	682	2255	1712	718	3217	880	142	547	201	258	621	143	194	606	1590	1240	430
578	1095	107	2125	206	191	949	474	1290	937	340	1135	1048	890	717	588	256	645	724	190		
3504	1925	1707	874	848	939	476	1032	867	485	624	951	606	1485	960	638	986	628	973	1816	934	1543
777	1097	591	2337	1590	1226	2037	1614	1679	2248	1323	347	428	367	212	1076	297	258	491	1286	1004	348
468	886	87	1720	167	155	768	384	1044	758	275	919	848	720	580	476	208	521	586	154		
2670	1595	4670	4107	966	852	586	1311	1700	535	455	848	657	992	718	501	678	332	854	2046	708	970
646	802	643	1700	1683	1411	1841	1455	1309	1988	1455	280	469	313	214	1179	110	301	516	1351	1055	366
491	931	91	1806	175	162	807	403	1097	796	289	965	891	756	609	500	218	548	616	161		
1397	922	4050	2766	1185	1749	412	1039	1349	425	549	753	688	1289	842	563	898	553	867	1844	1032	1338
676	953	516	1338	865	80	3467	1154	1062	927	1152	210	395	370	40	942	94	232	454	1189	928	322
432	819	90	1589	153	142	710	355	965	701	254	850	784	666	537	440	192	483	543	142		
1088	756	1032	1124	7295	1048	416	628	751	428	300	1075	393	523	471	552	317	127	1368	2385	1443	511
454	381	31	1037	658	81	1253	624	521	704	1161	494	363	228	175	680	95	82	366	959	748	260
349	661	64	1282	124	115	573	286	778	565	205	685	633	538	433	355	155	389	437	115		
1693	1022	745	1676	938	4948	642	1205	1437	443	568	789	550	1360	894	598	951	588	921	2241	604	463
710	365	16	1413	903	32	669	1226	1123	196	474	164	433	199	189	696	111	248	382	1000	780	270
364	690	67	1336	129	120	597	299	811	590	213	714	659	560	451	370	162	405	456	120		
1059	475	492	372	386	558	1393	1322	911	438	556	371	264	637	408	132	439	267	426	480	819	662
330	460	251	662	428	67	443	559	506	193	558	257	182	191	90	464	40	115	207	542	423	147
197	373	36	724	70	65	324	162	440	319	116	387	357	303	244	200	88	220	247	65		
657	986	1451	1024	670	1142	1363	6249	2004	667	731	1103	793	1122	1210	745	1190	5085	1928	2465	102	843
887	1268	681	1791	1148	149	1196	775	450	117	762	387	522	294	375	927	130	128	514	1347	1051	364
490	928	91	1800	175	161	804	402	1092	793	288	962	888	754	607	498	217	546	614	161		
723	885	1595	1303	799	1579	943	2085	7101	2260	1603	1524	253	939	710	1188	1578	976	1678	2876	1184	747
623	1210	904	2264	1520	211	956	973	992	362	860	567	656	172	311	683	159	221	534	1398	1091	379
508	964	94	1869	181	168	835	417	1135	825	299	999	923	783	631	518	226	567	637	168		
480	504	524	412	414	445	389	629	2114	2174	474	395	284	682	440	1563	476	287	462	852	295	713
349	503	268	708	461	81	671	603	549	214	361	259	217	85	94	492	31	124	234	612	477	166
223	422	41	818	80	73	365	183	497	360	131	437	404	342	276	227	99	248	279	73		
845	580	522	520	253	490	534	866	1705	520	1717	519	361	884	579	377	601	380	586	1110	386	910
452	653	346	918	590	209	1019	794	712	408	796	117	252	143	121	646	63	164	262	687	535	186
250	474	47	918	89	82	410	205	557	404	147	491	453	384	310	254	110	279	313	82		
1016	1016	803	738	964	677	425	1006	1619	409	596	3609	500	1147	811	720	867	473	789	1567	539	907
601	863	485	1209	832	256	1594	1111	1007	846	755	490	359	170	174	896	94	178	367	961	751	260
350	663	64	1285	124	115	574	286	781	567	206	687	634	539	434	356	155	390	438	115		
1794	547	646	833	363	456	266	863	317	330	283	470	2251	1793	1137	360	567	189	553	1029	354	860
420	514	62	1159	554	160	1050	962	680	732	736	326	251	113	107	706	62	150	277	727	566	197
264	501	49	971	94	87	434	216	590	428	155	519	479	407	328	269	117	295	332	87		
2078	1498	1024	1162	631	1244	758	1054	999	659	909	1081	1859	4714	2726	1032	1401	79	347	1181	323	123

图 4-60　2011 年 OD 矩阵

104	151	797	2904	1419	96	2116	1814	1959	1057	641	69	179	84	26	2715	141	246	481	1260	983	342
458	868	85	1684	163	152	752	376	1023	743	269	900	831	706	569	466	203	511	575	151		
1289	990	625	793	532	780	356	1235	786	436	637	684	1254	2805	3214	1241	905	563	1064	1232	640	1051
685	509	310	2265	874	95	1336	1185	2349	774	710	91	391	196	185	1494	124	244	409	1073	837	290
390	739	72	1433	138	128	640	320	870	632	229	766	707	600	484	397	173	435	489	128		
790	700	439	563	566	628	185	859	1075	1692	390	547	389	1018	1289	2449	1397	62	629	918	414	505
374	693	374	1562	927	478	872	851	759	405	846	371	285	509	294	689	62	177	311	815	636	221
296	562	55	1089	106	97	486	243	661	480	174	582	537	456	367	302	131	331	371	98		
1467	1113	727	789	253	933	468	1106	1704	505	661	944	470	1373	892	1295	4777	31	538	1788	603	201
467	729	534	1884	754	192	509	1008	1121	555	94	516	396	542	672	1088	79	164	377	987	770	267
359	680	66	1320	127	118	590	294	801	582	211	705	651	553	445	365	159	400	450	118		
800	725	286	538	144	652	295	5091	1088	301	412	411	173	95	518	79	47	382	732	371	77	78
272	488	47	873	411	97	1149	280	274	180	628	70	253	113	337	111	47	151	212	554	432	150
201	382	37	740	72	66	330	165	449	327	119	396	366	310	250	205	90	225	253	66		
1640	1065	948	803	1426	917	440	2002	1767	520	708	676	549	394	1000	487	473	776	4006	2080	633	1404
783	819	157	2112	933	48	579	257	355	473	1950	117	1371	143	416	1118	79	54	404	1060	827	286
385	730	72	1416	137	127	632	316	859	624	227	756	699	593	478	391	171	430	483	126		
2505	1851	1961	1893	2260	2393	469	2300	2924	940	1045	1459	918	1202	1313	989	1745	309	2042	4921	1100	2199
1295	992	168	1983	1487	455	2487	2177	1467	2392	2774	981	1760	1641	838	646	185	174	695	1820	1420	493
662	1255	122	2434	235	218	1087	543	1477	1074	389	1300	1201	1019	822	674	294	738	830	218		
917	797	789	878	1309	471	731	831	1101	363	498	590	437	394	705	407	652	121	639	1183	918	592
491	684	30	1132	660	46	792	720	682	627	1908	358	1556	902	437	574	60	171	301	789	616	214
287	544	53	1055	102	95	471	235	641	466	169	564	521	442	356	292	127	320	360	94		
1001	1463	1056	1209	436	466	563	913	923	745	959	1020	956	108	1121	385	124	78	1355	2271	561	2349
1096	1119	15	1916	724	62	1019	653	1019	224	1990	505	601	1344	593	883	31	175	378	990	772	268
360	682	66	1323	128	119	591	295	803	583	212	707	653	554	446	366	160	401	451	118		
560	849	631	644	482	722	431	762	757	270	464	493	447	90	609	478	330	180	737	1377	455	1128
558	360	29	1230	731	15	384	162	467	186	1565	288	2225	730	954	75	15	91	255	668	522	181
243	461	45	893	86	80	399	199	542	394	143	478	441	374	301	247	108	271	305	80		
888	1159	805	924	397	410	500	1232	1301	440	545	817	467	151	436	558	669	518	836	1066	652	978
347	1122	15	960	660	61	760	226	1261	282	873	224	2194	164	798	363	60	39	290	760	593	206
276	524	51	1016	98	91	453	227	617	448	162	543	502	426	343	281	123	308	347	91		
1007	696	640	498	31	16	263	776	865	264	357	388	77	826	278	356	577	62	156	121	30	15
29	15	543	905	550	95	363	613	404	112	748	46	284	0	93	248	46	136	150	393	306	107
143	270	26	525	51	47	234	117	319	231	84	281	259	220	177	145	64	159	179	47		
2636	2381	1793	1296	990	1530	694	1684	2187	705	818	1146	1077	2857	2213	1520	1957	923	2093	2053	1205	1797
1113	1010	850	8233	6084	3396	1224	1405	1221	3227	1438	317	2328	593	880	770	246	628	782	2049	1599	554
745	1412	138	2739	265	245	1223	611	1663	1208	438	1464	1351	1147	924	758	331	831	934	246		
1106	1624	1687	816	526	900	443	1096	1633	326	521	700	666	1471	890	813	786	476	918	1468	592	847
702	738	537	5838	1561	1999	1747	1221	1443	1066	1314	387	1083	531	264	914	98	270	465	1221	952	331
444	842	82	1631	158	146	729	364	991	719	261	872	806	684	551	451	198	495	556	146		
741	1331	1406	63	112	47	53	129	177	80	223	222	143	96	111	413	240	160	31	483	31	62
15	46	95	3330	1888	88067	443	499	82	363	229	47	1242	28	326	271	31	13	1144	2998	2339	812
1090	2067	202	4008	388	360	1789	894	2433	1768	641	2142	1977	1678	1352	1108	485	1216	1367	359		
2131	2010	1923	3522	1034	769	383	1081	1056	611	1132	1409	1196	2250	1417	955	629	1104	490	2573	716	1210
333	621	417	1285	1774	373	1339	948	1179	2943	1570	517	1237	724	534	871	52	363	518	1356	1058	367
493	935	92	1813	175	163	809	405	1101	800	290	969	895	760	612	502	219	551	618	163		
1868	1415	1469	1126	448	1278	611	626	1073	616	933	1103	1056	1892	1222	762	1044	405	299	2221	665	727
122	244	466	1346	1257	346	970	2137	3423	1319	1684	409	1485	192	848	1572	127	203	455	1192	930	323
433	822	80	1593	154	143	711	356	967	702	255	851	786	700	537	441	193	483	543	143		
880	1461	1364	1034	712	1146	576	498	907	680	896	1087	704	1742	2133	650	927	163	218	1249	772	826

图 4-61　2011 年 OD 矩阵续 1

259	1204	353	1414	1158	55	940	3515	2971	2903	1542	120	495	97	370	1224	136	3647	478	1253	977	339
456	863	84	1674	162	150	747	373	1016	738	267	895	826	701	565	463	203	508	571	150		
3127	2286	2030	906	700	243	260	165	360	359	404	905	821	1151	852	436	487	228	406	2423	555	206
217	327	81	3080	959	297	3015	1388	3088	41274	1089	0	110	29	41	988	16	846	842	2206	1721	597
802	1521	149	2949	285	265	1317	658	1790	1301	472	1576	1455	1235	995	816	356	895	1006	264		
823	1431	1596	1042	1048	645	594	693	938	474	870	889	829	796	846	736	114	705	2055	2685	1911	1890
1556	1020	604	1280	1201	252	1435	1468	1740	1040	3231	701	2642	513	1787	776	75	329	503	1316	1028	356
479	907	89	1760	171	158	786	393	1069	776	281	940	868	737	594	487	213	534	600	158		
128	379	383	203	461	203	302	596	670	305	100	533	329	51	75	304	460	50	101	894	397	373
169	220	25	448	290	51	369	275	44	0	639	3696	6736	774	1581	76	25	0	254	667	521	180
243	460	45	892	86	80	398	199	541	393	143	476	440	374	301	247	108	270	304	80		
681	520	488	374	376	411	190	495	641	187	260	297	372	187	407	259	411	262	1239	1936	1937	1279
2139	2155	260	2678	1242	1031	1124	964	387	115	2689	6803	4675	1547	3286	447	74	128	503	1318	1028	357
479	908	88	1761	171	159	787	393	1070	777	282	941	869	738	594	488	213	535	601	158		
262	485	288	344	318	230	292	350	232	114	172	228	113	85	199	601	489	57	114	1770	619	1125
714	220	0	478	388	29	640	154	148	29	449	931	1442	2849	1972	57	0	50	213	556	434	151
202	384	38	744	72	67	332	166	452	329	119	397	367	311	251	206	89	226	253	67		
279	233	0	41	181	222	93	310	419	97	165	180	124	27	192	220	706	306	514	796	473	649
1002	903	124	861	201	225	601	750	335	28	1674	1598	3015	1913	979	55	0	84	232	607	474	164
221	418	41	812	79	73	363	181	493	359	130	434	401	340	274	225	98	247	277	73		
715	1063	1293	928	806	852	559	959	779	472	738	911	767	2787	1421	548	1072	158	1043	569	508	754
60	287	235	899	1029	304	929	1391	1200	912	887	46	504	28	40	2233	188	232	344	903	705	244
328	622	61	1207	117	109	539	270	733	532	193	645	596	506	407	334	146	366	412	108		
144	284	111	79	96	96	53	128	144	31	63	79	63	159	94	79	95	63	96	186	61	46
15	46	63	363	99	32	52	108	82	32	95	23	72	0	0	254	446	0	45	117	92	32
42	80	7	156	15	14	70	35	95	69	25	83	78	65	52	43	19	48	53	14		
196	317	305	235	111	278	129	183	237	139	180	194	179	388	261	165	111	166	70	203	176	162
79	52	151	575	259	28	401	225	3552	903	249	0	94	25	58	180	0	1913	145	381	298	103
139	263	26	511	50	46	228	113	310	225	82	273	252	213	172	141	62	155	174	45		
616	498	526	441	362	387	218	509	546	242	269	266	286	488	409	299	371	211	397	702	300	378
250	295	145	788	463	1145	511	443	493	841	497	258	486	211	233	340	43	144	248	652	508	177
237	450	43	871	85	78	388	194	528	384	139	465	429	365	294	241	105	265	297	78		
1608	1299	1373	1153	946	1012	569	1328	1424	633	703	940	747	1276	1068	783	971	551	1038	1833	785	987
653	770	377	2059	1209	2991	1335	1158	1287	2196	1299	674	1269	551	608	890	112	375	649	1702	1328	461
619	1173	115	2274	220	204	1015	508	1381	1003	363	1216	1122	953	768	629	274	690	776	203		
1255	1014	1072	900	739	789	444	1037	1112	494	549	734	584	996	834	611	757	429	810	1431	613	770
509	600	294	1607	943	2335	1041	904	1004	1714	1013	526	991	431	474	694	88	293	506	1328	1036	360
483	915	90	1775	172	159	792	396	1078	783	284	948	876	744	599	491	215	539	605	159		
435	352	372	312	256	274	154	360	386	172	190	254	202	346	289	212	263	149	282	497	213	268
177	209	102	558	327	810	361	314	349	595	352	182	344	149	165	241	30	101	176	461	360	124
168	318	32	616	60	55	275	137	374	272	98	329	304	258	207	170	74	186	210	55		
585	472	499	420	345	368	207	483	518	230	256	342	272	464	389	285	353	201	378	666	286	359
237	280	138	749	439	1088	485	422	468	799	472	245	462	201	221	323	41	136	236	619	483	168
225	427	42	828	80	74	369	184	503	365	132	442	409	347	279	229	100	251	283	74		
1107	894	945	793	651	696	391	914	981	435	484	647	514	878	735	539	668	379	714	1262	540	679
449	529	260	1417	916	2058	918	797	885	1511	903	464	873	379	418	612	78	258	447	1171	913	317
426	807	79	1565	151	140	698	349	950	690	250	836	772	656	529	433	190	475	533	141		
109	88	93	78	64	68	38	90	96	43	48	64	51	86	72	52	66	37	70	124	53	66
44	52	25	140	81	202	90	79	87	148	88	46	86	37	41	60	7	25	43	115	90	32
42	80	8	154	15	14	69	34	94	68	25	82	76	64	52	42	19	47	53	14		
2154	1740	1839	1544	1267	1355	762	1779	1909	848	941	1259	1001	1709	1431	1048	1300	738	1390	2455	1052	1322

图 4-62　2011 年 OD 矩阵续 2

874	1030	505	2758	1619	4006	1787	1534	1723	2941	1739	902	1700	739	814	1192	150	503	870	2279	1777	618
829	1571	153	3045	295	274	1360	680	1849	1343	487	1626	1503	1276	1028	843	368	924	1039	157		
208	169	178	149	123	131	74	172	184	82	91	122	96	165	139	101	125	71	135	238	102	128
84	100	49	267	156	387	172	150	167	284	168	87	164	71	79	115	15	49	84	220	172	60
80	152	15	294	28	27	131	66	179	130	47	157	145	123	100	81	35	89	101	27		
193	155	165	139	113	122	68	160	171	76	84	113	90	153	128	94	116	66	124	220	94	119
79	93	45	247	145	359	160	139	155	264	155	81	153	66	73	107	13	45	77	204	159	55
74	141	14	273	27	25	122	61	165	121	43	145	135	115	93	75	33	83	93	24		
960	776	820	688	564	604	340	793	851	378	419	561	446	762	638	467	579	329	620	1094	469	590
389	459	225	1229	722	1786	796	691	768	1311	775	402	758	329	363	531	67	224	388	1015	792	275
369	700	69	1357	131	122	606	302	824	599	217	726	670	569	458	375	164	411	463	121		
480	388	410	344	282	302	169	396	425	189	210	281	223	380	319	233	289	164	310	547	234	295
195	229	112	615	361	892	398	346	384	655	388	201	379	164	181	265	34	112	193	508	396	137
184	350	34	679	66	61	302	151	411	299	109	362	335	285	229	188	82	206	231	61		
1305	1054	1115	935	767	821	462	1079	1156	514	571	763	607	1036	867	635	788	447	843	1488	637	801
529	624	306	1671	981	2428	1083	939	1045	1783	1054	547	1030	464	493	722	91	305	527	1380	1078	374
503	951	94	1846	178	165	824	411	1121	814	295	987	911	773	623	511	223	560	629	165		
949	766	809	680	558	596	336	783	840	374	415	555	441	752	630	461	572	325	613	1081	463	582
384	453	223	1215	713	1764	787	683	759	1295	766	397	748	325	358	524	66	221	383	1003	783	272
364	691	68	1341	130	121	599	299	814	592	214	716	662	562	452	372	162	407	457	120		
343	277	293	246	202	216	122	283	304	135	150	201	159	273	228	167	207	118	222	391	168	211
139	165	81	427	258	639	285	247	275	469	277	144	271	118	130	190	24	80	138	364	284	99
133	251	25	486	47	43	217	108	294	215	77	259	240	204	164	135	59	148	165	44		
1149	928	981	823	676	723	406	949	1018	452	502	672	534	912	763	560	694	393	742	1309	561	706
466	550	270	1471	864	2137	953	827	919	1569	928	481	907	394	434	636	81	268	464	1215	948	329
442	838	82	1625	157	145	726	362	987	716	260	869	802	680	549	450	196	493	554	146		
1061	857	905	761	624	668	375	876	940	418	464	621	493	842	705	516	641	363	685	1209	518	652
431	507	249	1359	798	1974	881	764	849	1449	857	445	838	364	401	587	74	247	429	1123	876	304
409	774	76	1500	145	135	670	335	911	662	240	802	776	628	506	415	182	456	512	134		
902	729	770	646	531	567	319	745	798	355	394	527	419	716	598	439	544	309	582	1028	440	553
366	431	212	1155	678	1677	748	649	721	1231	728	378	712	309	340	498	63	210	365	954	744	258
347	657	64	1275	123	115	568	285	774	563	204	681	629	534	430	353	154	387	435	114		
726	586	621	521	427	457	257	600	643	286	317	424	337	576	482	353	438	248	469	828	355	445
295	348	170	930	546	1351	602	523	582	992	586	305	573	250	274	402	51	170	293	768	599	207
279	530	51	1027	100	93	458	229	624	452	164	549	507	430	347	284	124	312	351	92		
596	481	509	427	350	375	211	492	528	234	260	348	276	472	395	290	360	203	385	679	290	365
241	285	139	762	448	1107	494	429	477	813	480	250	470	205	224	330	41	139	240	630	491	170
229	434	42	842	82	75	376	188	511	372	135	450	416	353	284	233	102	256	287	224		
260	210	222	186	153	164	92	215	230	103	113	152	121	206	172	127	156	89	168	296	127	159
106	124	61	333	196	484	216	187	208	355	210	108	205	89	98	143	18	61	104	274	215	74
100	190	19	367	35	33	164	82	223	162	59	196	182	153	124	102	45	111	125	32		
653	527	557	467	384	410	231	539	578	257	285	382	303	518	434	318	394	223	421	744	318	400
265	312	153	835	491	1214	541	469	522	891	527	274	515	224	247	361	46	152	264	690	539	186
251	476	47	922	89	83	413	206	560	407	148	493	455	386	312	255	111	280	314	83		
733	593	626	525	432	462	259	606	650	289	321	429	341	582	487	357	443	251	473	837	358	450
297	351	172	939	552	1365	609	528	587	1002	593	308	579	251	277	406	51	172	297	776	606	210
282	536	53	1037	101	93	463	232	631	457	166	554	512	435	350	287	125	315	354	92		
190	154	162	136	112	119	67	157	168	75	83	111	88	151	126	92	114	65	123	216	93	116
77	91	44	243	142	352	157	136	152	259	154	80	150	65	72	104	14	45	76	200	157	55
73	139	14	268	26	24	119	60	163	118	43	143	132	112	91	74	32	82	91	248		

图 4-63　2011 年 OD 矩阵续 3

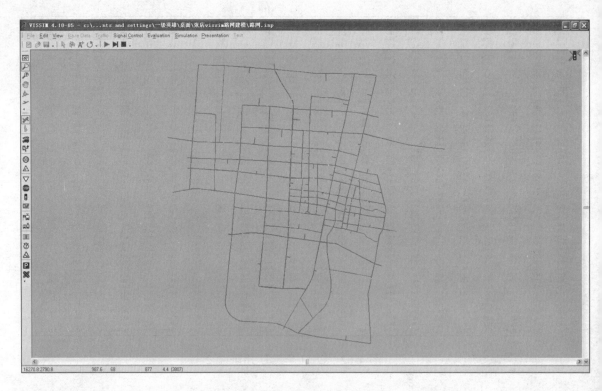

图 4-64 仿真运行中的路网

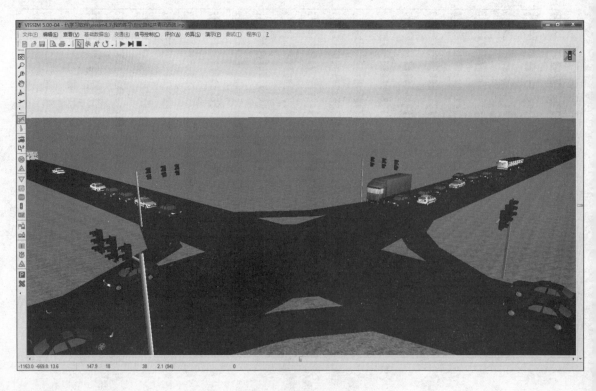

图 4-65 仿真运行中的车辆

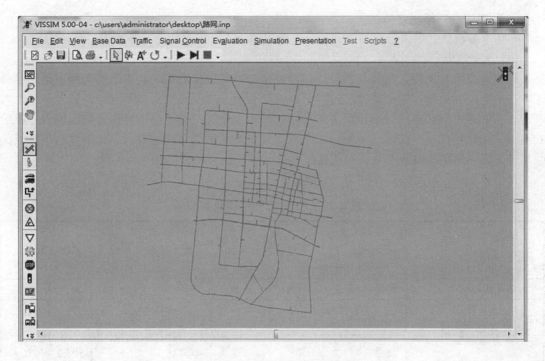

图 4-66　2011 年张店区路网

② 导入 OD 数据。

图 4-67 中的数据同样为上面封闭小区封闭情况下的 OD 数据，将其导入新路网中，路网中新的变化是封闭小区的内部的道路对外开放，外部车辆可以自由出入封闭小区内部。

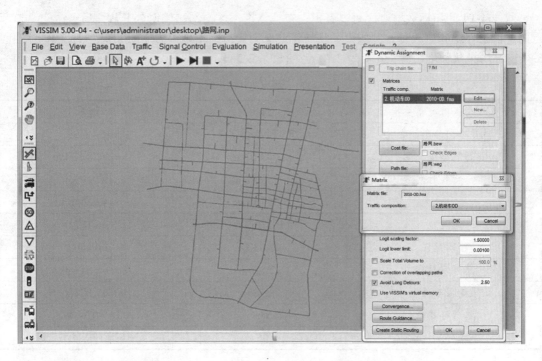

图 4-67　路网中导入 OD 矩阵

③ 运行仿真，输出结果。

一切准备就绪之后，运行仿真试验，对输出的仿真数据进行综合分析。

（3）对比分析。

对选定小区四周的人民路与西五路、人民路与新世纪商业街、共青团路与西五路和共青团路与新世纪商业街这四个交叉口进行节点评价分析。这四个交叉口节点距离选定小区距离较近，在对选定小区路网做出相应调整之后，对四个交叉口的评价指标都会做出较大的相应的变动，由此可反映出院落式封闭小区布局对城市交通微循环的影响。总体路网的指标能反映出城市路网系统的服务水平，也从侧面反映出城市微循环交通的运行状况。

对比分析评价结果如表 4-14 所示。

表 4-14　交叉口节点评价指标

相关指标 交叉口节点	平均延误/s		平均排队长度/m		最大排队长度/m		CO 排放量/g	
院落式小区情况	封闭	开放	封闭	开放	封闭	开放	封闭	开放
人民路与 新世纪商业街	17.1	11.3	4.3	2.1	50.3	22.9	441.8	325.2
人民路与 西五路	18.3	13.7	4.5	2.3	48.4	21.7	502.2	336.4
共青团路与 西五路	11.5	7.8	3.7	1.9	30.2	15.3	330.3	198.9
共青团路与 新世纪商业街	8.7	4.9	2.6	1.5	20.9	11.1	200.7	102.5

从表 4-14 的指标数据对比可以看出，在把选定小区内部路网对外开放之后各个交叉口节点的评价指标均有所改善。例如人民路与新世纪商业街平均延误由 17.1 s 变为 11.3 s，缩短了 5.8 s；平均排队长度由 4.3 m 变为 2.1 m，缩短了 2.2 m。

表 4-15　路网总体指标

院落式小区情况相关指标	封闭	开放
离开路网的车辆数	8 034/标准车	8 126/标准车
总行程路线长度	42 007.61 km	42 028.53 km
总行程时间	977.601 h	976.95 h
平均速度	42.97/km/h	44.02/km/h
总延误	105.353 h	96.117 h
平均延误	42.080 s	40.079 s
总停车延误	72.554 h	66.548 h
平均停车延误	28.980 s	27.978 s
总停车次数	9 581 次	9 076 次
平均停车次数	1.06 次	1.01 次

从表 4-15 的路网总体指标对比可以看出，将选定小区内部路网与外部路网连接在一起之

后，路网各项总体指标均有不同程度的变动，虽然变动幅度较小但也反映出路网指标有所改善。例如平均速度由 42.97 km/h，变为 44.02 km/h；平均停车延误由 28.980 s 变为 27.978 s；平均停车次数也由 1.06 次变为 1.01 次。由此可以看出，把院落式封闭小区开放以后，会给城市交通带来一些积极的变化，提高车速、降低延误最终达到改善交通、改善城市微循环交通的目的。

单纯从交通的角度上来讲，透过上面的仿真试验和通过分析可以看出，院落式封闭小区布局确实对城市微循环交通有着显著的影响。试验结果显示，开放小区后的外围路段上的车辆明显提高了车速、降低延误，通过这一路段的行驶时间明显缩短，小区内的道路也有了车辆，整个路网的指标也都有了改善，最终达到了优化微循环路网、优化城市路网的目的。总之，院落式封闭小区布局妨碍了城市微循环交通，使得微循环路网无法有效发挥它应有的作用，从而使得城市交通变得糟糕。

4.7 网络多核组群城市主干道两侧高密度高强度开发模式下交通流优化策略研究

主干道（Trunk Road）又被称为城市主要交通要道，用来联系城市主要工业区、居住区、学校、商业中心、车站等客货运中心及其他重要地点。主干道两侧开发模式的不同催生了与之相对应的交通模式，土地利用的变化引起交通流量发生相应的变化。主干道网络上交通流畅通与否，直接决定了城市道路交通效率的高低。

4.7.1 主干道交通运行及交通流特征

主干道是城市交通网的骨架，在整个交通网络中占有重要的位置，承担着市区车辆的交通运输任务。主干道实行出入口控制，设置中央分隔带（例如绿化带隔离或栅栏隔离），通常在与主干道相交的地方设置信号交叉口，道路条件相对较好。

交通量、交通流速度、交通流密度是表征交通流特性的三个基本参数，根据城市主干道的构造，其交通流可以划分为：基本路段交通流、冲突段交通流和进出引道交通流，如图 4-68 所示。

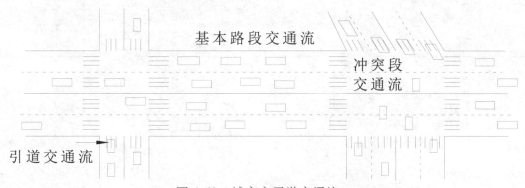

图 4-68　城市主干道交通流

4.7.2 主干道两侧的开发模式

城市土地利用的内涵包括土地利用密度、结构、性质与强度等，对城市土地利用进行分析研究，必须明确城市用地的分类情况。按照我国国家标准中的《城市用地分类与规划建设用地标准》（GBJ 137—90），将城市用地分为 10 大类，如表 4-16 所示。

表 4-16 我国城市用地分类表

类别代码	类别名称	范围
R	居住用地	住宅用地、公共服务设施用地、道路用地、绿地
C	公共设施用地	行政办公用地、商业金融业用地、文化娱乐用地、体育用地、医疗卫生用地、教育科研设计用地、文物古迹用地、其他公共设施用地等
M	工业用地	一类工业用地、二类工业用地、三类工业用地
W	仓储用地	普通仓库用地、危险品仓库用地、堆场用地
T	对外交通用地	铁路用地、公路用地、管道运输用地、港口用地、机场用地
S	道路广场用地	道路用地、广场用地、社会停车场用地
U	市政公用设施用地	供应设施用地、交通设施用地、邮电设施用地、环境卫生设施用地、施工与维修设施用地、其他市政公用设施用地
G	绿地	公共绿地、生产防护绿地
D	特殊用地	军事用地、外事用地、保安用地
E	水域或其他用地	水域、农村用地、闲置地、露天矿用地、自然风景区用地

城市土地开发模式主要有低密度分散化、高密度集中化和折中化三大类，不同的开发模式对城市交通的出行特征和出行方式产生了不同的影响，如表 4-17 所示。

表 4-17 典型开发模式的相关理论主张和交通发展情况

理论	低密度分散化	高密度集中化		折中化
代表人物	佛兰克·劳埃·赖特的"广亩城市"方案	勒·柯布西埃德的密集城市模式	卡尔索尔普·皮得、伊丽莎白·普拉特等的"新城市主义"	沙里宁的有机疏散理论
土地开发主张	"分散化"是"人类天赋的几种基本权力"之一，认为是一种城市发展的必然	主张在城市中心建高层建筑，通过增加建筑层数来减少建筑密度，以增加道路宽度和绿化	土地利用沿公交节点相对集中，避免无限制的蔓延发展带来的负面影响	认为对日常活动进行功能的集中和对这些集中点进行有机的分散
交通发展主张	在汽车和廉价电力遍布各处的时代已经没有必要将一切活动都集中在城市中，最为需要的是如何将人类从城市中解脱出来，发展一种完全分散化、低密度、生活居住与就业结合在一起的新形式，这就是广亩城市	增加道路面积，形成强中心的交通网络	提倡公交方式，由公交网络引导新的相对集中的土地开发（TOD）或强化传统邻里街区的开发（TND）	通过用地的有机组织缓解郊区与市中心之间的交通压力

续表

理论	低密度分散化	高密度集中化		折中化
代表城市	美国郊区化、洛杉矶、底特律、丹佛、盐湖城、旧金山等	欧洲、亚洲一些高密度开发的国家和城市如新加坡、东京、中国香港等	库里蒂巴，马里兰等	伦敦、维也纳等
出行距离	近	远		适中
出行方式选择	小汽车交通增加，不利于公共交通、自行车和步行	有利于发展公共交通，抑制小汽车交通的发展	促进自行车和步行	以小汽车为主，公共交通、自行车为辅

主干道两侧不同用地性质土地上的建筑有不同的使用功能和特点，如建筑形式、体量、高度、建筑群组合方式及区位的选择，使各类用地的开发强度存在差异。城市土地利用模式是交通模式形成的基础，对于主干道两侧不同的开发模式可以导致某种相应的交通模式；反之，城市交通模式的选择也会反作用于土地开发模式，两者互动影响直至平衡。主干道两侧开发模式与城市土地利用模式息息相关，因此研究主干道两侧的开发模式，必须要明确城市的空间布局及其土地的开发利用。对于城市主干道两侧的开发模式，本书根据其开发密度与开发强度的不同分为四类：低密度低强度开发、低密度高强度开发、高密度低强度开发和高密度高强度开发。

4.7.3 主干道交通流及两侧开发强度分析——以淄博市柳泉路为例

4.7.3.1 城市道路网结构分析

城市道路网是城市交通的直接载体，完善的道路网络将城市各组群有机地连接起来，为城市各个功能中心之间人流、物流和信息流的往来创造了前提条件。研究主干道两侧高密度高强度开发模式下的交通流，首先要明确城市道路网的情况。

淄博市作为典型的组群特色城市之一，其道路结构主要为棋盘式和自由式两种类型，现状道网中主干道、次干道、支路三者的比例为 1：0.6：0.58，与标准建议值相比，次干道、支路比例偏低。淄博市主干道和次干道功能划分不明确，交通组织混乱。由于干道通达性好，交通方便，商业用地大多向主干道两侧进行聚集，且出入口都正对主干道，交通干扰较大。

在城市布局和资源条件允许的情况下，分析主干道两侧开发模式和交通情况并对部分道路进行改造和建设，适当加密次干路和支路网，并实现不同功能道路之间的科学级配，完善城市路网布局，缓解中心城区的交通压力。淄博核心城区张店区部分重要主干道情况如表 4-18 所示。

表 4-18 淄博核心城区张店区部分重要主干道情况

道路名称	车道数	断面结构	道路红线（m）	道路现状
华光路	双向六车道	一块板	51	道路两侧汇集黄金国际、九级村等众多居民小区，且有大润发、义乌小商品城等重要交通吸引点，道路经过改造加宽后交通量依然很大

续表

道路名称	车道数	断面结构	道路红线（m）	道路现状
共青团路	机动车双向四车道	三块板	47	张店老城区主干道，道路两侧有商场、医院、学校等，交通量较大
人民路	机动车双向四车道	三块板	47	张店老城区主干道，沿路两旁政府机关、商业大厦林立；随着张店城区的扩张，流经此地的交通量日渐增大
金晶大道	机动车双向四车道	三块板	47	向北直通桓台，向南通往淄博火车站、公交总站、东城联运站等，且位于张店老城区的中心位置，两旁商场众多，交通量非常大；后虽经过多次改造，交通拥挤现象仍然存在
世纪路	双向十车道	一块板	108	随着张店城区向西扩展，世纪路经过改造，道路状况良好
柳泉路	机动车双向四车道	三块板	47	张店区过境主干道，向北连接桓台，向南通往淄川，同时肩负着城区交通流和过境交通流；道路两侧有酒店、商场、金融银行等大型建筑场所，学校、人民公园等文化休闲地，交通压力很大且交通拥挤现象严重

4.7.3.2 主干道柳泉路两侧开发模式分析

柳泉路是张店中心城区南北向的重要主干道，聚集了淄博几乎最好的商业金融、文化休闲、卫生医疗等资源，成为淄博重要的城市名片，其横断面的基本形式为三块板，横断面结构如图 4-69 所示。

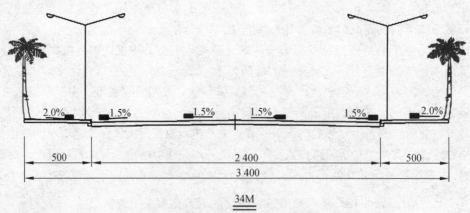

图 4-69　柳泉路道路断面结构图

城市主干道两侧原则上是指主干道两侧红线以外 150 m 进深范围，柳泉路两侧用地性质以居住用地和商业金融用地、文化娱乐用地、教育科研设计用地、医疗卫生用地等公共设施用地为主。柳泉路各个路段分布有众多商业网点、居民点、学校点等出行发生量和出行吸引量均较大的建筑设施，对主干道交通流分布产生了一定影响。作为张店中心城区重要的商业密集区，柳泉路两侧分布有学校、银行、商场、医院、住宅区、公园等，土地开发模式较为复杂，总体为集中高密度高强度开发模式。

由于其特有的交通功能，柳泉路产生了大量区间过境交通和区内出行交通。为调查柳泉路两侧各类性质用地相对应的出行发生率和吸引率，掌握目前各类性质用地发生和吸引特性，组织人员对涉及的居住、行政办公、商业金融、文化娱乐、教育科研、医疗卫生六类用地共11 个调查点进行车流量调查、人流量调查和停车特征调查，调查点分布和调查人员安排详见附录一。具体调查方法如下：

车流量调查：调查日 7:00—19:00 对单向进入建筑的车流量进行统计，采用分时段、分车型的记录方法。

人流量调查：调查日 7:00—19:00 对单向进入建筑的人流量进行统计，采用分时段的记录方法；

停车特征调查：调查日 7:00—19:00 对双向进出建筑停车场的车辆进行统计，采用分时间记录车辆牌照、车辆类型、到达离开时间等方法。

整理计算相关调查数据可得到：柳泉路两侧各种用地性质分方式吸引人流的比例如表4-19 所示，各类性质用地停放车辆类型如表 4-20 和图 4-70 所示，典型建筑吸引点如表 4-21所示。

表 4-19　各用地类型吸引点出行方式构成

用地性质	小客车	大客车	摩托车	电动车+自行车	出租+公交+步行	合计
居住	33.2%	1.5%	5.6%	29.8%	38.0%	100%
行政办公	35.9%	6.2%	3.7%	11.6%	42.6%	100%
商业金融	10.9%	1.1%	3.6%	23.1%	61.3%	100%
文化娱乐	33.7%	1.6%	3.8%	15.2%	45.7%	100%
教育科研	21.6%	3.1%	6.5%	36.6%	32.2%	100%
医疗卫生	24.2%	2.9%	6.7%	36.2%	30.0%	100%

表 4-20　各类性质用地停放车辆类型

用地性质	小客车	大客车	出租车	小货车	大货车	其他车	合计
居住	93.2%	0.2%	2.1%	3.6%	0.8%	0.1%	100%
行政办公	95.8%	0.8%	0.7%	1.4%	0.0%	1.3%	100%
商业金融	87.2%	0.2%	6.1%	3.8%	0.0%	2.7%	100%
文化娱乐	86.5%	0.4%	6.5%	2.9%	0.2%	3.5%	100%
教育科研	91.2%	1.6%	0.1%	4.2%	2.7%	0.3%	100%
医疗卫生	92.8%	0.2%	0.0%	6.8%	4.9%	0.0%	100%

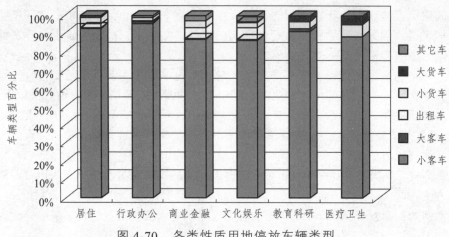

图 4-70 各类性质用地停放车辆类型

表 4-21 柳泉路两侧典型建筑吸引点

用地性质	名称	编号	建筑面积（公顷）	建筑密度	建筑平均层数	容积率	人流吸引率（人次/公顷）	车流吸引率（辆/公顷）	高峰小时	高峰小时吸引率（人次/公顷）
居住	颐景园	1	18	16%	21	3.1	219.37	51.3	17:30—18:30	36.41
行政办公	淄博海关	2	1.7	19%	11	0.9	343.06	156.21	8:00—9:00	82.36
商业金融	银座商城	3	6.4	22%	7	1.8	2 312.42	91.2	17:30—18:30	297.12
	农行	4	1.6	29%	26	3.5	2 971.56	751.36	9:00—10:00	679.21
	嘉信茂广场	5	4.76	18%	7	1.6	1 542.31	75.23	9:00—10:00	207.12
	蓝海国际	6	5.21	33%	22	4.1	3 145.27	731.25	18:00—19:00	652.71
文化娱乐	全球通影城	7	0.12	31%	6	3.6	2 647.12	379.64	19:00—20:00	459.27
	广电大厦	8	5.2	40%	31	3.9	4 312.25	987.23	8:00—9:00	701.21
	鲁中晨报	9	2.8	37%	21	4.1	2 076.16	756.37	8:00—9:00	667.25
教育	新元学校	10	2.3	26%	6	1.02	112.73	6.36	7:30—8:30	25.91
医疗	中心医院	11	7.9	20%	9	1.31	3 231.15	657.28	8:00—9:00	346.72

开发强度通常以建筑密度、容积率和平均层数作为衡量指标。通过调查分析，中心城区土地开发强度与用地性质密切相关，公共设施用地的开发强度最高，居住用地次之，市政公用设施用地最小。主干道柳泉路两侧土地利用属典型的高密度高强度开发，以高人口密度、

高建筑密度、高土地利用强度为典型特征，产生集中高强度交通需求，必然要求大运量、高效率的公共交通模式与之适应。

4.7.3.3 柳泉路交通流调查分析

分析交叉口的行车安全和通行能力对研究主干道畅通具有重要意义，因此，组织人员通过路边观测和抽样的方式调查进出及穿越柳泉路各交叉口的机动车流量及停车延误，分析各交叉口的机动车流量及行驶特性，为进一步改善柳泉路交通现状及为此地区其他路段后期规划建设提供依据。6 个交叉口调查点分布明细如图 4-71 所示。将柳泉路各交叉口调查数据进行整理分析，得到 6 个交叉口各进口机动车的交通量数据，并折合成小汽车当量数。

图 4-71　张店中心城区主干路路网

限于篇幅，本书主要选取 2 号路口（柳泉路和共青团路交叉口）进行分析。

1. 交叉口现状及分析

柳泉路与共青团路都是城市主干道，两者都采用了沥青路面，路况较好。具体数据如表 4-22 所示。

表 4-22　路段道路几何现状

项目	单位	道路名称			
		共青团路西侧	共青团路东侧	柳泉路北侧	柳泉路南侧
道路等级	—	主干道	主干道	主干道	主干道
路面形式	—	三块板	三块板	三块板	三块板
车道数	—	双向四车道	双向四车道	双向四车道	双向四车道
车道宽	m	14	14	18	18

项目	单位	道路名称			
		共青团路西侧	共青团路东侧	柳泉路北侧	柳泉路南侧
中央分隔带宽	M	—	—	2	2
机非分隔带宽	m	1.8	1.8	3	3
非机动车道宽	m	4	4	4	4

南北方向交叉口的右转主要是通过压缩非机动车道的方法来拓宽道路，而东西方向的机动车右转主要是通过占有非机动车道来实现的。交叉口示意图如图 4-72 所示，具体几何参数如表 4-23 所示。

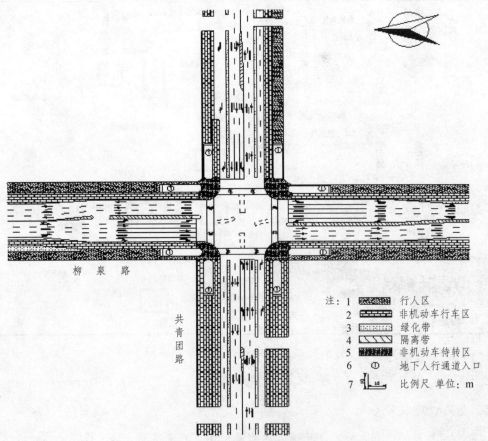

图 4-72　柳泉路和共青团路交叉口示意图

表 4-23　柳泉路与共青团路交叉口几何现状

项目	单位	进出口方向							
		东		西		南		北	
		进口道	出口道	进口道	出口道	进口道	出口道	进口道	出口道
设计车速	km/h	50	50	50	50	60	60	60	60
路幅宽度	m	8.4	5.6	8.4	5.6	15.3	10.2	15.3	10.2
车道数	—	3	2	3	2	5	3	5	3

续表

项目	单位	进出口方向							
		东		西		南		北	
		进口道	出口道	进口道	出口道	进口道	出口道	进口道	出口道
车道宽	M	2.8	2.8	2.8	2.8	3	3.3	3	3.3
中央分隔带宽度	m	0	0	0	0	2	2	2	2
机非分隔宽度	m	1.8	1.8	1.8	1.8	0	0	0	0
非机动车宽度	m	4	4	4	4	4.5	4.5	4.5	4.5
人行道宽	—	无	无	无	无	无	无	无	无

柳泉路与共青团路交叉口是信号灯控制交叉口，全天采用两个时段：

第一时段：04:30—24:00，信号配时如图 4-73 所示。

第二时段：24:00—04:30，信号灯执行黄闪。

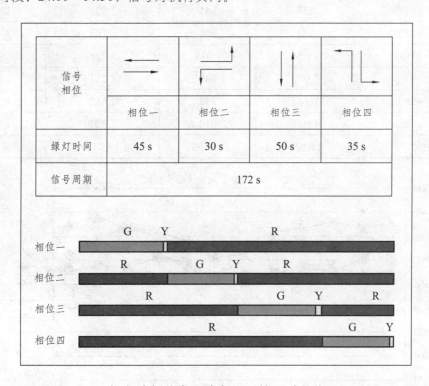

图 4-73　柳泉路与共青团路交叉口第一时段信号配时图

相位一是执行南北直行，相位二是南北左转，相位三是东西直行，相位四是东西左转。该路口的信号配时周期长为 106 s，黄灯时间为 3 s。从图 4-74 可以看出，各进口道对车辆的行驶方向进行了时间上的隔离。由于交通量较大，高峰时段各相位一般不能满足交通需求，增加了车辆排队时间和长度，导致拥堵加重。

2. 交叉口流量调查分析

组织相关人员对该交叉口进行了交通调查，调查时间为 2011 年 4 月 29 日（星期五）7:00—19:00，调查内容包括了机动车不同车型各方向流量、进口道排队长度、延误等。

（1）交叉口交通流量调查。

将获得的各项交通资料进行整理和分析，得到交叉口各进口机动车的交通量数据，并折合成小汽车当量数（如表 4-24、图 4-74 所示）；并得到交叉口高峰小时流量流向情况。

表 4-24　柳泉路和共青团路交叉口各时段流量统计（单位：标准车）

时段	东进口	西进口	南进口	北进口
7:00—8:00	903	996	1 078	1 316
8:00—9:00	874	1 012	1 230	1 270
9:00—10:00	961	913	1 110	1 321
10:00—11:00	965	931	1 149	1 270
11:00—12:00	882	888	1 176	1 235
12:00—13:00	891	809	1 046	1 131
13:00—14:00	857	841	1 025	1 118
14:00—15:00	941	987	1 101	1 160
15:00—16:00	1 054	1 019	1 216	1 246
16:00—17:00	1 092	940	1 261	1 281
17:00—18:00	1 142	952	1 365	1 186
18:00—19:00	1 048	914	1 302	1 035
小计	11 606	11 199	14 057	14 568

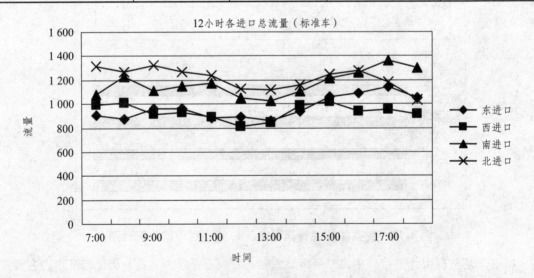

图 4-74　交叉口各进口方向 12 小时流量统计（单位：标准车）

从统计数据可以看出，在 7:00—19:00 柳泉路和共青团路交叉口的流量没有太大波动，存在早高峰和晚高峰，中午 12 点左右车流量最小。该交叉口高峰小时为 17:00—18:00 的那一小时，其交通流量流向如图 4-75 所示。

（2）交叉口车型构成。

柳泉路和共青团路交叉口机动车车型构成如表 4-25、图 4-76 所示。

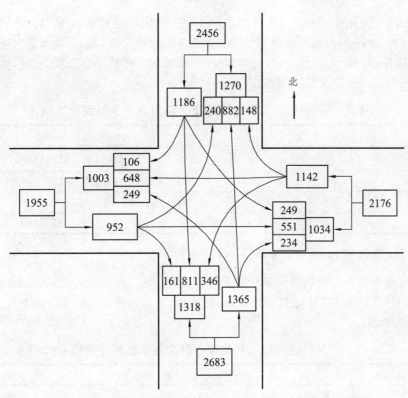

图 4-75　交叉口高峰小时流量流向（标准车/小时）

表 4-25　各进口 12 小时机动车车型构成（单位：标准车）

车型	小客	中客	大客	小货	中货	大货
东进口	9 775	21	1 655	131	24	0
西进口	9 885	9	1 255	44	6	0
南进口	12 201	71	1 568	107	14	98
北进口	12 762	0	1 798	5	3	0
总计	44 623	101	6 276	287	47	98

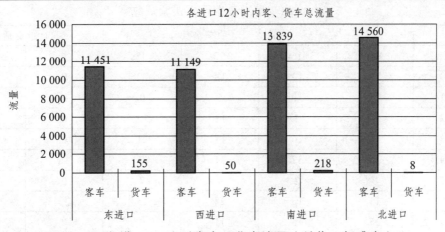

图 4-76　各进口 12 小时客车、货车流量（单位：标准车）

该路口机动车交通流以小汽车和公共汽车为主，约占总交通量的 97%，偶尔有小货车通过。其中合计有 27 路约占总交通量 13%的公共汽车通过该交叉口，公共汽车的线路数及行驶方向如表 4-26 所示。此外，该交叉口非机动车流量较大，非机动车主要是电动车和自行车，严重影响了机动车通过交叉口的速度。

表 4-26 柳泉路与共青团路交叉口附近公交站点及线路

方向	站点	线路
西进口	钻石商务大厦	7、88、137、139、160
东进口	市中心医院	7、88、122、123、125、127、139、158、游 6
北进口	人民公园站	51、58、90、123、127、157、158、251
南进口	天泰金店珠宝城（华夏商厦）	35、51、89、137、160

3. 交叉口通行能力和延误分析

根据实地调查观测，我们得到第一辆左转车启动、通过停车线的时间为 3.6 s，左转车辆通过停车线的平均时间为 3.0 s。对柳泉路与共青团路交叉口各进口的通行能力进行分析计算，结果如表 4-27 所示。

表 4-27 交叉口通行能力和高峰小时交通量比较（单位：pcu/h）

方向	东 进 口		西 进 口		南 进 口		北 进 口		交叉口
	左	直	左	直	左	直	左	直	
通行能力	216	756	216	756	185	1 023	185	1 023	4 360
高峰小时交通量	346	648	240	551	249	882	249	811	3 976

对柳泉路和共青团路交叉口机动车进行延误调查，每一引道需 3~4 名观测员，其中 1 人为报时员，1 人为观察员，另 1 人为记录员。观测时间一般为 15 s，这样将每分钟分为四个时间间隔，观测工作连续进行，直到达到规定的时间 15 min 为止。本交叉口延误计算，要求置信度为 95%，停驶车辆百分率的估计容许误差为 $d=0.10$。以主干道柳泉路的南进口为例进行分析，调查数据如表 4-28、表 4-29 所示。

表 4-28 南进口直行延误调查数据

开始时间（h：min）	在下列时刻停在入口的车辆数				入口道交通量	
	+0s	+15s	+30s	+45s	停驶数	不停驶数
：00	8	13	18	22	0	0
：01	28	30	5	0	30	10
：02	0	4	13	15	0	2
：03	15	16	17	21	0	0
：04	26	32	31	0	36	6
：05	0	2	4	7	0	0
：06	13	15	24	25	23	10
：07	25	25	11	0	0	5

开始时间	在下列时刻停在入口的车辆数				入口道交通量	
（h：min）	+0s	+15s	+30s	+45s	停驶数	不停驶数
：08	0	0	3	4	0	0
：09	5	6	6	7	0	0
：10	12	20	24	3	24	3
：11	0	0	2	5	0	0
：12	6	11	17	23	0	0
：13	30	32	33	9	31	0
：14	0	0	5	11	0	14
：15	13	15	16	18	0	0
小记	181	221	229	170	144	50
合计	801				194	

（1）直行延误。

$$N = \frac{(1-p)\chi^2}{pd^2} = \frac{(1-0.75)\times 3.48}{0.75 \times 0.1^2} = 116(辆)，故 N 取最小值 120 辆$$

总延误=总停车数×观测时间间隔=801×15=12 015（辆·s）

$$每一停驶车辆的平均延误 = \frac{总延误}{停驶车辆数} = \frac{12015}{144} = 83.4\,(s)$$

$$交叉口入口引道上每辆车的平均延误 = \frac{总延误}{引道总交通量} = \frac{12015}{194} = 61.9\,(s)$$

$$停车车辆百分率 = \frac{停驶车辆总数}{引道总交通量} \times 100\% = \frac{144}{194} \times 100\% = 74.2\%$$

$$停驶车辆百分率的估计误差 = \sqrt{\frac{(1-p)\chi^2}{pN}} = \sqrt{\frac{(1-0.742)\times 3.84}{0.742 \times 120}} \times 100\% = 9.9\%$$

最后停驶车辆的百分率误差为 9.9%，容许误差为 10%，说明本次调查满足精度要求，结果有效。

表 4-29　南进口左转延误调查数据

开始时间	在下列时刻停在入口的车辆数				入口道交通量	
（h：min）	+0 s	+15 s	+30 s	+45 s	停驶数	不停驶数
：00	6	9	10	5	9	1
：01	0	6	1	2	0	0
：02	2	4	4	4	0	0
：03	4	5	7	7	7	0
：04	0	1	1	2	0	0
：05	4	4	6	7	0	0
：06	7	7	8	0	10	0

开始时间	在下列时刻停在入口的车辆数				入口道交通量	
（h：min）	+0 s	+15 s	+30 s	+45 s	停驶数	不停驶数
: 07	0	0	3	3	0	0
: 08	3	6	6	4	0	0
: 09	9	10	10	4	9	2
: 10	0	2	3	5	0	0
: 11	6	6	6	6	0	0
: 12	6	4	5	0	6	0
: 13	0	0	0	0	0	0
: 14	0	1	2	3	0	0
: 15	0	2	1	3	1	0
小记	47	67	73	55	42	3
合计	242				45	

（2）左转延误。

$$N = \frac{(1-p)\chi^2}{pd^2} = \frac{(1-0.9) \times 3.48}{0.9 \times 0.1^2} = 38.7(辆)，故 N 取最小值 50 辆$$

总延误＝总停车数×观测时间间隔＝242×15＝3 630（辆·s）

$$每一停驶车辆的平均延误 = \frac{总延误}{停驶车辆数} = \frac{3\,630}{42} = 86.4\,(s)$$

$$交叉口入口引道上每辆车的平均延误 = \frac{总延误}{引道总交通量} = \frac{3\,630}{45} = 80.7\,(s)$$

$$停车车辆百分率 = \frac{停驶车辆总数}{引道总交通量} \times 100\% = \frac{42}{45} \times 100\% = 93.3\%$$

$$停驶车辆百分率的估计误差 = \sqrt{\frac{(1-p)\chi^2}{pN}} = \sqrt{\frac{(1-0.933) \times 3.84}{0.933 \times 50}} \times 100\% = 7.4\%$$

最后停驶车辆的百分率误差为 7.4%，容许误差为 10%，说明本次调查满足精度要求，结果有效。

对柳泉路与共青团路交叉口各进口延误进行调查分析，得到其通行能力和延误的数据汇总，如表 4-30 所示。

表 4-30　交叉口通行能力、延误汇总表

方向	东进口		西进口		南进口		北进口		交叉口
	左	直	左	直	左	直	左	直	
交通量（pcu/h）	346	648	249	882	240	551	249	811	3 976
通行能力（pcu/h）	216	756	216	756	185	1 023	185	1 023	4 360
饱和度 v/c	1.60	0.86	1.15	1.17	1.30	0.54	1.35	0.79	0.91
延误（s）	77.2	86	78.6	85	80.7	61.9	82.1	57.8	76.1

交叉口的饱和度直接反映了交叉口的拥堵程度，饱和度一般达到 0.9，就认为交叉口已经处于拥堵状态。饱和度数值越大，拥堵程度越严重。由表 4-30 可知该路口各进口左转方向的 v/c 都大于 1，直行方向 v/c 也较大；而延误相对较重，另由现场观察可知车辆通过交叉口的速度较低。综上所述，柳泉路与共青团路交叉口现状服务水平未达到预期要求，交通拥堵依然存在。

4.7.4 主干道交通现状影响评价——以淄博市柳泉路为例

主干道柳泉路两侧分布有学校、银行、商场、医院、住宅区、公园等，土地开发模式较为复杂，总体为集中高密度高强度开发模式。以柳泉路为例，对其进行交通影响评价并提出各种优化策略以改善主干道的交通现状。

4.7.4.1 交通影响评价研究流程

交通影响评价的基本研究流程为：对相关区域内道路交通及土地利用现状进行详细的调查与分析，运用计算机模拟技术对项目产生的交通进行需求预测。在此基础上，对未来该区域主要道路及交叉口的服务水平做出分析评价，找出存在的问题并提出合理的交通组织方案、交叉口改善意见及交通设施改善措施，尽可能提高道路交通的顺畅度。交通影响评价研究流程如图 4-77 所示。

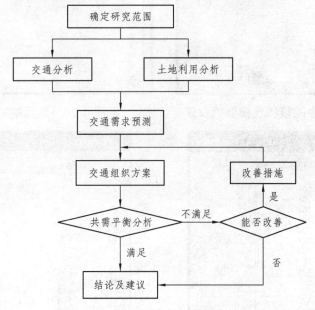

图 4-77　交通影响评价研究流程

4.7.4.2 VISSIM 仿真系统模型构建方法及优化策略

1. VISSIM 仿真系统模型构建方法

本书以 VISSIM 仿真软件为手段对主干道现状进行交通影响评价，构建较为精确的仿真实验平台，分析其通行能力、饱和度、排队长度、延误、平均速度及平均行程时间等各项指标参数，为进一步改善主干道交通情况提供依据。

在利用 VISSIM 构建交通仿真平台时，一般将交叉口抽象成节点，将交叉口间的路段抽象成连接节点的通路。路网中并没有实际的交通小区，而是把交通小区抽象成一个或多个停车场，从而使出行产生于停车场。以柳泉路重要交叉口和周边相邻交叉口为节点，包括 64 条路段和 103 个连接器（如图 4-78 所示）、32 个减速区域（如图 4-79 所示）、12 个优先规则（如图 4-80 所示）、27 个公交站点（如图 4-81 所示）、29 条公交线路（如图 4-82 所示）、86 个行程时间检测器（如图 4-83 所示）以及 23 个信号配时交通口（如图 4-84 所示），对柳泉路的研究需要在张店区路网中进行，其道路网动态仿真模型如图 4-85 所示。

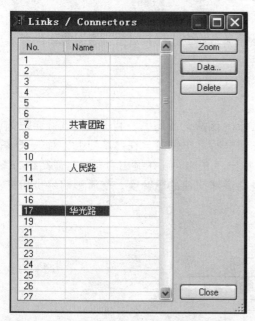

图 4-78　路网中路段和连接器的设置

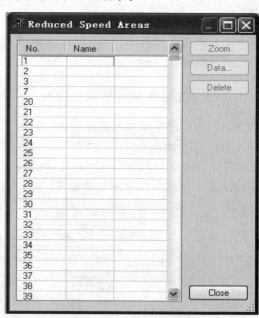

图 4-79　路网中减速区域设置

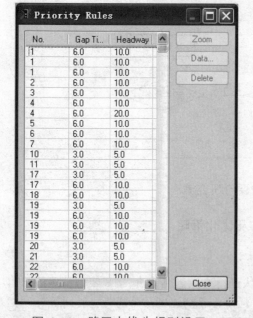

图 4-80　路网中优先规则设置

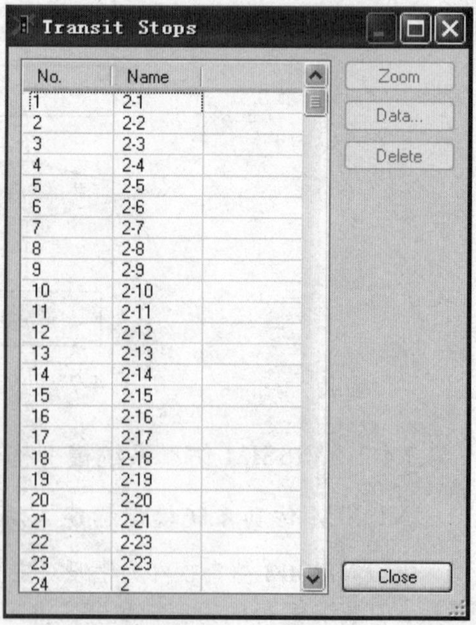

图 4-81　路网中公交站点设置

图 4-82 路网中公交线路设置

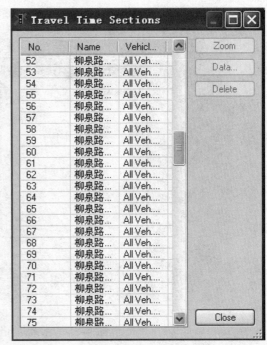

图 4-83 路网中行程时间检测器设置

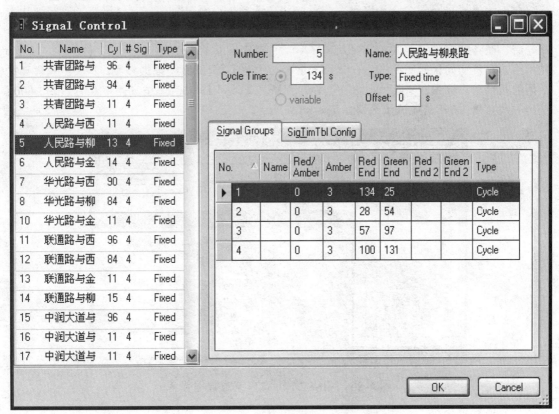

图 4-84 柳泉路周边交叉口信号配时设置

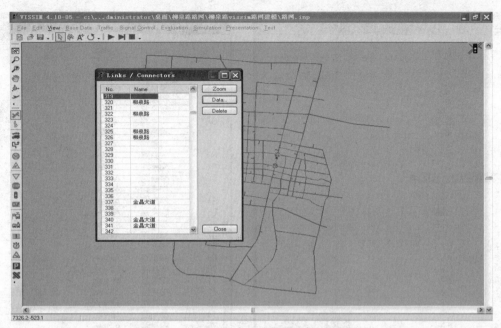

图 4-85　张店区路网中柳泉路设置模型

（1）参数标定和流量输入。

在主干道柳泉路每个交叉口确定车辆的路径选择，设置信号相位，根据交叉口的现状，输入信号配饰参数；在有分向的地方建立流量分配器，达到流量的各个方向分流；当流量分配好后，在各个交叉口的入口处输入高峰小时的流量，以 15 min 为时间间隔（第一个 15 min 作为路口流量初始化时间，和后一个 15 min 流量一样）；设置数据采集参数，本次仿真需要的数据包括机动车流量、延误和排队长队等，设置仿真时间 18 000 s，仿真速率 0.01，每 3 600 s 统计一次数据。VISSIM 流量数据如图 4-86 所示。

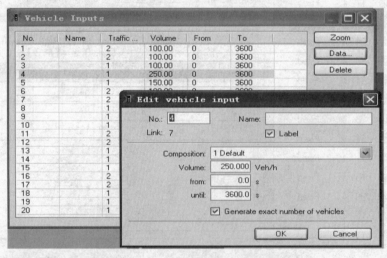

图 4-86　VISSIM 机动车流量数据输入

（2）模型校验。

在主干道柳泉路路网模型中设置数据采集器，首先，根据 2007 年淄博市居民出行调查数据及后来的补充调查、2010 年柳泉路重要交叉口调查统计出张店区交通小区的 OD 矩阵；其次，把 OD 矩阵等有关数据导入 VISSIM 进行动态仿真；再次，仿真结束后进行数据校核。包括两种方法：方法一是把数据导入 Excel 进行数据分析，这里主要将数据采集器检测到的数据与实际调查数据进行对比，便于误差检验；方法二是在节点工具激活的状态下，直接利用 VISSIM 中的通路选择功能查看节点间（路段断面）流量，然后与调查数据进行对比检验。以柳泉路和华光路交叉口为例，截取的交叉口仿真情况如图 4-87 所示。

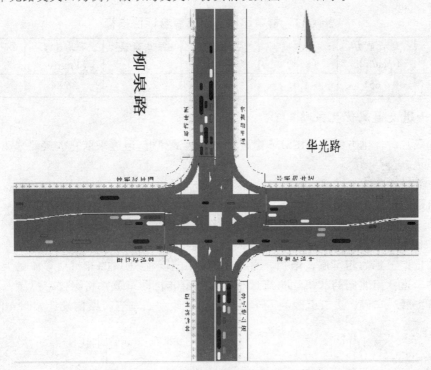

图 4-87　柳泉路和华光路交叉口仿真

通过仿真运行得出模型最大排队长度误差和模型延误误差，分别和调查现实数据进行对比，如表 4-31、4-32 所示。

表 4-31　模型最大排队长度误差对比

	东进口	西进口	南进口	北进口
真实值（m）	204	126	150	166
仿真值（m）	211.5	132.5	144.5	160.5
绝对误差	7.5	6.5	5.5	2.5
相对误差	3.68%	5.16%	3.67%	1.53%

表 4-32　模型延误误差对比

进口道	东进口		西进口		南进口		北进口	
方向	左转	直行	左转	直行	左转	直行	左转	直行
现状值（s）	48.9	39.0	50.6	45.1	42.3	97.1	46.0	68.7
仿真值（s）	49.3	42.1	49.6	48.1	40.1	96.5	47.3	69.8
绝对误差	0.4	3.1	1	3	2.2	0.6	1.3	1.1
相对误差	0.82%	7.95%	1.98%	6.65%	5.20%	0.62%	2.83%	1.60%

由表 4-31 和表 4-32 可以看出,模型最大排队长度误差,延误误差都在 10%的误差范围内,模型符合要求。

将柳泉路各交叉口相关调查数据输入到建立的 VISSIM 仿真模型中,对其通行能力、饱和度、平均排队长度、平均延误、平均速度以及平均行程时间六个指标进行分析评价,结果如表 4-33 所示。

表 4-33　柳泉路动态仿真综合评价指标

评价参数	通行能力 （pcu/h）	饱和度 （v/c）	平均排队 长度（m）	平均延误 （s）	平均速度 （km/h）	平均行程 时间（s）
值	4 651	1.01	46	63	26.34	72

2. 主干道交通流优化策略

本书选取几种优化方案在 VISSIM 中进行仿真测试分析,通过采取有效策略来改善柳泉路交通拥堵现状。

（1）交叉口优化方案。

交叉口是主干道上各类交通汇集、转向和疏散的必经之地,是交通的咽喉。

① 方案一:各种渠化设计,交通信号控制不变。

a. 柳泉路和新村路交叉口,根据交通调查资料将西进口的左转车道划为掉头专用车道,将西进口的出口道扩为四车道,增加一直行车道;由于东西进口的非机动车流量大,可适当拓宽非机动车道。南北向的非机动车流量小可以缩窄非机动车道并将绿化带拆除,将柳泉路南北向车道扩展一车道,进口道改为五车道,出口道改为四车道,渠化设计如图 4-88 所示。

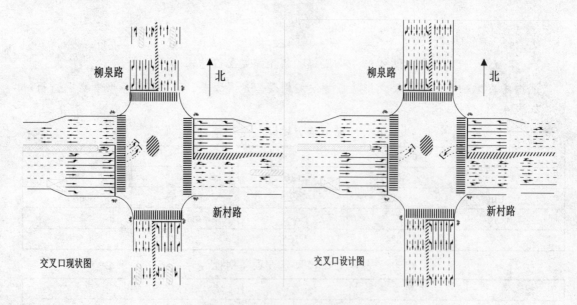

图 4-88　交叉口渠化设计对比图

b. 柳泉路与共青团路交叉口,该交叉口处公交车交通量占总交通量的 13%,四个进口附近都存在公交站点,公交车的停靠、启动对交通影响严重,柳泉路的港湾式停靠站几何特征存在不符合设计规范,造成资源浪费的现象;市中心医院站点,有 10 路公交线在此停靠,与设计规范不符,使原本就拥堵的道路变得更加拥堵。鉴于交叉口渠化现状及周围土地利用情况建议：公交站点集中设置在交叉口的下游，取消了上游公交站点，以减少公交车停车时对其他车辆运行的影响；公交线路过于集中的公交站点，将部分线路设在周边其他站点，避免出现因公交线路过于集中造成公交车排队进站堵塞交通的问题；公交车通过交叉口时享有优先政策，东西方向可以占用非机动车道（如图 4-89 所示）。

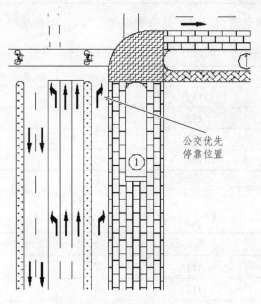

公交优先
停靠位置

图 4-89　公交优先停靠位置示意图

c. 柳泉路和人民路交叉口，该交叉口渠化设计得比较好，路口断面得到了充分的利用。

d. 柳泉路和华光路交叉口，柳泉路是双向 6 车道，每车道宽 3.5 m，可以考虑压缩车道，将柳泉路的单车道宽度压缩至 3.2 m；该交叉口柳泉路西侧有一定的空余，可将南、北进口通过整体往西侧移动一定距离来增设一条左转专用车道，增加道路的通行能力。

e. 柳泉路和联通路交叉口，柳泉路是双向四车道，车道较宽，为压缩车道提供了条件。可将柳泉路的单车道宽度进行适当压缩，恰好由原来的 4 车道变为 6 车道。多出的这两条车道，一条作为直行车道，一条作为公交车专用车道以满足公交优先的原则。这样的渠化设计在客观上增加了道路的通行能力并能缓解交通拥堵的压力。南北进口为五车道，一条为左转专用车道，一条为直右混行车道，仅一条直行车道，这无疑会影响南北直行的通行能力。

f. 柳泉路与中润大道交叉口，该交叉口渠化设计良好，只对交叉口进口处的线型稍做修改，将进口处机非分隔带由原来的宽度 2.5 m 减少至 1 m，同时进口方向增加一条直行车道，宽度为 3 m。

② 方案二：各种交通信号控制设计，渠化设计保持不变。

a. 柳泉路和新村路交叉口，现状信号周期为 113 s，优化信号配时如表 4-34 所示。

表 4-34　优化后的交叉口信号配时（单位：s）

信号交叉口		信号周期长度	绿灯时长	黄灯时长	绿灯时序
相位 1	东西向直行	115	32	3	0—32
相位 2	东西向左转	115	19	3	35—54

信号交叉口		信号周期长度	绿灯时长	黄灯时长	绿灯时序
相位 3	南北向直行	115	32	3	57—89
相位 4	南北向左转	115	20	3	92—112

b. 柳泉路与共青团路交叉口，现状信号周期为 172 s，优化信号配时如表 4-35 所示。

表 4-35　优化后的交叉口信号配时（单位：s）

信号交叉口		信号周期长度	绿灯时长	黄灯时长	绿灯时序
相位 1	东西向直行	182	40	3	0—40
相位 2	东西向左转	182	44	3	43—87
相位 3	南北向直行	182	42	3	90—132
相位 4	南北向左转	182	42	3	135—179

c. 柳泉路和人民路交叉口，现状信号周期为 174 s，优化信号配时如表 4-36 所示。

表 4-36　优化后的交叉口信号配时（单位：s）

信号交叉口		信号周期长度	绿灯时长	黄灯时长	绿灯时序
相位 1	东西向直行	111	27	3	0—27
相位 2	东西向左转	111	21	3	30—51
相位 3	南北向直行	111	28	3	54—82
相位 4	南北向左转	111	23	3	85—108

d. 柳泉路和华光路交叉口，现状信号周期为 174 s，优化信号配时如表 4-37 所示。

表 4-37　优化后的交叉口信号配时（单位：s）

信号交叉口		信号周期长度	绿灯时长	黄灯时长	绿灯时序
相位 1	东西向直行	180	43	3	0—43
相位 2	东西向左转	180	23	3	46—69
相位 3	南北向直行	180	46	3	72—118
相位 4	南北向左转	180	56	3	121—177

e. 柳泉路和联通路交叉口，现状信号周期为 154 s，优化信号配时如表 4-38 所示。

表 4-38　优化后的交叉口信号配时（单位：s）

信号交叉口		信号周期长度	绿灯时长	黄灯时长	绿灯时序
相位 1	东西向直行	162	36	3	0—36
相位 2	东西向左转	162	30	3	39—69
相位 3	南北向直行	162	50	3	72—122
相位 4	南北向左转	162	34	3	125—159

f. 柳泉路和中润大道路交叉口，现状信号周期为 144 s，优化信号配时如表 4-39 所示。

表 4-39　优化后的交叉口信号配时（单位：s）

信号交叉口		信号周期长度	绿灯时长	黄灯时长	绿灯时序
相位 1	东西向直行	156	44	3	0—44
相位 2	东西向左转	156	28	3	47—75
相位 3	南北向直行	156	44	3	78—122
相位 4	南北向左转	156	28	3	125—153

③ 方案三：同时采用各种渠化设计和交通信号控制设计。

方案三的仿真建模与方案一的建模大致相同，修改的是各个路口的信号控制，即是前两种方案的结合。

分别对三个方案进行仿真运行，定义配置各种评价类型（如图 4-90 所示）。

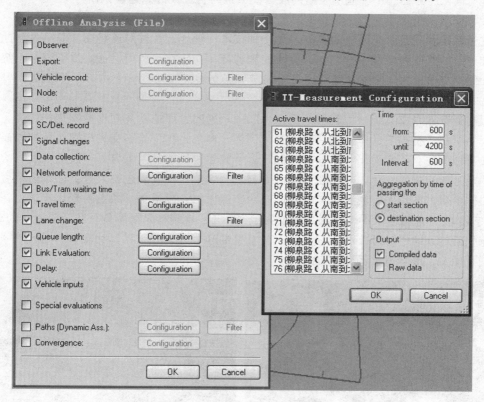

图 4-90　VISSIM 评价指标定义

评价交叉口的运行情况，应包括交叉口交通流运行的安全度及服务水平。交叉口的交通安全通常可通过人车分离度、交通冲突数、交叉口安全度等来反映，交叉口交通冲突数越少、人车分离度越高、交叉口安全度值越大则代表交通安全性越好；服务水平通常用饱和度或车辆的平均延误时间、平均排队长度来反映，饱和度越低、延误时间越少、平均排队长度越短，则服务水平越高。通过柳泉路通行能力、饱和度、平均排队长度、平均延误、平均速度以及平均行程时间六个指标分别对三个优化方案进行评价，得出各个指标下各种方案的改进情况并和柳泉路交通现状进行对比，如表 4-40 所示。

表 4-40　柳泉路动态仿真综合评价指标

评价参数	现状	方案一	方案二	方案三
通行能力（pcu/h）	4 651	4 699	4 821	4 959
饱和度（v/c）	1.01	0.99	0.93	0.85
平均排队长度（m）	46	45	43	40
平均延误（s）	63	60	57	51
平均速度（km/h）	26.34	26.75	17.33	29.51
平均行程时间（s）	72	70	65	63

分析表 5-10 可以看出，方案三在通行能力、饱和度、排队长度、延误、平均速度以及平均行程时间六个方面对主干道柳泉路的改善效果最为明显，因此建议采用方案三。

（2）交通系统管理优化策略。

交通系统管理是对交通流的管理，是一种技术性管理，通过对道路交通基础设施的管理及对交通流的管制和合理引导，提高交通设施容量，均匀交通负荷，提高道路网络系统运输效率，缓解交通压力。交通系统管理策略包含节点交通管理策略和干线交通管理策略等。

① 节点交通管理策略。

以交通节点（交叉口）为管理范围，采取一系列的管理规则及硬件控制措施，优化利用节点时空资源，提高交通节点的通过能力。例如，柳泉路和华光路交叉口周边用地以商业、办公和居住为主，还有新元学校分布在此，上学放学时段的行人和自行车流量很大，给该路口交通畅通带来影响。可以规划在广电大厦与新元学校之间设置过街天桥；设置天桥后，将南进口东侧供非机动车行驶和行人行走的混合车道压缩，以增加一条左转专用车道；在距交叉口较近、交通流量较大的支路出口处设置禁左标志；填堵柳泉路两侧机非分隔带上的缺口，完善绿化带的连续性。路口现状与设计方案如图 4-91 所示。通过仿真比较确实可以增强主干道的通行能力，缓解主干道交通压力。

路口现状　　　　　　　　　　　　　　路口改建后

图 4-91　柳泉路与华光路交叉口设计

② 干线交通管理策略

以某条或多条交通干线作为交通管理范围，采取一系列管理措施，优化利用交通干线的时空资源，提高交通干线的运行效率。干线交通管理不同于节点交通管理，它将干线交通运输效率最大作为目标。干线交通管理以道路网络布局为基础，根据道路功能确定具体的交通管理方式。常用的干线交通管理方式有：单行线、公共交通专用道、货车禁行线、自行车专用道以及特殊运输线路等。

以公共交通为导向的土地利用布局模式（TOD）科学合理，广泛建立以公共交通为导向的交通体系，比较适合淄博当前的城市土地开发情况。因此，可以在主干道上建立公交专用车道（如图 4-92 所示），优先发展公共交通，创建一个方便、快捷的城市公共交通系统，从而降低对小汽车的依赖，减少主干道交通的总量。

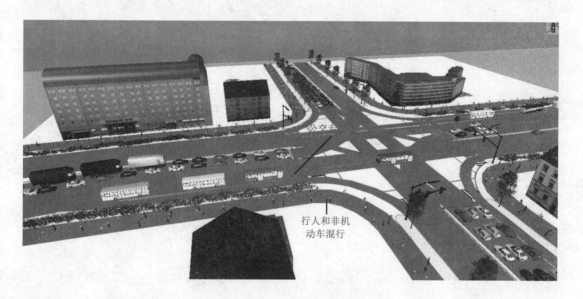

图 4-92　公交专用道设置

③ 优化交通运行方式的衔接

随着城市化进程加快和交通机动化水平的不断提高，出行越来越依赖于多种交通方式的组合。每次出行过程可以理解为不同方式组合在一起的链条，即方式链，其中换乘是实现各种交通方式有效转换的关键环节。主干道两侧高密度高强度开发模式使得各种城市功能在有限的地域范围内集成并产生大量而集中的交通流，优化其交通方式衔接，构建快捷的换乘模式，可进一步改善主干道的交通运行情况。

除以上优化改善策略外，还有诸如单双号通行策略、压缩工作日策略、时段禁限策略、电子通勤策略、可变信息板诱导策略、停车诱导策略、交通广播策略、停车收费策略、完善"道路语言"系统策略、立交平做策略、交叉口禁左策略以及远引交叉策略等。然而，任何单独的一种策略实施，都不能取得更好的效果，应该将各种方案良好地结合在一起，从根本上解决主干道的交通拥挤问题。

4.8　本章小结

本章研究新型城镇化背景下交通系统对组群城市空间发展的作用机制。在分析交通出行行为与交通方式关系的基础上，从交通可达性和交通建设时机、时序两方面阐述交通系统对城市空间的发展作用机制。在这一机制下，进而以淄博市为例研究如何促进组群城市生长以及组群城市 TOD 发展战略。此外，凭借 TransCAD 和 VISSIM 仿真研究平台对淄博市院落式小区与交通微循环的融合发展、主干道两侧高密度高强度开发模式下交通流优化策略进行了示例研究。

第五章 组群城市空间演化与交通系统发展的耦合作用机制及协调生长策略

新型城镇化的过程中，网络多核的组群城市形态逐步被人们所重视。在城市空间局部与全局协调有机发展的基础上，通过完善城市交通系统，构建城市空间演化与交通系统发展的耦合作用机制及协调生长策略，以各种交通的机动性和可达性在城市各个层面进行协调一体性组织，促成新型组群城市网络多核式的科学布局，进而达到组群城市空间演化与交通系统发展的耦合作用及协调生长的目标。

5.1 城市空间演化与交通系统发展的耦合作用

5.1.1 耦合内涵与目标

"耦合"起初是物理学领域的概念，指多个系统或运动方式之间通过各种相互作用而彼此影响以至联合起来的现象。但随着理论的交织和融合发展，在不同的领域根据自身学科特点对其赋予全新的定义。在本书中提及的"耦合"是指：依据物理学概念，通过剖析城市空间演化、交通系统发展的特点，并以我国推进新型城镇化为催化剂将两者高度关联，探索交通引导作用下的网络多核组群城市融合生长的现象。

耦合的内涵是城市空间和交通系统自身客观发展过程中在时间与空间双重效应下的交织融合现象。时间方面，城市空间通过城市主导交通方式的基础设施（包括枢纽站点、路网、线网等）布局形成耦合状态需要较长的一段时间；空间方面，各级城市空间由交通节点联结，各种交通方式形成的路线网络构成了城市空间结构的骨架，城镇空间随交通方式的变化显现了由平面向立体发展的局面。然而，所谓的耦合目标是一种理想状态，城市空间和城市交通系统的发展都是一个不断变化的过程，它事实上是一个动态交替并趋于平衡的过程。现有交通系统所承载的城市空间布局在短时间内基本不会改变，城市交通系统与城市空间平衡发展，但当交通方式或城镇空间任何一方发生变化时，都会引起对方改变，例如大运量的公共交通工具代替短距离出行交通工具成为居民出行的首要选择时，城市空间表现为规模扩大，交通方式的改变同时引起城市经济、社会、文化、商业等活动的重新分布组合，引导不同城市功能的空间集聚和扩散，最终促进新的城市空间结构的形成。在新形势、新要求的驱动下，居民出行理念发生了巨大的变化，科学技术、工业技术、信息技术的革新给城市空间的更新演进和交通发展带来了全新的模式，城市空间演化与城市交通之间随着彼此的变化而变化，而在这一互动促进的过程中，积极探索城市空间演化和交通系统协调生长的耦合作用机制是本书所要求的耦合目标。

综上所述，城市空间与交通系统是动态互动反馈的关系（见图 5-1），两者不断地协调，通过耦合形成了不同的发展状态。此外，从一种耦合状态转变为另一种耦合状态并不是突变，耦合状态的改变面临着来自社会、经济、技术以及政策等多方面的阻碍，逐步实现新的耦合是个漫长的过程。

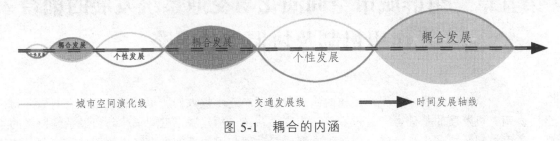

图 5-1   耦合的内涵

5.1.2   耦合模式

新型城镇化强调中小城市和小城镇的协同发展。小城镇发展应提高质量、控制数量、节约用地、体现浓郁的地方特色，同时做到疏解大城市中心城区压力。此外，新型城镇化对交通模式的变化起关键性的诱导作用，组群城市之间的空间布局和城市内部功能布局的变化，客观上影响了区域内外完善基础设施和公共服务的诉求，特别是交通系统的发展与完善。无论是新型城镇发展对交通系统的要求，还是交通系统的完善支撑与引导城镇发展，寻找两者的有机耦合模式都是当今城市迫切需要解决的问题。

5.1.2.1   "低密度开发-小汽车交通"耦合发展模式

"低密度开发-小汽车交通"耦合模式主要指城市在机动化过程中未对小汽车交通进行必要的限制，例如美国底特律、旧金山、芝加哥、洛杉矶等城市，如图 5-2 所示。伴随城市的快速发展，小汽车交通成为客运主体，便利的出行促使居民寻求市郊区安逸的生活环境，城市空间逐步扩大。该耦合模式下通过建设大量像道路这样的基础设施来适应迅猛发展的小汽车交通需要，低密度过度扩展的城市用地模式反过来对小汽车交通出行产生依赖性。城市空间没有得到有效控制，职住分离现象出现，"交通走廊"作用下的人口无法集中，公共交通的发展欠缺必要的条件。

图 5-2   "低密度开发—小汽车交通"耦合发展模式

5.1.2.2 "高密度高强度-公共交通"耦合发展模式

"高密度高强度-公共交通"耦合模式主要指城市在土地利用和小汽车的发展(拥有和使用)上采取了有限制的发展策略,例如香港、新加坡、东京等,如图5-3所示。通常根据大容量交通所分担的客运量比重,可分为两种类型:一种是以轨道交通为主导,城市空间演化进程和城市间的交通联系与发达的轨道交通密切相关。轨道交通加强了城市区域内的联系,平均出行时间整体减少,减弱城市中心区压力,引导城市沿交通线郊区化发展,形成了以站点为核心的组团城市布局。一种是轨道交通与地面常规公交并重。建筑组团以地铁车站为核心聚集,呈不均匀分布状态,建筑组团之间以绿地、广场等开放空间组织隔开,商业中心更是高度集中在各类公共交通的大型枢纽附近。而位于非轨道交通沿线的住宅则围绕公共汽车站形成了高密度组团。综合起来看,轨道交通将市中心、近郊生活就业区与远郊卫星城镇联系起来,形成多中心的城市形态。

图 5-3 "高密度高强度—公共交通"耦合发展模式

5.1.2.3 网络多核组群城市与多层级公共交通耦合模式

网络多核组群城市与多层级公共交通耦合模式主要指按照城镇集群、核心城镇、中心村、新型社区等优化城市空间结构,在组群城市内部建设以轨道交通和高速公路为骨干,加快组群城市综合运输通道和区际交通骨干网络综合一体化建设,以城市道路的完善为基础,有效衔接大中小城市和小城镇的多层次快速交通运输网络,强化网络多核组群城市间的交通联系。城镇发展过程中应积极倡导交通导向新型城镇精明增长的理念,凭借高效、多层次的交通系统予以支撑,以交通线网和站点布局为骨架多元混合开发商业、居住、公共空间三个功能层,改善中小城市和小城镇的对外交通，实现城镇区域内高、中、低密度的交错发展，有效满足新型城镇化后的居民交通出行需求。

1. 轨道交通耦合高密度城镇集群更新演进

网络多核组群城市发展需要轨道交通的支撑。组群域的轨道路线定位为以大运量长线为主，着眼于解决城镇集群间甚至集群外部交通问题，组群城市通过轨道规划，构造出组群域的整体轨网系统格局。但受轨道交通网密度的限制，直接布局在某一片区内的轨道站点总是很有限的，因此必须探索将片区周边轨道资源尽可能整合利用的方法，从而激发轨道枢纽、站点周边城镇集群区域高密度更新。

2. "微循环"交通耦合新型立体空间复合设计

城镇集群高密度更新后，常规道路系统可能不足以支撑区域内部的交通出行，地块间简单的通道形式不足以解决大量人流迅速疏散的问题。城市道路建设需要按照通过性、到达性的性质差别进行系统设计和网络规划，并研讨系统性建设立体交通设施的可能性。伴随微循环交通基础设施的完善，城市片区更新体现出精明增长的品质，以微循环环绕、穿插的新型小区空间都以复合设计为特色，尝试结合地形创造新的"地面层"，通过交通流分类、分道（分层）、分时管理，提高交通运行效率，尤其不能忽略了慢行交通系统的建设。结合立体城市的思路，通过设计手段提高公共空间和公共设施复合利用的效率，将城市真正地归还于人本身，杜绝机动车辆的肆意穿行。如图5-4所示为"微循环"交通耦合新型立体空间复合设计示意图。

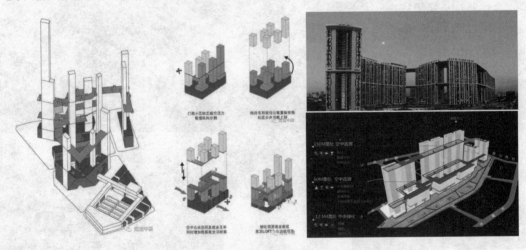

图 5-4　"微循环"交通耦合新型立体空间复合设计示意

3. 公共资源集约共享

城市区由于用地资源紧张，容易产生规划用途和实际用途相矛盾的现象，特别是在旧城区更新规划中，受各种旧制基础设施的限制，大面积大重复性地建设公共空间的可能性微乎其微，因此，研究如何通过分时段操场共享、公园开放，探讨学校空间、广场空间、街区空间、休闲娱乐空间、商业办公空间与社区居民共享的方案是非常有必要的，如图5-5所示。伴随着新型城镇化的持续发展，高密度旧区的更新，城市空间与交通设计处处体现"以人为本"会成为一种趋势，将对我们现有的建筑、消防、规划、交通等规范提出了挑战，实现恢复城市活力的终极目标。

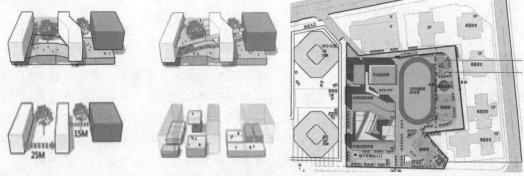

图 5-5　公共资源集约共享

5.2　城市空间演化与交通系统发展的协调生长策略

5.2.1　城市空间协调生长

1. 城市空间协调生长的定义

目前，我国已进入城镇化发展新阶段，城市空间发展对城镇体系的优化起着举足轻重的作用。研究表明，城镇体系中核心城区及周边是城市空间发展矛盾最为突出的区域，也是协调作用发挥最明显的区域。城市在空间尺度上受生长节律、能源供应、社会活动量等诸多方面的影响，表现出一定的定性或定量相关关系，在时间尺度上呈现出一种自然的和谐，将城市这种和谐的生长关系定义为城市空间协调生长关系。通过研究城镇体系间的协调生长关系，有利于从整体上把握城镇时空结构变化、生长规律，而且可通过城镇体系的历史生长轨迹对小城镇和社区发展进行预测。

2. 城市土地利用协调

土地利用总体规划是指在各级行政区域内，根据土地资源特点、社会经济发展要求和当地自然、经济、社会条件，对土地的开发、利用、治理、保护在空间上、时间上所做的总体安排和布局，是国家实行土地用途管制的基础。通过土地利用总体规划，国家将土地资源在各产业部门进行合理配置，另外，《中华人民共和国土地管理法》还明确规定：国家编制土地利用总体规划，规定土地用途，将土地分为农用地、建设用地和未利用地。

《国家新型城镇化规划（2014—2020 年）》提出以实现"人的城镇化"为核心，强调小城镇及农村的就地城镇化，并把加快发展中小城市作为优化城镇规模结构的主攻方向。城镇空间作为城镇经济与社会结构的空间投影，其经济、社会结构的变化必然会导致城镇空间结构的转型，迫切需要加强城镇空间协调发展，使其与新型城镇化相适应。而城镇空间形成的关键是城市土地的总体规划与利用的结果，表现为从城市土地利用模式、功能布局和土地格局三方面协调推进城市空间的协调生长。

5.2.2　城市交通系统的协调生长

5.2.2.1　城市交通系统协调生长的定义和特点

交通系统是一个复杂综合的多子系统，各个子系统之间竞争激烈，同时还存在相互配合和整体目标利益一致性，交通系统的协调是复杂系统内部的协调，简称为系统协调。它是一个开放系统，不断与外界进行物质、能量、信息的交换，系统中的每种交通方式可以独立运行，从而完成城市的客货运输任务，但又离不开各交通方式之间的共同作用，交通方式间需要协调运作，实现人、物在空间上的连续性转移。相互制约或相互矛盾的子系统从无序化转向有序化是系统协调的结果，从而达到处理冲突与矛盾，降低系统的负效应，增强系统的整体输出功能和整体效益的目的。

在初期阶段，由于交通方式的替代作用较弱，由交通方式的技术经济特征决定交通方式垄断为系统主要特征。但这是一种不稳定状态，随着运输需求及运输供给中的运价、运输速度等控制变量的不断变化，交通方式关联逐渐加强，导致交通方式之间的竞争日趋激烈，这时系统进入协同作用的第二阶段，即子系统竞争阶段，最终由于运输需求的多样性和各交通方式技术经济特点的局限性而使各交通方式分享市场。然而，随着系统序参量（序参量是协同论的核心概念，是指在系统演化过程中从无到有的变化，影响着系统各要素由一种相变状态转化为另一种相变状态的集体协同行为，并能指示出新结构形成的参量）的继续变化，处于合作中的几个子系统的地位和作用也在变化，竞争日趋尖锐，子系统之间的协同作用更加强烈，于是最终会达到更高一级的均衡，即交通方式之间的协作关系，这是交通系统中协同作用的重要表现形式。

通过上述分析，城市交通系统协调生长的定义为：其内部子系统（各种交通方式）之间发展的优化协调，也就是基于各交通方式之间的合作效应，内部子系统与资源环境、社会经济和外界其他相关系统等影响因素间的优化协调生长，合理安排各交通方式的线路、设备等空间上的分布及交通方式之间结合部的基础设施和设备配置，并制订合理的技术政策，建立有效的运营组织管理和交通系统规划、实施等职能机构，最终建立环境保护型、技术密集型、资源节约型的综合交通系统，满足城市经济社会不断增长的、多层次的交通需求以及可持续性的发展需求。从协同学的角度而言，就是在城市交通系统的发展过程中，发现交通系统自组织的演化规律，促进交通系统协同有序地发展。交通系统在保持整体性协调后，可以发挥出它的整体性功能，这一整体性功能，远远超出各要素（或子系统）功能之和，即整体协调产生子系统所不具有的系统的整体功能，从而使系统在发展中不断保持良性循环的活力与生机。其整体性协调功能主要表现为延伸效应、服务优化效应、放大效应和可持续效应四个基本特征，如图5-6所示。

5.2.2.2　城市交通系统协调生长的影响因素

我国现阶段大力推行新型城镇化。城市发展最为关键的条件就是经济、社会、文化以及交通系统等方面的一体化建设，城市发展的基本目标就是促进各个城区一体化建设，城市交通系统协调生长是实现城市一体化建设的重要内容。而影响交通系统的协调生长的因素体现在如下几方面。

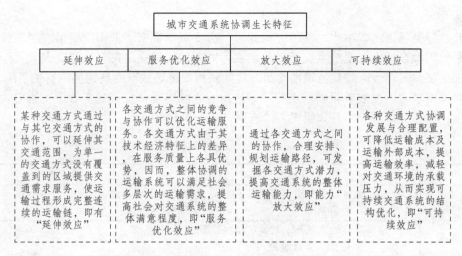

图 5-6　城市交通系统协调生长特征

1. 社会与经济发展的影响

（1）城市空间形态。城市空间结构对交通系统有着较大的影响，不同的城市空间结构对交通方式和路网布局做出了相应的要求，交通系统则以单一的方式或者组合方式来服务既定的城市空间形态。

（2）生产要素的布局。交通系统服务各个功能区域内人和物的空间转移，而生产要素的布局，确定了生产活动的活跃域，配合其布局展开交通系统的规划，建设高容量交通干道，提高效率，缓解城市问题。

（3）社会经济综合水平。经济水平的提高，资金保障的充足，可以依据城市发展现实情况建设不同层次的交通系统。

（4）城镇化率的提高。无论是在空间区域，还是时间维度，都要求有高级的交通系统来满足居民日益增多的交通出行需求，为了符合"以人为本"的城镇化理念，在考虑居民出行服务舒适度的基础上亟须高水平的交通系统。

2. 自然因素影响

（1）土地占用。在相同运输能力下，公路的土地占用约是铁路的八倍，水路因利用天然航道，土地占用更少（港口建设为主要的土地占用）。如今城市建设土地资源紧张，社会土地资源紧缺，城市交通系统协调生长应结合城市特征，综合各交通方式的优势，寻求土地占用更为节省，土地利用更为有效的模式。

（2）能耗。据研究航空、公路、铁路、水路、管道的运输能耗的依次降低，对于城市交通系统来说，构建多层次的、能耗最少的、最经济的交通系统是要求所在。

（3）环境污染。载运工具使用大量的燃料，造成大气污染、土壤污染、水污染、噪声污染等方面加剧。因此在新的交通系统协调生长中要尽可能采用低污染能源作为系统的主动力，尽量减少各交通方式的单位耗能，协调优化后达到整体能耗最低的目标。

3. 城市交通自身发展对交通系统协调生长的影响

（1）交通设施布局结构。交通系统协调生长需要对交通设施、交通工具和交通信息等整体进行优化，统一组织、规划、调配、管理这些资源，结合城市交通特征和需求提供交通设施和服务。

（2）主导交通方式的演化。交通方式的每一次变革都带来了城市空间形态的显著变化。从马车时代到如今的大容量公共交通时代，在不同的城市演化时期，主导交通方式作为交通系统的顶尖层，连同当时的其他辅助交通方式共同构成满足城市发展的协调交通系统。

需要根据城市的发展阶段和现实特征，选用适合城市整体发展的复合型交通方式，促进协调发展。城市交通系统的具体组成方式选用，如表 5-1 所示。

表 5-1　城市交通系统的具体组成方式

范围	交通线路种类	交通工具
内部交通	轨道、城市道路、铁路干线、地方铁路、人行道及一般公路	地铁、火车、有轨电车、公共汽车、私人汽车、自行车
对外交通	干线铁路、地方铁路、航道、港口、高速公路、国家公路、省级公路	火车、汽车及私人汽车、飞机

（3）各交通方式间的衔接。在完成出行目的后，乘客会在不同的交通设施或交通方式间选择搭乘转换的过程，或是在接驳交通设施处享有的服务称为交通衔接。实现交通衔接的途径主要有两种，如表 5-2 所示。

表 5-2　交通衔接的主要途径

途径	内容
通道衔接	即不同交通方式、交通设施以及交通枢纽（车站）与出行起讫地之间需要通过"道路"或"线路"等"通道设施"来衔接，如铁路客站与市内公交换乘站之间的步行联系通道、铁路客站与出行起讫地之间的公交线路等
换乘衔接	即乘客在不同交通方式之间转乘时，其换乘或接驳都要在换乘站场中进行，如铁路乘客在客站附近的公交换乘站内换乘市内公交等

当前，城市的发展阶段囊括了已有的各种交通方式，而且各种交通方式对区域发展都具有不可替代性，只有对各种交通方式在区域中进行有效的整合，才能发挥其综合效应，使交通系统对经济社会的作用呈现正相关性。一般来说，交通子系统的衔接应考虑换乘枢纽、衔接地点、衔接方式、辅助设施等问题，只有配套好这些方面的内容才能最大限度地协调好各交通子系统。城市交通方式协调原理示意图，如图 5-7 所示。

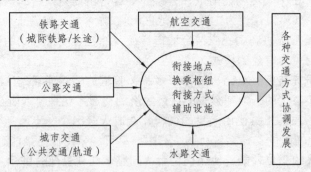

图 5-7　城市交通方式协调原理示意图

（4）交通系统建设与运营。

不同交通设施的建设存在不同的投资体制，且差别较大。公路方面，有相关投资作为建设、维护的专项基金，铁路也有相对封闭的投资系统，城市交通有少量的公用事业附加、城市维护建设税，而其他交通设施的建设尚无专项基金保证。为了达到区域交通设施一体化和基础设施的共享，政府必须通过采取相应的措施来协调区域基础设施的建设与运营，使两者围绕一个目标推进。

5.2.2.3　城市交通系统协调生长的构成要素

系统是指相互关联或相互作用的一组要素，或者说是若干有关事物相互联系、相互制约而构成的一个整体。系统一般分为三种，分别是开放系统、封闭系统、孤立系统。在开放系统中，系统与环境之间既有能量转换，又有物质交换；在封闭系统中，系统与环境之间只有能量转换，没有物质交换；在孤立系统中，系统与环境之间既无能量转换，又无物质交换。交通系统是开放系统，从内容上来讲，交通系统协调发展包括四个子系统，分别是交通与人的协调、交通与社会的协调、交通方式之间的协调、交通与自然的协调，如图5-8所示；从层次上来讲，交通系统协调发展又分为宏观、中观、微观三个层次，如表5-3所示。

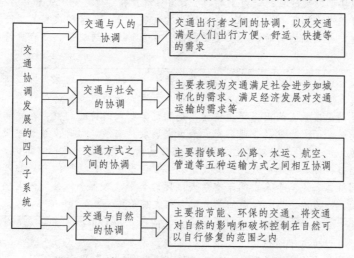

图 5-8　交通系统协调发展的四个子系统

表 5-3　城市交通系统协调发展的层次

层次	特点
宏观层次	交通系统协调发展是社会可持续发展的重要组成部分，以整个社会系统作为主体，把交通作为一个子系统纳入社会发展的大系统中，从国家层面来推动和实现交通与社会、经济、自然的全面协调和可持续发展
中观层次	以交通系统为主体，把交通系统和其他社会与自然系统并列，从交通系统的角度来考虑与其他社会和自然系统相互间的协调与合作，城市交通协调发展属于中观层次
微观层次	以交通方式为主体，把自身的交通方式和其他交通方式以及社会和自然系统并列，从某一交通方式的角度来考虑与其他社会和自然系统相互间的协调与合作

5.2.2.4　城市交通系统协调生长的必要措施

交通系统是一个开放系统，其中的交通工具、交通设施、交通参与者和交通环境等关键要素相互作用、联系最终促成稳定协调的有机整体。但在实际生产生活中交通除了自身内部的不协调外，还与人、社会、自然存在不协调关系，为解决这些问题和推动交通系统各方面的协调，应当采取必要的措施来实现这一目标。

1. 实施以人为本的交通

（1）树立以人为本的交通理念。

在处理人与自然、人与社会、人与人的关系中，以人为本的价值取向强调尊重人、解放人、依靠人和为了人，具体情况，如表5-4所示。

表5-4　"以人为本"交通理念的精神内核

方面	主要内容
人和自然	要合理利用自然和开发自然，满足人们不断提高的对生活质量的需要。在交通协调发展中要强调人与自然协调相处，充分考虑自然环境的保护，尊重自然生态的独立性，保持自然资源和生态环境自我循环能力，力争不破坏或少破坏，并尽量采取环境工程来恢复环境
人和社会	交通协调发展的目的是为了人的出行自由和便捷，交通发展成果要为全体人民所共享，交通环境要有利于人的全面发展。社会的发展是每个人劳动成果的集合，人人在享受社会交通发展成果的同时，人人还要积极为社会创造交通成果，如自觉遵守交通法规，自觉保护环境等
人和人	强调公正与协调发展。以人为本是以最大多数的普通劳动者为本，所以交通协调发展要考虑我国的实际情况，使交通能被称为人民大众的交通；是以"人"的最根本利益为本，是满足多数人的正当交通权而不是满足某些人的特殊利益，在发展小汽车、高速公路的同时，要大力发展普通公交，大力发展农村交通。同时，鼓励并服务人的需求差异化和多元化。"人"应包括三个层面：整体的人，即全体公民；群体的人，即不同阶层、不同利益群体；个体的人，即公民个人。要采取措施保证全体公民的基本权利，还要保证不同群体、不同个人之间享有最大限度的公平，尊重全体公民的人权，增强每个人的发展能力，为他们提供平等的竞争机会和发展条件
人和组织	摆正人与组织的关系，组织是为人服务的工具，人是组织的主人。但人需要组织的约束，不可以凌驾于组织之上。同时，各级组织要重解放人和开发人。政策、规则与管理的目的是为人的发展服务，而不是把"人"当"物"进行控制

（2）"人权"高于"车权"的原则。

"人权"是指行人的通行权，"车权"是指机动车的通行权。在20世纪80年代以前，由于计划经济模式下的市场自由交易少，人口流动性差，经济和社会整体欠发达，机动车辆的增长非常缓慢，"人权"和"车权"的矛盾并不尖锐。2000年后，随着我国经济的快速发展，机动车数量呈爆发式增长的趋势，在城市中机动车辆和机动车道路主导了城市景观、城市形态和城市功能。在道路交通系统中，我国平均每年新增5 000 km高速公路，城市快速通道、多车道汽车专用主干道里程得到迅速增长，机动车道路所占面积和占道路里程的比例越来越大，而人行道、自行车道越来越窄，交通设施和管理也更多地关注机动车通行的便利。

"以人为本"交通理念就是交通要尊重人、交通要解放人、交通要依靠人、交通要为了人，其核心理念是把人当作交通系统的第一要素，确立"人权"高于"车权"的原则。1995年的"北京宣言：中国城市交通发展战略"明确指出，交通的目的是"实现人和货的移动，而不是车辆的移动"。因此，必须对增加公共交通系统和人的路权，提升行人的安全性投入足够的重视。在发达国家，城市道路中50%以上的路面使用权都给予了公共交通和行人。

"人权"高于"车权"首先要调整机动车与行人间的权利、义务分配。交通系统由无序状态转变为有序状态的系统要依靠一定的约束条件，交通参与者承担的不同的义务就是这种约束条件。我国《道路交通安全法》规定行人和机动车驾驶人都有遵守交通规则的义务，行人履行此义务是为机动车高速、顺畅的通行创造条件，维护机动车一方作为少数主体的自由和权利，同时规定"车经人行横道时，应当减速行驶，遇有行人通过的，应当让行""机动车行经没有交通信号的道路时遇有行人横过道路，应当避让"，行人在人行横道上享有绝对优先权，从法律上明确了"人权"高于"车权"。

（3）绿化美化交通景观环境。

交通景观环境包括自然景观和人造设施景观。自然景观是由地域的地貌、植被、水文、地表状况所构成的自然交通空间系统。在交通的发展上，自然景观是构成地区交通环境的一个重要内容，也是形成交通特色的重要方面，威尼斯奇妙的水上城市交通就是一个明显的例子。要善于利用交通自然景观，特别是高速公路、国道、省道等线路延伸很长，沿途自然环境变化多，因势就形，加以建设和改造，可以形成赏心悦目的公路交通景观环境，使人们长途出行时保持心情舒畅。

交通景观环境离不开人造设施环境。交通设施是人类实现交通目的的物质载体，它由交通设施实体、城市空间、绿地和街道绿化等要素构成。人造设施环境是交通人文环境的重要组成部分，它们的合理性组织和点缀，可以改变交通线路和交通设施单调、枯燥的特点，增加人们出行的乐趣和满意度。在交通文化的发展过程中，设施环境以其不同历史阶段的形态成为交通文化发展的连续性标记。小巷窄路、土路、石板路是传统的交通文明形象，地铁、轻轨、立交桥和高速路则代表着现代化的交通文明形式。一个合理、有序、连续的交通设施环境在交通的发展中能够保证交通"以人为本"的健康发展。

2. 促进生态交通建设

（1）提高交通环境与生态意识。

人类中心主义的泛滥给人类发展带来困难，人们认识到自然不是可以肆意改造、利用的对象，自然生态和人类自身的生存环境密切相关，可持续发展才是人类社会健康发展的正确道路，生态交通从广义上来讲就是要坚持可持续发展，实现交通与自然的协调。2000年6月，由我国建设部城市交通工程技术中心、国家计委综合运输研究所等部门协办的"绿色交通行动"启动；2003年9月，建设部和公安部下发通知，共同举办绿色交通示范城市的评选活动，这是国内首次提出"绿色交通"的概念。国内有研究者提出，所谓绿色交通，是为了减低交通拥挤、降低污染、促进社会公平以及节省建设维护费用，通过发展低污染的有利于城市环境的多元化城市交通工具来完成社会经济活动的协和交通运输系统。发展绿色交通，实际上就是一个能源多样化的过程，也是对采用清洁能源的交通工具进行发展和提供的过程。我们可以看到，上述概念主要强调交通工具、运输方式、道路系统等，侧重于交通与"物"的关系，但交通工具、运输方式是由"人"选择的，所以只是单纯改进交通工具、技术，不能形成生态交通。生态交通的本质是一个适应社会经济发展与自然承载量要求的可持续发展交通系统，它的形成与社会经济和自然都有密切的关系。

（2）提高交通科技创新意识和环境文明程度。

城市交通问题是在我国城镇化进程中产生并逐渐突显出来的，城市交通问题的解决还有赖于发展交通科技和城市交通文明。要鼓励交通创新、推动交通又快又好地发展，要通过教育和宣传，培育与现代化相适应的城市交通文明，提高公众交通修养和精神境界。发展生态交通要以现代高新技术为支撑，如车辆控制技术、电子收费系统、智能公路、综合交通一体化等，要按照交通部提出的建设创新型交通行业的要求，围绕自主创新能力建设，发展交通行业创新文化。要大力发扬交通行业的优良传统，不断增强交通行业的创造活力。美国学者弗里德曼将城市化过程区分为"城市化Ⅰ"和"城市化Ⅱ"。"城市化Ⅰ"包括人口和非农业活动在规模不同的城市环境中的地域集中过程、非城市型景观转化为城市型景观的地域推进过程；"城市化Ⅱ"包括城市文化、城市生活方式和价值观在农村的地域扩散过程。而文明交通是现代城市生活方式的重要内容。因此，"城市化Ⅰ"是可见的、物化了的或实体性的过程，主要指人口城市化、空间城市化、经济城市化；而"城市化Ⅱ"则是抽象的、精神上的过程，主要指社会城市化。只有"城市化Ⅰ"，没有或很少有"城市化Ⅱ"的城市化即为假城市化或过渡城市化。假城市化或过渡城市化是发展中国家普遍存在的现象，我国城市化过程出现的交通问题与我国的城市化以"城市化Ⅰ"为主，而"城市化Ⅱ"相对滞后存在很大的关系。

3. 制定鼓励节约型交通发展的政策

（1）发展和选择节能、清洁的交通工具与设施。

绿色清洁交通工具的优先级排序依次为步行、自行车、公共交通、共乘车、最后才是单人驾驶的自用车。机动化交通的迅速发展给自然资源和环境造成很大负担，目前我国机动车消耗了全国汽油总产量的85%，柴油总产量的42%，而汽车尾气已成为城市大气的主要污染源，有些城市汽车排放的尾气量已经达到甚至超过城市废气总量的60%。而机动车的增长还使大多数人行道和自行车道被机动车挤占，居住小区内道路也建设成交通车道或成为路边停车场，自行车停车场地消失，有些城市甚至公开禁止自行车上路，自行车出行环境越来越差，自行车出行比例不断降低。从这种趋势我们看到，我国交通选择了与绿色交通不同的道路。

从车辆分类上看，绿色机动交通工具包括低污染的混合动力汽车、天然气汽车、电动汽车、氢气动力车、太阳能汽车等以及电气化交通工具（包括无轨电车、有轨电车、轻轨、独轨、地铁等）、磁悬浮等。我国明确提出公交优先发展战略，同时提出要充分重视自行车出行在缓解城市交通、保护环境等方面起到的作用，适度发展自行车交通。在交通设施、建筑材料等方面，也要充分考虑节能与环保的要求。采取措施促使交通外部性内部化，制定差别定价的能源政策，对高排量、高污染交通工具实现补偿性收费、限制通行等措施，而对公共交通等加大补贴力度，从而使节能、环保成为人们自觉的选择。

（2）引导人们选择高效、节能环保的交通出行方式。

制定有利于交通节能降耗的政策、措施，引导人们选择高效、节能环保的交通出行方式。大城市的交通拥堵程度与小汽车的使用程度密切相关，一个城市对小汽车的依赖越高，其交通拥堵情形就越严重。欧美先进城市的大众运输使用率多在50%以上，而我国多在20%左右。交通建设的首要任务，就是确定大众运输系统的角色，明确制定大众运输使用率。国外私家车普及率很高，但平时车辆出行率较低，主要用于休闲、度假等，而我国私家车使用率很高，普遍用于上班等通勤出行。美国、日本、法国的轿车保有量分别是中国保有量的15.5倍、7.31倍和3.29倍，但美国轿车的耗油量只是中国的2倍。美国车辆行驶率为16.3%，而中国车辆行驶率基本为100%。在纽约有80万辆小轿车，加上公共交通车辆等大约总共为1200万辆，但在大街上跑的只有200万辆，所以从车辆的行驶情况来说，北京市已经超过了纽约。鼓励人们选择高效、节能环保的交通出行方式，要对小汽车出行采取限制性措施，或划定收费区域控制私家车进入，以缓解机动车集中出行带来的交通拥堵。这类措施的推行要有综合配套的措施，要解决好私家车乘员换乘公交车的便捷性和服务性，英国部分城市用公交车免费转乘私家车主的做法值得借鉴。公共交通要改善服务条件和服务质量，实施公交优先发展，把人们吸引到公共交通。

自行车作为一种最环保的交通工具，在短途出行中有着不可替代的优势。在经历了机动化交通带来的堵车、废气和噪声污染等诸多问题和痛苦之后，人们开始重新认识自行车存在的必要性，许多国家又纷纷开始倡导自行车交通。意大利"交通与环境-帕尔玛模式"在对交通监管、降低交通对环境的影响、创新性能源规划、垃圾的治理与再循环、水利监管以及城市内部及周边地区的绿地扩建等方面都取得了显著的成绩，这些积极措施已经使得"帕尔玛模式"的可持续性交通闻名全球。"帕尔玛模式"主要措施包括：针对上下班交通进行创新性治理，旨在与公司合作，降低交通流量；减少用于城市交通的私家车使用量；提倡使用普通自行车。在荷兰，自行车道非常普遍，已经形成了自行车道路网，3 万多千米的自行车专用道路，占荷兰全国道路总长度的 30.6%，居世界第一位；在巴黎，以自行车作为主要出行工具的人约占地区在职工作人员和大学生的 7%左右，通过制定自行车交通发展规划，制定专门的自行车交通规则，改善自行车交通出行道路条件和停车条件，使居民小区形成邻里单元的混合社区，方便自行车与公共交通的配合使用，将有效改变目前我国居民出行依赖个人机动交通的局面。

4. 推动交通一体化进程

"交通一体化"是指把一定区域内所有的交通资源（交通工具、交通设施以及交通信息）进行统一规划、统一管理、统一组织和统一调配，达到区域交通运输系统的整体优化，以便充分地利用交通资源和最好地满足所有的交通需求。

交通一体化系统主要包括综合运输一体化、城市交通一体化、城乡交通一体化三个方面，以及由泛区域交通一体化、区域交通一体化、次区域交通一体化等三个层次构成，具体情况，如图 5-9 所示。其中泛区域交通一体化指跨区域的全国综合交通一体化；区域交通一体化主要指邻近的跨省区域中心城市交通一体化；次区域交通一体化主要指地区中心城市内部的交通一体化以及地区中心城市与中小城市、城镇和农村的交通一体化。

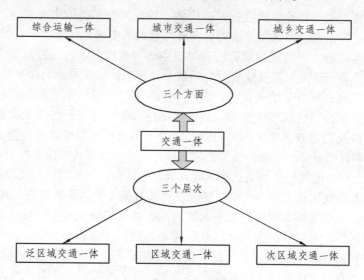

图 5-9　交通一体化的主要内容

（1）优化泛区域经济布局。

泛区域交通一体化重点是优化区域经济布局。按照运输化理论和现代物流理论，一个国家交通发展和经济发展阶段相适应，第一阶段是各种交通运输方式各自独立发展的初级阶段；第二个阶段是不同的交通运输形式通过互联互通即联运的方式结合在一起，也就是综合交通系统初步建立和逐步形成；第三个阶段是交通一体化，即上述各种运输方式的节点统一起来形成大的运输中心，这些运输中心除了节点设施的统一外，运营功能、组织结构、产权也逐步实现了一体化，这个阶段是综合运输系统建立和完善的阶段；第四个阶段则是更高级的阶段，使综合运输系统与社会经济发展、能源利用、环境改善、土地资源利用等实现高度统一、高度协调和一体化发展。

交通一体化的不同阶段是受经济发展制约的，交通和经济具有不可分割的紧密联系，经济布局和产业结构决定了交通线路走向和交通方式的选择，交通线路网络和交通方式的组合又引导区域经济布局的调整，交通一体化是实现区域经济一体化的重要前提和基础。20世纪90年代中后期以来，我国开始重视可持续发展问题，逐渐改变过去曾经实行的区域非均衡发展战略，即东部和沿海地区优先发展，带动中部和西部发展的梯级发展战略，而选择以"区域经济协调发展"为重要特征的发展战略。"区域经济协调发展"意味着我国区域战略由"梯级发展战略"向"点-轴开发战略"转变，即在全国或地区范围内，确定若干等级的具有有利发展条件的线状基础设施轴线，对轴线地带的若干个点-中心城市给予重点发展。随着开发活动的增加和经济发展水平的提高，经济开发的重点由高等级点轴向低等级点轴延伸。使区域经济在另一个发展阶段上，继续保持较快的增长。简单地说，就是以城市为点，交通线路为轴，沿轴布点，点、轴互动辐射，带动区域发展。

（2）建立区域和次区域政府协同机制。

在我国区域交通一体化方面，交通部提出"要切实根据不同区域的地理区位条件，经济发展水平和发展阶段，有差异地确定不同区域交通发展规模和水平，实行交通差异化发展，东部地区交通要率先实现现代化，中部地区交通要实现崛起，西部地区交通要取得突破性进展"。区域交通一体化的实现包括两个方面的内容：一是公路、港口以及场站等公路运输形成统一的网络，这是交通一体化的前提；二是交通运输市场管理政策要实现对接，形成区域统一规范，竞争有序的运输市场。建立公平、开放、统一的交通运输市场，建立一体化的交通管理体制和政策法规系统，为区域经济的合作做好有效的交通运输服务。

区域交通一体化因为跨省级行政区划，尽管中心城市相隔不远，但政治、经济环境可能相差较大，所以交通一体化主要是建立政府间的合作联盟，形成有效的沟通渠道和协调机制。我国交通基础设施建设取得了快速发展，已基本形成了跨区域的干支结合、四通八达的公路交通网络，水运、铁路、民航建设也都取得很大成绩，为综合交通一体化发展奠定了坚实的基础。交通运输涉及的领域、地区、部门很多，由于历史和体制的原因，交通一体化在跨区域、跨行业、跨职能的政策、市场、管理、信息等协调和交通方式一体化方面都还存在很多问题。实现区域交通一体化的前提是建立跨区域政府协同机制，联合制定有关政策、法规，实现政策一体化，最大限度地保障各方利益，实现总体效益最大化，不断推进交通一体化进程。

次区域交通一体化主要体现在城市公共交通的一体化和城乡交通一体化两个方面，因为属于同一级行政区划，政府协同主要体现在职能部门层面。城市公共交通一体化主要包含交通方式一体化和营运管理一体化，实现空中交通、轨道交通、水上交通、地面交通如机场、地铁、轮渡、公汽等的无缝衔接、便捷换乘，实现公共交通票制一体化，如 IC 卡共享，各种公共交通方式一票制等。让乘客自由选择适合自己的交通工具，从而有效并合理地分配交通资源。随着我国大型城市公共交通换乘枢纽的建立，为建立起对城市轨道交通、市郊铁路、地面公交汽（电）车、轮渡码头、通往机场的快速交通工具，一体化的管理机构和统一管理机制创造了条件。城乡交通一体化导致城市公交与道路客运班线争抢市场、争抢客源、不平等竞争等诸多问题日渐凸现，成为我国城乡交通一体化进程中需要面临的最大障碍。政府主要应作为利益调整的协调者，规范和统一相关政策措施，消除推进城乡交通一体化过程中的各种压力和阻碍。在城乡严格分割的旧体制下，20 世纪 80 年代国务院颁布的 294 号令——《车辆购置税暂行条例》和交通部等四部委联合发布的《公路养路费征收管理规定》都明确规定，在本市城建部门修建和养护管理的市区街道固定线路上行驶，且属城建部门的公共汽车、电车可免征公路交通规费。但近年来，随着城乡交通一体化进程的加快，各地城市公交纷纷越过城建部门管辖的街道，不断开辟通往周边县、乡、村的运营线路，这些车辆拒缴公路规费，这不仅直接导致全国县城以上公路建设资金的流失，还引发了征缴秩序的混乱和运输市场不平等竞争等一系列新的矛盾，由此引起公路部门、城建部门、客运企业等尖锐的利益冲突。因此，将城市公交和道路班线客运都归到交通部门管理，对道路班线客运企业实施集约化经营模式和公司化管理改革，有利于统一规划、统筹协调，杜绝扯皮现象，实现全国客运市场的有效衔接，完善农村公路管理体制，实行建、管、养并重，路、站、运一体化。

5. 加快交通信息化建设步伐

交通信息化是交通一体化的重要条件，交通信息化建设主要包括交通政务信息管理系统，以及公路、道路运输、城市公交等综合业务管理系统建设；交通数据库平台和 GIS 平台建设；交通运输突发事件快速处理决策系统、交通出行引导综合信息服务系统、客运联网售票系统建设等。其关键技术是以智能交通为主的 ITS 建设。

（1）国外发展 ITS 的启示。

国外治理交通拥堵措施大致可以分为三大类：引导需求、增加供给和加强管理。引导需求的重点是实施交通需求管理，抑制交通产生；增加供给的重点是大力发展公共交通，扩大服务能力；加强管理的重点是应用智能交通系统，疏导交通流量。

智能交通系统（简称 ITS）是指将先进的信息、电子通信、自动控制、计算机以及网络等技术有效、综合地运用于整个交通运输管理系统，建立起一种在大范围内全方位发挥作用的实时、准确、高效的交通运输综合管理和控制系统，如图 5-10 所示。它由若干子系统组成，通过系统集成将道路、驾驶员和车辆有机地结合在一起，加强了三者之间的联系。借助于系统的智能化技术，驾驶员可以实时了解道路交通及车辆行驶状况，以最为安全和经济的方式到达目的地。同时，管理人员通过对车辆、驾驶员和道路实时信息的采集，来提高其管理效率，以达到充分利用交通资源、缓解交通拥堵的目的。

从发达国家 ITS 的发展来看，有如下三个特征：首先，发达国家实施 ITS 的基础条件较好，基本都形成了现代化的国家公路网络，道路基础设施先进，科技力量和资金都很雄厚，信息化水平与普及率都很高，ITS 产业化运作和市场化程度比较规范，使得 ITS 在实施后发展得非常迅速。其次，ITS 显示出巨大的社会效益和经济效益。据日本政府预测，通过实施 ITS，可减少 50% 的交通意外发生数量。迅速扩展的全国 ETC（不停车电子收费系统）服务，通过在不同路段设置不同收费，鼓励驾驶者绕过密集的住宅地区，减低交通阻塞。根据日本的相关经验，只要 20% 的都市高速公路安装了 VICS（日本在智能交通领域的一套应用产品，该系统通过 GPS 导航设备，无线数据传输，FM 广播系统，即时将实时路况信息和交通诱导信息传达给交通出行者，从而使得交通更为高效便捷），交通阻塞的情况可以降低 10%；如果全国高速公路的 30% 安装了 VICS，则因交通拥挤所带来的经济损失可以降低 6%。

图 5-10　智能交通系统

（2）我国实施 ITS 的发展策略。

交通"以人为本"理念的外延拓展体现在充分运用现代科学技术提升交通智能化程度，也是生态交通、一体化交通的技术保障，还可以防止在交通博弈中出现部门腐败等问题。我国 20 世纪 90 年代中期以来，在交通部的组织下开始跟踪国际上 ITS 的发展。交通部将 ITS 的研究纳入了《公路、水运科技发展"九五"计划和 2010 年发展纲要》《公路水路交通"十五"计划》和《公路、水路交通信息化"十五"发展规划》中，科技部在"十五"国家科技攻关重大专项中安排了"智能交通系统关键技术开发和示范工程"等，项目经过 10 多年的发展，在智能化交通控制、交通信息采集与处理、数据管理、公交优化、智能调度等技术上取得一定突破。随着《推进"互联网+"便捷交通促进智能交通发展的实施方案》的发布，我国智能交通发展的总体框架和任务也基本明确，物联网、云计算、大数据、移动互联网等新一代信息技术的快速发展也为智能交通提供了强大的技术支撑。我国 ITS 即将进入新阶段，实施 ITS 战略需要根据我国经济社会发展的状况采取区别于发达国家的发展策略。

第一、以国家 ITS 战略规划为主导，形成综合协调机制。ITS 强调系统性、信息交流的交互性以及服务的广泛性，其核心技术是电子技术、信息技术、通信技术和系统工程。实质上就是利用高新技术对传统的运输系统进行改造而形成的一种信息化、智能化、社会化的新型运输系统。

在国家 ITS 发展战略中，突出公共交通优先的战略思想，重点发展信息化公共交通系统。信息化公共交通系统的目的是通过信息技术等对传统公共交通系统进行技术改造，从技术上落实公共交通优先发展的战略，包括：公共车辆定位系统、客运量自动检测系统、行驶信息服务系统、自动调度系统、电子车票系统、响应需求的公共交通系统等，提高公共交通系统的服务水平和管理水平，争取使其在城市客运交通中占有较大的运量分担比例，达到城市土地空间资源、能源的高效使用，保证系统的安全运行，提供高品质的客运服务。

ITS 建设涉及交通管理、交通工程、交通组织、交通运营、交通信息等多个部门，需要公安交替部门、市政建设部门、城市规划部门、交通主管部门、交通营运企业等的协调与配合，需要电子技术、信息技术、通信技术和系统工程等多学科和技术部门的相互支持，要通过规划的实施形成各部门综合协调的机制。

第二，以交通安全为重点，建立"以人为本"的多元目标系统。安全是我国发展 ITS 的首要目标。我国是世界上道路交通事故发生率最高的国家，道路交通事故已成为一个非常严重的社会问题。交通事故率过高的直接诱因是交通违法行为非常普遍，交通不协调现象随处可见，机动车和行人不按交通指挥和信号灯的提示通行，旁若无车地穿行；闯红灯、人车抢道、违法停车、超载、越线超车、占道经营、骑摩托车不戴头盔等交通违法行为更是普遍。除了人们的法律意识不强、交通供给不足等因素外，交通管理落后也是交通违法行为产生的主要原因。在各道路口的信号灯系统中，行人专用时段设计不合理，缺少行人过马路倒计时显示以及盲人有声服务等人性化设施。

方便是 ITS 发展的第二个目标。通过 ITS 技术提高交通通行能力，节约人们出行时间。针对我国蓬勃兴起的私人汽车消费热潮和自驾车旅游等出行方式，提供先进的旅行者信息系统，对交通出行者提供及时的信息服务。包括出行前交通和道路状况以及服务信息查询，出行途中交通实时信息服务，路径诱导系统对车辆定位和导航服务等。

经济是 ITS 发展的第三个目标。ITS 的经济性包括直接经济效益和间接经济效益目标。直接经济效益是指由于减少交通事故损失，减少交通拥堵、提高车辆运行速度而减少的人们的直接出行费用，以及车辆运营消耗费用。其间接经济效益目标有交通改善而带来的人们生活质量的提高、交通与人、交通与自然、交通与经济的协调关系的形成等。这部分包括交通组织技术、智能型运营管理技术、交通信息共享技术等。

第三，以自主技术创新作为突破口，实现跨越发展。ITS 是交通领域前沿技术，是信息技术、电子技术、工程技术、通信技术和系统工程等高新技术的集成，要切实推进我国 ITS 事业的发展，不能长期依赖模仿和跟踪国外先进技术，应立足于自主拥有知识产权高新技术的研究与开发，培养一批既熟知交通技术又懂信息技术的复合人才。要发挥市场的积极性，形成多主体参与 ITS 技术创新的局面。

3. 智能交通系统总体框架及要求。

智能交通系统基于"一基础、三系统、两支撑"的总体框架，将提升交通发展智能化水平并且通过智能化水平的提升来推动交通现代化将列为智能交通发展的总体要求。其中"一基础"指加强智能交通设施的建设，包括先进的感知检测系统、构建下一代交通信息的网络以及强化交通信息的开放与共享；"三系统"是构建智能运行的管理系统，完善智能运输的服务系统，健全智能决策的支持系统；"两支撑"指强化技术和标准支撑，营造宽松有序的发展环境。

智能交通在"十三五"期间将进入快速发展轨道，具体任务为以下五方面：

（1）促进交通产业的智能化变革。包括提升全行业的要素生产力，培育壮大智能交通产业等等。

（2）推动智能运输服务的全面升级。使整个运输服务具有智能化的特征，通过智能服务进行整个产业链的构建工作。

（3）优化交通运行和管理。光有方向和内容，整个交通运行和决策支撑系统还不能做出相应的调整，想实现智能交通系统的建设也是困难的。

（4）健全智能决策支持和监管系统。要实现信息的互通共享，构建支撑和监管系统使信息变得有效、有价值。

（5）夯实交通智能化基础。在基础设施建设方面，包括互联网、云计算，大数据等基础设施的建设方面将会加大力度。

5.2.2.5　城市交通系统协调生长框架

城市交通系统作为城市的子系统，在城市的社会经济、资源共享、文化交流等方面有着深远的影响，综合考虑系统自身特征、社会经济、科学技术、资源共享、文化交流以及政策等因素，借鉴协同理论，提出城市交通系统的协调生长框架，如图 5-11 所示。

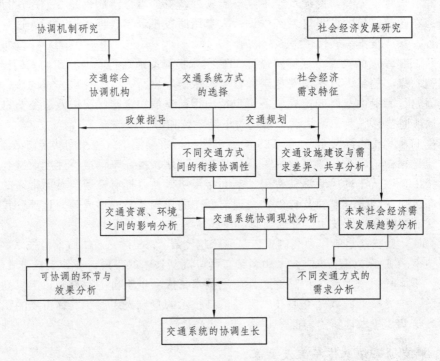

图 5-11　交通系统协调发展框架

5.3　城市空间和交通系统协调生长的主要影响因素分析

城市更新演进与交通系统协调发展的影响因素很多，如经济发展水平、城市演化方式、城市的规划及实施、交通技术的发展及应用、城市用地及开发政策以及政治、法律、社会、地理等因素。从经济学角度来看，与城市更新演进密切相关的土地使用和交通的属性差异、土地使用与交通的外部性特征等，会对城市更新演进与交通的协调发展产生显著的影响。

5.3.1　交通属性分析与土地的使用

在经济学中，所有产品在总体上可被区分为公共产品和私人产品，公共产品还可进一步区分为纯公共产品和准公共产品，具体分类情况，如图 5-12 所示。

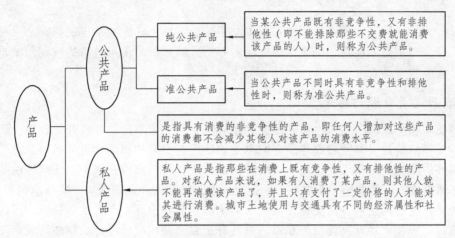

图 5-12　经济学中产品的分类情况

1. 土地使用的属性

土地既是一种资源，又是一种资产，它具有自然的和经济的双重属性。土地的自然属性包括土地总量的有限性、土地位置的固定性以及区位的差异性等；土地的经济特性包括土地的稀缺性、价值的可变性以及经营的垄断性等。土地的开发利用就是通过对相应土地投入一定的资本和劳动来实现土地的价值。从广义上说，土地的开发利用不仅包括对未开发土地的开垦，也包括对已开发土地的追加投入和充分利用。城市土地使用主要包括公共设施用地和商业开发用地两大类。其中，交通等公共设施的用地主要是通过政府划拨的方式获得，而商业开发用地都是要通过招标、拍卖、挂售的方式来获得。

通常，我们所说的城市土地使用主要是指对城市中的土地进行商业性开发和利用。因为进行土地开发的企业，从获取土地、开发建设到产品销售等一系列过程中，始终按照市场行为来运作，追求的不是公益性或社会利益，而是自身收益的最大化。土地开发提供的产品主要是各类建筑、设施和住宅等，对这类产品的消费不仅具有竞争性，而且还具有排他性。即随着对土地开发产品消费的增加，其提供的产品数量在不断减少，若有人消费了某个产品，其他人就不能再对其进行消费；并且若要对该产品进行消费，必须事先支付相应的费用，获得相应的权利，否则，就无权对它进行消费。显然，土地使用具有私人产品的属性。

2. 交通的属性

交通具有公共产品或准公共产品的属性。这是因为，城市交通所提供的客运服务，在一定的运能范围内，每增加一个消费者，对供给者来说，其边际生产成本几乎为零。只有超过一定限度时，才会产生拥挤成本。因此，在其运能范围内，消费者可以随意消费，且不会影响到其他人的消费，具有非竞争性。特别是对城市道路交通来说，在一定的容量范围内，任何人和车辆都可以消费，不需要额外交纳使用费用。显然，它既具有非竞争性，又具有非排他性，类似于纯公共产品。从不买票就不能消费这个角度来看，交通除了具有非竞争性外，又具有一定的排他性。因此，交通具有准公共产品的属性。

城市交通还具有一定的公益性，它是城市政府为城市的正常运转和发展而向城市居民提供的一种基础设施，它不以营利为目的，而是追求政府的社会效益最大化。因此，城市交通的票价不能完全按照其建设和运营成本来进行定价，也不能通过提价来排除大部分人对它的消费。

城市交通的社会属性更多地体现在城市交通的公平性上，即城市居民都有公平使用城市交通的权利。特别是不能为了提高机动性而剥夺行人或自行车使用道路的权利，城市交通应充分考虑大多数市民的出行需求。

3. 属性差异导致的结果

土地使用和交通的不同属性和外部性的差异决定了二者不同的建设开发政策、不同的融资模式以及不同的建设开发意愿等。在城市土地使用与交通的相互作用关系中，对于具有私人产品属性的土地使用来说，土地使用会对交通产生一种外部性。城市中任何地块的开发都会产生交通需求，但开发商和业主并不承担交通设施的建设和运营成本，或只承担部分成本，却能享受城市交通的便利，而土地开发利用的全部利益都由开发商和业主获得。因此，建设主体有进行高强度土地开发的强烈意愿。对具有公共产品或准公共产品属性的城市交通建设来说，其私人收益小于社会收益，开发商和业主不必承担交通成本，同样享受交通服务。这种属性的差异造成了社会资本往往更愿意进行土地的开发和建设，而不愿意进行城市道路交通和其他交通的建设。结果导致城市交通特别是交通建设面临严重的资金缺口，而土地的开发异常火爆，使得土地的开发利用往往超前于交通的建设，形成二者的不协调发展。

5.3.2 土地使用和城市交通外部性的相互影响

外部性理论认为，某一经济主体的活动往往会对其他经济主体产生一种未能由市场交易或价格体系反映出来的影响。庇古在其《福利经济学》一书中对外部性的定义是："某甲在为某乙提供一些服务的过程中（这些服务是有报酬的），附带的也给其他人（不是同类服务的生产者）提供服务或带来损害，这种服务得不到受益方支付的报酬，也不能使受害方的利益得到补偿"。萨缪尔森指出，"生产和消费过程中当有人被强加了非自愿的成本或利润时，外部性就会产生。更为精确地说，外部性是一个经济机构对他人福利施加的一种未在市场交易中反映出来的影响"。

无论是外部经济还是外部不经济都表现为私人成本与社会成本、私人收益与社会收益的背离，都不能使资源配置达到最优状态。一般情况下，当存在外部不经济时，该生产者或消费者为其活动所付出的私人成本小于该活动所造成的社会成本，经济活动主体有动机进行过度生产或消费，私人活动的水平往往高于社会所需要的最优水平，造成资源配置不当。当存在外部经济时，该生产者或消费者从其经济活动中得到的私人收益小于该活动所带来的社会收益，经济活动主体没有过度生产或消费的动机，私人活动的水平往往低于社会所需要的最优水平。此时，同样不能使资源配置达到最优状态。

1. 城市交通的外部性

城市交通设施的建设具有较强的外部性，主要体现在能提高可达性，产生时间节约的经济价值，促进交通沿线的土地及物业升值等。对中心城外的某一个区域，当只考虑交通成本和房地产价格两个因素时，如果该区域原来缺乏相应的交通设施，交通条件极为不便，可达性差，居住在该区域人们的出行成本会非常高（如采用较高成本的私家车或较为费时的其他出行方式，都会使出行成本大幅提高）。因此，许多人就不愿意到那里居住，这将导致该区域的土地和房地产价格偏低。如果在该区域内建设一条连通中心城区的交通线路，必将使其交通状况大为改观，显著提高其可达性，节约出行时间，明显降低人们的出行成本，从而会吸引越来越多的居民入住该地区。其结果是该地区的土地和房地产价格、特别是交通沿线一定区域内的土地和房地产价格会大幅上涨。

2. 城市交通外部性的影响

城市交通设施的外部性主要表现为主要道路或轨道建设会引起其沿线的土地和房地产价值升高。然而，这种由于交通设施建设带来的土地与房地产的升值利益并不能由交通建设单位获得，而往往被开发商或业主获得。对于先期进入的开发商和业主而言，将会获取较大的利益；后期进入的开发商和业主，尽管需要支付一部分土地和房地产升值的费用，但由于土地和房地产价格的上涨是一个渐进的过程，他们仍可获取由于房地产继续升值带来的部分利益。直到交通设施的建设给最后到该区域购房者带来的便利和好处等于他支付给房屋升值的费用为止。

城市交通的建设和运营涉及多个主体，其中主要包括政府、交通设施建设单位、运营商、沿线房地产开发商以及物业主等。作为准公共产品的城市交通线路，其建设需要巨额的资金，政府不可能也不应当对其建设和运营全额买单，应该积极吸引社会资本参与交通的建设和运营。但社会资本是以盈利为目的的，如果交通建设所带来的外部经济利益不能在有关经济主体之间进行合理的分配，特别是这种外部经济利益长期被开发商和业主获得，而建设单位不能得到利益返还的情况下，建设单位必然缺乏建设投资的激励，造成交通建设缓慢，达不到社会需求的最优水平，最终影响到交通与土地使用的协调发展，如图 5-13 所示。

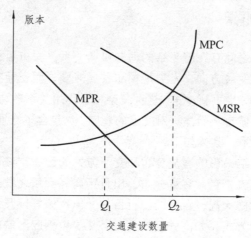

图 5-13　交通外部性对交通的影响

在图 5-13 中，MPC 为交通建设单位的边际成本（同时也是社会的边际成本），MPR 为其边际收益；MSR 为社会边际收益。根据最大化条件，交通建设单位为追求利润最大化，将会把交通建设数量定在其边际收益等于其边际成本的地方，即为 Q_1；但是，使社会收益达到最大的交通建设数量应当定在使社会的边际收益等于社会的边际成本处，即为 Q_2。显然，由于交通建设的外部性，使建设单位缺乏一定的激励，不愿意增加交通线路的建设，导致实际建设数量少于社会最优的需求数量，不能达到最优状态，这种不协调在现实中常常表现为交通的建设滞后于土地的开发利用。

5.4 协调生长策略

5.4.1 协调生长功能

城市交通设施建设不是一个孤立的过程，它与城市空间的土地使用是紧密相连的，在某种程度上，甚至可以认为城市更新演进主要表示为交通演化的函数。城市交通具有塑造城市空间形态的功能，城市更新演进又有强化交通方式选择的功能，二者之间表现出协调的趋势。

首先，交通设施建设可以改变城市中某一区域的可达性，使得人们倾向于在该区域进行生产、工作、休闲、购物等活动，工商企业和房地产建设投资会在该区域聚集，这改变了人们经济活动的空间分布，从而改变了城市的空间形态。城市更新演进与交通复杂的相互作用关系，使得交通对城市更新演进有着明显的引导作用，强烈影响着土地使用的方向、土地使用性质、开发模式和开发强度等。特别是大容量快速公交系统以及主干道的布局等对城市更新演进的影响尤为突出。线型的交通系统布局将引导城市空间向线状形态发展，"棋盘式网状"结构或"放射状+环形"的交通布局最易导致城市空间向均匀的面状形态发展。

其次，城市更新演进模式和土地使用方式具有强化交通方式选择的功能，产生路径依赖。这种强化和依赖，一方面与二者之间的协调性和适应性有关，另一方面，与交通方式的转换成本有关。

5.4.2 协调生长框架

城市更新演进与交通之间存在着复杂的动态协调关系。城市更新演进不断对交通提出更高的要求，影响着交通的发展方向、发展规模和发展速度，而交通方式的变革和交通可达性的提高又会引导城市的进一步更新演进。这种复杂相互作用关系的协调框架，如图 5-14 所示。

在图 5-14 中，包含了城市更新演进对交通的影响，也包含了交通对城市更新演进的影响，显示了二者之间的协调关系，具体如下。

第一，城市更新演进结果影响客流分布和交通方式的选择。城市空间规模、空间布局及形态的演化使得城市的客流总量、客流分布、出行距离等会随之发生变化。因此，居民会根据自己所在区域的交通设施状况、自己的出行目的、出行偏好以及经济状况等做出自己的出行决策，选择相应的出行方式。如高强度的开发必然导致相应区域的居民增加，而集中居住能为公共交通提供充足的客流，这适合公共交通方式的发展，易于增加公共交通的使用。

第二，城市更新演进带来的交通需求增长推动交通向更高层次发展。随着城市空间规模的扩大以及土地使用方式的变化，不断增加的交通需求必然会推动交通方式发生演化。不同交通方式相互作用、此消彼长，又会对交通设施提出新的、更高的要求。特别是当土地使用强度或开发总规模达到一定程度、交通需求大大超过现有交通设施的承载能力时，城市更新衍进会推动交通向更高的层次发展。

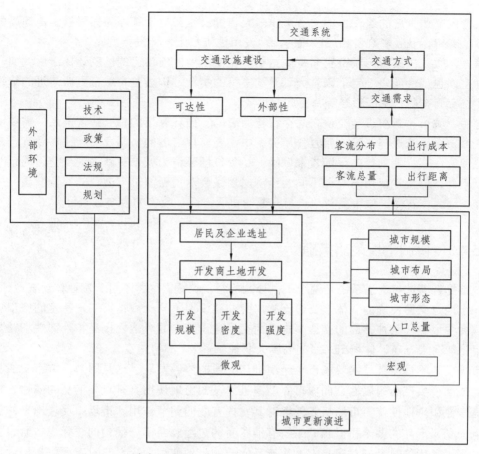

图 5-14　城市更新演进与交通相互作用关系的协调框架

第三，交通设施建设通过改变可达性影响居民和企业的选址行为。交通设施的建设为人们的出行创造了条件，使得人们能够选择相应的出行路径，改善相应区域的可达性，产生时间节约的经济价值。可达性的改善从以下几个方面影响了人们对区位的选择：首先，可达性会影响人们对居住地点的选择。如果某一地区能够很方便地到达工作地点、商店、医院、教育设施和休闲场所等，则它对住宅开发就具有很大的吸引力，人们也愿意到该地区居住。其次，可达性会影响工业选址，工业企业大都喜欢选在高速公路、铁路货运站点等可达性较好的地区，这有利于其原材料和产品的运输。再次，可达性能影响办公地点的选择。对机场、快速轨道站、高速公路等具有较好可达性的区位能够吸引办公设施的开发。最后，可达性对零售企业的选址来说也具有较大的影响，零售企业更愿意选在交通便利、顾客能方便到达的地方。可达性改善带来的影响，无论是增强对居民的吸引力，还是增强对工商企业、办公机构的吸引力，最终都会导致相应区域的快速发展和土地升值。

第四，交通建设影响着土地使用的性质和土地开发强度。可达性的提高、交通设施外部性的优势对居民、工商企业及办公机构等所产生的吸引力，使得相应区域的土地出现了巨大的市场开发利益。潜在的市场需求使开发商在私人利益的驱使下，选择到可达性较好的区域进行开发（一般在交通设施周围或交通沿线附近）。居民、工商企业等土地使用者就会在外部性利益的吸引下，选择到可达性较好的地方去居住或经营。同时，在交通建设外部性利益的驱使下，开发商有对其附近土地进行过度开发的动机，容易造成可达性较好区域的开发强度过高。特定交通设施的建设，如交通干线、大容量快速公交系统等为其附近土地的高强度开发提供了支持，显著影响着相应区域的土地使用性质和土地开发强度。

第五，微观决策影响城市空间整体布局。在使用者做出自己的区位选择之后，他们的日常活动空间也就会随之确定下来。大量微观决策的集合，构成整个城市更新演进的结果，城市规模、空间布局、空间形态等都由此而形成。

显然，城市更新演进与交通之间存在着动态的、循环互馈的相互协调关系。需要明确的是，在城市更新演进与交通的相互作用关系中，要实现二者的协调发展，还需要有相应的政策、法律、法规、规划等外部因素来保障。尽管市场环境为城市更新演进与交通的相互作用提供了条件，但土地使用与交通不同的经济属性又会对更新演进与交通的协调发展产生不同的影响。因此，在促进城市更新演进与交通的协调方面，政府的参与必不可少。

5.4.3 协调生长策略措施

城市更新演进与交通系统是两个不可分割的经济过程，这种不可分割性体现在两个方面：第一，土地是交通设施的载体，交通设施本身的建设离不开土地；第二，特定的城市更新演进模式会导致出现某种相应的交通模式，而交通建设带来的可达性提高和外部性利益又引导着城市更新演进方向，体现出二者的高度关联性。

市场机制不可能自动实现城市更新演进与交通的协调发展。这是因为，城市交通具有公共产品或准公共产品的属性，而城市更新演进涉及的土地使用具有私人产品的属性。私人产品的竞争性和排他性使得市场机制能够对其发挥有效的调节作用，市场中反映出来的价格信号影响着私人产品的供给和需求，当所有消费者的边际收益等于他们的边际成本时，私人产品就达到了最优的数量。对于具有私人产品性质的土地使用而言，它对市场信号反应灵敏，必然受到市场机制的调节。特别是在城市交通设施周围或交通沿线附近，开发商在私人利益的驱动下，往往有过度开发的动机。

然而，城市交通设施的建设不同于土地使用，城市交通具有公共产品或准公共产品的属性。公共产品或准公共产品的非排他性，使得人们熟悉的付费与消费之间的联系被打破，人们不需要、也不愿意为可以免费得到的东西付费，消费者也不清楚自己对公共产品的需求价格。即使消费者了解自己对公共产品的偏好程度，他们也不会如实地说出来。因此，市场无法准确显示人们对公共产品的实际需求和价格信息。实际上，即使对显示出来的需求，市场也缺乏提供的激励和动机，不能实现公共产品的最优数量。因此，在市场机制下，城市交通往往不能与土地使用协调发展。

实现城市更新演进与交通的协调发展，将涉及各种利益在不同经济主体之间的分配与协调，需要通过市场和政府两种途径来进行引导和控制。具体战略措施包括以下几个方面。

1. 实行城市交通与土地使用的综合一体化规划

城市规划本质上是通过规划城市空间的未来布局，控制资源的空间配置形态和影响人们活动空间分布，对各利益主体关系进行事先协调的空间结构规范。城市规划不是单纯的物质空间设计，而是经济、社会、环境、技术的综合协调安排，它对城市更新演进与交通的协调发展具有重要的指导和控制作用。因此，必须进行城市交通与土地使用的综合一体化规划。特别是对交通沿线土地的开发类型、规模和强度等要做出详细、科学的规划，并严格按照规划去实施。同时，一体化规划要体现出明确、良好的规划思想，这样才能保证城市更新演进与交通系统的协调发展。

2. 建立有效的组织协调机制

尽管城市更新演进与交通之间存在紧密的联系，但因城市交通用地与商业开发用地的性质不同而分别属于不同的政府部门管理。就北京市而言，在市发改委，交通建设项目由基础设施处负责管理，房地产开发项目由固定资产投资处负责管理；在市国土局，城市交通建设项目与房地产开发项目的用地则分属土地使用处和土地市场处管理；在市规划委，也由不同的部门管理。这样，就涉及两个层面的协调问题。一是发改委、规划委、交通委、国土局等委办局之间的沟通与协调；二是同一委办局内部不同职能部门之间的沟通与协调。这种沟通与协调往往缺乏效率，增加了项目审批的时间成本。同时，也造成交通与土地联合开发的项目在立项审批时，无对口部门管理的现象。因此，应建立有效的组织协调机制，如联合办公机制等，尽可能减少协调的成本。

3. 探索城市交通外部经济内部化的有效途径

城市交通具有很强的外部经济，建设道路交通和交通导致的土地和房地产升值利益往往被开发商或业主获得。公共产品的非排他性，使社会资本缺乏投资交通的意愿，使交通建设面临融资困境和巨大的资金缺口。

要通过制度安排使城市交通设施特别是交通的外部经济内部化。从体制、政策和机制上消除不利于外部经济内部化的制度障碍，促进土地与交通的协调发展。根据外部性理论，解决外部性问题的途径主要有以下三种。

（1）税收与补贴。当存在外部不经济效应时，政府可以向造成外部不经济的私人或企业征税，征收的税额等于其造成的外部性成本；当存在外部经济效应时，对带来外部经济的私人或企业进行补贴，补贴额等于其带来的外部性收益。

（2）进行企业合并。当某项经济活动所造成的外部性涉及两个企业时，可以让这两个企业合并为一家企业，原来的外部性就被内部化了。

（3）明晰产权。外部性问题具有相互性，即避免甲对乙的损害，会同时造成甲的损失。通过明晰产权，并允许产权在市场中进行自由交易，就可解决外部性问题。

因此，为解决交通外部性的内部化问题，可以采取如下对策：

第一，按一定的标准征收物业税。对交通影响范围内的物业，由于其相对交通的距离不同，受交通影响而导致的物业升值也就不同。只要物业升值，其交纳的物业税就会增加，将征收的物业税按一定比例来"反哺"交通的建设，就可起到交通外部经济内部化的作用。然而，启动征收物业税需要通过一定的立法程序，不能迅速付诸实施。作为过渡，可以先通过行政法规的形式征收一定的交通受益费，弥补交通的部分建设资金。

第二，联合开发。对交通来说，联合开发就是将交通建设项目和交通站点以上或附近的土地统一交给交通建设企业，由交通建设企业自行或与房地产企业合作，对交通和相应土地进行整体开发和建设。这种"交通+土地"的开发模式，能够创造一定的盈利条件，吸引社会资本进入交通建设。并能使交通的部分外部性收益返还给交通建设企业，实现交通的外部经济内部化。我国香港已在这种联合开发的方式中取得了许多成功的经验，对我们来说，具有一定的借鉴意义。

第三，特许经营。特许经营是指政府就某项经济活动向某企业或经济组织授予一定期限和范围的特许经营的权利。对于交通而言，这种方式能在一定程度上维护投资者和经营者利益，拓宽融资渠道，部分实现交通外部经济的内部化。如《北京市城市基础设施特许经营条例》由北京市人大十二届二十四次会议通过，并于 2006 年 3 月 1 日起施行。其中，包括城市交通和其他公共交通在内，成为本条例允许实施的特许经营项目。北京地铁 4 号线已成为国内首例引入香港地铁公司，并签署 30 年特许经营协议。然而，还需进一步的实践和探索，才能发现实现交通外部经济内部化的途径。

4. 完善法律法规体系

实现城市交通与城市更新演进的协调发展，还必须有完善的法律法规来保障。这对于解决市场失灵、实现城市交通外部经济的内部化以及促进城市规划的顺利实施，都是至关重要的。特别是到目前为止，国内还没有允许"交通+土地"这种模式的法律法规，要进行"交通+土地"模式的联合开发，从审批立项到项目实施，都缺乏政策依据。在一定程度上限制了促进城市更新演进与交通系统协调发展的措施创新。因此，清除阻碍城市更新演进与交通系统协调发展的政策因素，进一步完善法律法规体系势在必行。

5. 把握城市土地开发与交通的建设时机和时序

城市规划本身可以是静态设计，但城市更新演进和交通设施建设是一个相互作用的动态过程，这种规划实施的动态属性增加了实现土地与交通协调发展的难度。因此，在实施土地与交通协调发展的过程中，应当重视交通设施建设的时机和时序问题。

前文分析表明，城市交通与城市土地开发的时机和时序问题对城市更新演进的方向、速度和结果具有重要的影响。无论是宏观的时机问题，还是微观的时序问题，都会以不同的方式影响城市更新演进与交通的协调发展。微观上把握住了时序问题，并不表明在宏观上同时把握好了时机问题。只有同时把握好时机和时序问题，才能促进城市更新演进与交通系统的协调发展。

5.5 本章小结

本章研究组群城市空间演化与交通系统发展的耦合作用机制及协调生长策略。概述了城市空间演化与交通系统发展的耦合定义、目标与内涵，分析得出耦合机制过程、耦合模式等。并分别以城市空间和交通系统自身协调做分析与论述，最后给出两者的协调生长策略框架。

第六章　淄博的实践

城市公共交通系统对城市发展有着举足轻重的地位，是关系国计民生的社会公益事业，对支撑城市结构、用地形态和空间演进，缓解交通拥堵、改善人居环境、促进城市可持续发展具有十分重要的作用。

淄博是一个重工业发达城市，由于城市化和汽车化的快速发展，城市土地高强度开发，交通拥堵以及由此而生的环境污染、交通事故、环境噪声等负向压力与日俱增。近年来，淄博市经济、社会、特别是城镇化水平较十年前有很大的提高，城市空间布局、形态结构和城市道路基础设施建设出现新的格局，全市居民出行显现更多新要求。多年来，淄博城市与交通方面的前瞻性规划有效引导了公共交通事业的迅猛发展，奠定了淄博市公共交通发展的基础，城市、城乡公交发展取得显著成效。在此基础上，淄博市轻轨、有轨电车等规划被多次提上议程，这些工作，对引领淄博市未来空间演化与交通系统耦合与协调发展具有重要作用。"十三五"来临之际，在确立全市新一轮的城市整体规划之前，映衬新型城镇化建设的背景，秉承"公交优先"主题，立足淄博市大公交综合发展体系的视野，尽快开展城市公交的顶层设计和研究，将淄博市城乡客运资源进行科学整合，第一时间研究制定淄博市专项公交规划，对促进淄博组群城市空间演化与交通系统发展的耦合作用机制及协调生长策略具有特别重大的意义。

6.1　淄博市"十字型"通道轻轨发展可行性研究

6.1.1　基于 TransCAD 的淄博市交通宏观仿真实验平台构建

6.1.1.1　TransCAD 概述

TransCAD 是第一个也是唯一一个专供交通专业人员使用而设计的地理信息系统（GIS），用来储存，显示，管理和分析交通数据。TransCAD 把 GIS 和交通模型的功能组合成一个单独的平台，以提供其他软件无法与之匹敌的各种功能。TransCAD 可用于任何交通模式，任何地理比例尺寸和任何细节程度，如图 6-1 所示。TransCAD 可提供：

（1）强力 GIS 引擎，具备用于交通的特殊扩展功能。

（2）各种地图制作，地图寻址，可视化和分析工具，专为交通应用而设计。

（3）各种应用程序，用于寻找路径，交通需求预测，公共交通，物流，选址及销售区域管理。

TransCAD 代表最先进的 GIS 技术，可用来制作和改制地图，建立和维护地理数据集，或进行各种不同方式的空间分析。TransCAD 包含各种复杂的 GIS 功能，包括多边形叠加，影响区分析，地理编码等等，并具有开放式的系统结构，支持局部网和广域网上的数据共享。

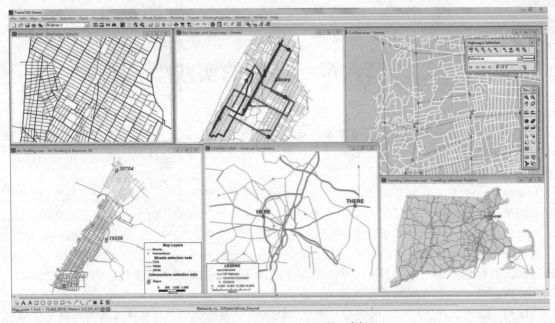

图 6-1　TransCAD 界面示例

6.1.1.2　基础路网及交通小区的建立

首先利用 AutoCAD 绘制淄博市道路网和交通小区，然后导入 TransCAD 里并填充相应的属性，包括 2 347 条路段和 122 个交通小区（合并为 6 个大区）。其中，ID 表示路段及小区编号，Length 表示路段长度，Dir 表示路段拓扑结构方向，Level 表示道路等级，Lanes 表示车道数，Capacity 表示通行能力，Speed 表示行驶速度，Time 表示行驶时间，Preload 表示公交预分配当量小汽车流量，Areas 表示小区面积，P（Production）表示小区分阶段发生量、A（Attraction）表示小区分阶段吸引量、big zone 表示大区编号。详细情况，如图 6-2、图 6-3 和图 6-4 所示。

Dataview1 - road

ID	Length	Dir	Layer	Handle	level	lanes	capacity	speed	time	preload
1277	0.56	0	ROAD	174037	2	3	4050	60	557.00	170.00
1278	0.45	0	ROAD	174167	2	3	4050	60	452.00	170.00
1279	0.12	0	ROAD	174297	2	3	4050	60	116.00	170.00
1280	1.08	0	ROAD	174459	2	3	4050	60	1083.00	170.00
1281	1.62	0	ROAD	174621	2	3	4050	60	1625.00	170.00
1282	0.59	0	ROAD	174783	2	3	4050	60	587.00	52.00
1283	0.32	0	ROAD	174945	2	3	4050	60	319.00	52.00
1284	0.31	0	ROAD	175075	2	3	4050	60	312.00	52.00
1285	1.03	0	ROAD	175205	2	3	4050	60	1027.00	52.00
1286	0.85	0	ROAD	175367	2	3	4050	60	845.00	52.00
1287	1.10	0	ROAD	175529	2	3	4050	60	1099.00	52.00
1288	3.14	0	ROAD	175659	2	3	4050	60	3143.00	52.00
1289	0.48	0	ROAD	175853	3	3	3000	50	571.00	52.00
1290	0.36	0	ROAD	175983	3	3	3000	50	432.00	52.00
1291	0.70	0	ROAD	176113	3	3	3000	50	843.00	52.00
1292	0.37	0	ROAD	176275	3	3	3000	50	447.00	52.00
1293	0.28	0	ROAD	176405	3	3	3000	50	338.00	52.00
1294	0.44	0	ROAD	176535	3	3	3000	50	533.00	52.00
1295	0.75	0	ROAD	176665	3	3	3000	50	896.00	52.00
1296	0.49	0	ROAD	176827	4	2	1400	40	721.00	1.00

图 6-2　淄博市道路网属性指标

ID	Area	[2010p]	[2010a]	[2015p]	[2015a]	[2020p]	[2020a]	[big zone]
100	3.94	28000	28217	35565	35739	38739	39000	5
101	2.94	27826	27870	34565	34696	37696	37913	5
102	4.12	23565	23522	29304	29087	31826	31783	5
103	1.95	32348	32696	40696	41087	43696	44217	5
104	2.29	45696	45609	56826	56739	61870	61739	5
105	4.84	32435	32304	40261	40130	44217	43696	5
106	2.42	34348	34563	42739	42912	46696	46783	5
107	1.03	25123	24778	26009	25566	26798	26403	6
108	1.97	29802	29950	30886	31034	31822	31970	6
109	1.51	21674	21822	22364	22561	23103	23300	6
110	2.63	12709	12660	13152	13054	13546	13497	6
111	2.38	8029	8078	8275	8423	8571	8620	6
112	2.21	18669	18669	19261	19261	19901	19901	6
113	0.99	20591	20788	21330	21477	21970	22216	6
114	0.75	22463	22364	23201	23103	23990	23891	6
115	3.86	13990	13940	14433	14384	14926	14827	6
116	1.90	8866	8817	9113	9113	9458	9408	6
117	1.99	13103	13152	13546	13645	13940	14039	6
118	2.70	4876	4827	5024	4975	5172	5123	6
119	1.94	13990	13990	14433	14482	14926	14926	6
120	7.41	18669	18669	19261	19261	19901	19901	6
121	3.39	8374	8374	8620	8620	8916	8916	6

图 6-3　淄博市交通小区属性指标

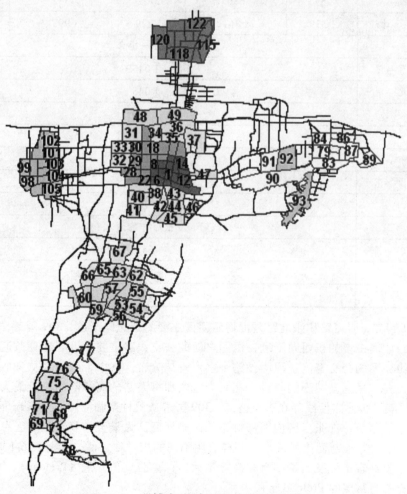

图 6-4　淄博市道路网及交通小区划分

6.1.1.3 客运走廊选择集

当路网中存在一些特殊路段时，如公交专用道、货车专用道、单向交通、步行商业街、自行车专用道以及道路拥挤收费路段等，这些特殊路段的属性需要进行单独设置。结合《淄博市综合交通规划》与《淄博市快速公交可行性分析报告》的交通调查，本文主要针对淄博市组团间的公交客运走廊做选择集。淄博市公交客运走廊高峰小时断面流量，如表 6-1 所示，公交客运走廊做选择集，如图 6-5 所示。

表 6-1　淄博市公交客运走廊高峰小时断面流量　（单位：人次/小时）

		张店	张店—淄川	淄川	淄川—博山	博山
张博路	南→北	3 363	2 942	1 230	894	1 485
	北→南	5 014	3 633	1 596	1 033	1 429
	总计	8 378	6 575	2 826	1 927	2 914
		周村	周村~张店	张店	张店~临淄	临淄
国道309	东→西	789	1 131	2 507	641	304
	西→东	751	630	2722	352	474
	总计	1 539	1 761	5 229	993	778
张北路		张店—桓台				
	南→北	1 045				
	北→南	1 045				
	总计	2 090				
张周路		张店—周村				
	东→西	1 131				
	西→东	630				
	总计	1 761				
张辛路		张店—临淄				
	东→西	641				
	西→东	352				
	总计	993				

从表 6-1 可知，张博路和张北路是淄博组团间主要的南北向干道，309 国道、张周路和张辛路是淄博组团间主要的东西向干道，组团之间的公交线路主要布设在这几条道路上，因而整个淄博市组团间的公交客流呈现明显的十字形骨架分布。其中，张博路从张店至博山由北至南断面客流基本呈逐渐减小的趋势，在张店区内即柳泉路的高峰断面流量最大，淄川至博山段最小，反映了张博路沿线存在客流终点；309 国道从周村至临淄由西至东断面客流基本呈先增大后减小的趋势，在张店区内即新村路的高峰断面流量最大，表明张店区存在大量的客流产生源，张店至临淄断面流量最小，同样表明临淄的相对独立性。根据表 6-1 中客流数据、车辆类型、平均载客率以及当量小汽车换算系数，计算公交预分配（Preload）的当量小汽车流量，并填充在道路层的 Preload 字段中。

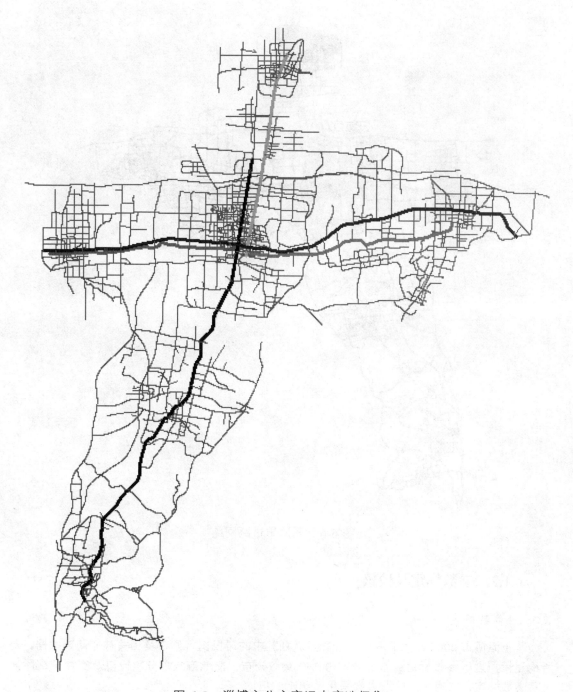

图 6-5　淄博市公交客运走廊选择集

6.1.1.4　创建道路网络

在填写道路层和小区层的数据属性后，分别在道路层和点层中添加质心（Centroid），将质心和道路通过质心连杆连接并填充相应的属性（行驶时间和通行能力），最后创建道路网络，如图 6-6 所示。

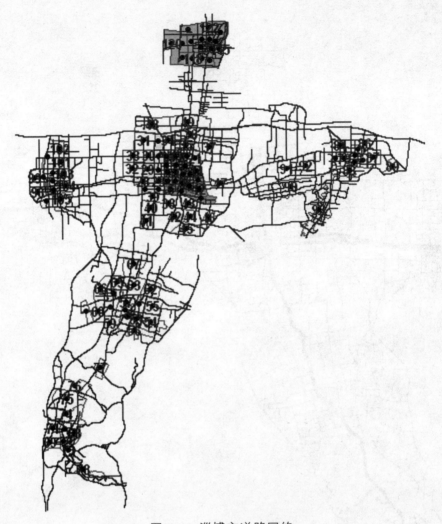

图 6-6　淄博市道路网络

6.1.2　参数标定及校核

1. 参数标定

基于淄博市 2007 年《淄博市综合交通规划》中的居民出行调查及相关补充调查数据，对所构建模型进行参数标定。本文着重考虑在交通分布、交通方式划分阶段以及交通分配阶段进行参数标定，交通生成阶段参数采用系统默认值。

（1）交通生成阶段。

该阶段分为交通发生和交通吸引两部分，预测采用交叉分类模型。其函数形为：

$$P_i = \sum P_s \cdot N_{si} = N_i \cdot \sum P_s \cdot \gamma_{si}, \ A_j = \sum A_s \cdot N_{si} = N_i \cdot \sum A_s \cdot \gamma_{si}$$

式中：P_i——分区 i 出行产生量；

　　　　A_j——分区 j 出行吸引量；

　　　　P_s——第 s 类人员的出行率；

A_s——第 s 类人员的吸引率；

N_{si}——第 i 分区第 s 类人员的数目；

N_s——第 i 分区各类人员总数目；

γ_{si}——第 i 分区第 s 类人员的比例。

该阶段主要对淄博市居民 OD 出行调查数据进行扩样、校验，本文选取不同收入阶层出行率和不同用地性质吸引率进行交叉分类，主要统计数据为各交通小区未来年人口、各阶层的人员比例、各出行目的人员比例、不同收入阶层出行率和不同用地性质的吸引率，利用 SPSS 或 Excel 软件进行统计分析，然后利用 TransCAD 进行交通生成预测。

（2）交通分布阶段。

该阶段采用双约束重力模型进行参数标定，该模型考虑了两个小区的吸引强度和吸引阻抗因素，基本假设为交通小区 i 到交通小区 j 的出行分布量与小区 i 的出行发生量、小区 j 的出行吸引量成正比，与小区 i 和小区 j 之间的出行阻抗成反比，其交通阻抗可以是出行距离、行程时间或出行费用。其函数形式为：

$$\begin{cases} T_{ij} = K_i \cdot K_j \cdot P_i \cdot A_j \cdot f(d_{ij}) \\ K_i = \left(\sum_j K_j \cdot A_j \cdot f(d_{ij}) \right)^{-1} \quad (i = 1,2,\text{K } n) \\ K_j = \left(\sum_i K_i \cdot P_i \cdot f(d_{ij}) \right)^{-1} \quad (j = 1,2,\text{K } n) \end{cases}$$

式中：T_{ij}——产生区 i 到吸引区 j 的交通流量；

K_i，K_j——分别为行约束系数、列约束系数；

P_i——产生区 i 的发生量；

A_j——吸引区 j 的吸引量；

$f(d_{ij})$——小区 i 至小区 j 之间的摩擦因子函数，包括三种函数，即

$$f(d_{ij}) = \begin{cases} e^{-c(d_{ij})}, \text{指数函数} \\ d_{ij}^{-b}, \text{幂函数} \\ a * d_{ij}^{-b} * e^{-c(d_{ij})}, \text{伽马函数} \end{cases}$$

a，b，c——待标定参数。

在淄博市宏观仿真模型中，选择伽马函数进行参数标定，得出参数值分别为 $a = 1.099\ 032\ 228\ 2$，$b = 1.284\ 620\ 000\ 0$，$c = 0.094\ 430\ 000\ 0$。

（3）交通方式划分阶段。

该阶段采用 Logit 模型进行参数标定，主要是通过标定各种影响因素的参数值来计算其效用值，从而确定各种交通方式的比例。其函数形式为：$P_{ijk} = \dfrac{e^{U_{ijk}}}{\sum\limits_{k=1}^{n} e^{U_{ijk}}}$

式中：P_{ijk}——交通小区 i 到交通小区 j 的出行量中，交通方式 k 的分担率；

U_{ijk}——交通小区 i 到交通小区 j 的交通方式 k 的效用函数；

n——交通方式的个数。

其中，U_{ijk} 的计算公式为：$U_{ijk} = \sum_{m=1}^{c} a_m x_{ijkm}$；

式中：a_m——待定系数；

x_{ijkm}——出行者从交通小区 i 到交通小区 j 采用交通方式 k 的影响因素 m；

c——影响因素的个数。

该阶段选择公交票价、停车费用、家庭收入、性别以及行程时间作为影响因素，其参数标定结果为：公交票价=−3.268 351，停车费用=0.064 725，家庭收入=−0.51 257，性别=0.008 243，行程时间=−0.026 084，通过这些参数值计算其效用值，最后计算出各种交通方式的比例。

（4）交通分配阶段。

交通分配主要是利用当量小汽车 OD 矩阵（现状或规划年）在道路网上进行分配测试，以检验或评价现状道路网或未来年道路网规划方案是否合理。预测采用用户均衡（User Equilibrium，UE）模型，其函数形式为：

$$\min: \quad Z(x) = \sum_a \int_0^{x_a} t_a(\omega) d\omega$$

$$\text{s.t.} \begin{cases} \sum_k f_k^{rs} = q_{rs} & \text{流量守恒条件} \\ f_k^{rs} \geq 0 & \text{非负约束条件} \end{cases}$$

其中：$x_a = \sum_r \sum_s \sum_k f_k^{rs} \delta_{a,k}^{rs}$；

x_a 为路段 a 上的交通流量；

$t_a(\omega)$ 为路段 a 以流量为自变量的阻抗函数，也称为行驶时间函数；

f_k^{rs} 为自出发地 r 至目的地 s 的第 k 条径路上的流量；

q_{rs} 为 r 到 s 间的 OD 交通量；

$\delta_{a,k}^{rs}$ 为 0-1 变量，如果路段 a 属于 r 到 s 间的第 k 条径路，则 $\delta_{a,k}^{rs} = 1$，否则，$\delta_{a,k}^{rs} = 0$。

该阶段主要对路段阻抗函数的参数值进行标定。路段阻抗函数是通过数学公式来描述出行时间与路段流量和最大通行能力之间关系的。BRP（Bureau of Public Road）函数是一个最常用的路段性能函数，它是将路段出行时间表达为流量与通行能力之比的函数。其函数形式为：

$$t = t_f \left[1 + \alpha \left(\frac{v}{c} \right)^{\beta} \right]$$

式中：t 为拥挤路段的出行时间；

t_f 为路段自由流出行时间；

v 为路段流量；

c 为路段通行能力；

α，β 为待标定参数。

这里采用摄像法进行交通调查。交通流调查的选择区段需要距离交叉口一定的距离，以保证机动车的连续流状态，同时要对不同等级的道路都进行录像拍摄。快速路主路通过交通警察的监控录像直接获取相应路段的交通流录像，主干路和次干路则由调查人员现场录像。由于本次路网模型主要是干线路网并且涉及支路较多，对于支路参数不作标定，直接本文采用美国公路局的推荐值。淄博市主要道路观察数据，如表 6-2 所示。

表 6-2　淄博市主要路段高峰小时机动车交通流关键属性

道路名称	道路等级	当量小汽车 （pcu/h）	通行能力 （pcu/h）	路段长度 （m）	自由流速度 （km/h）	拥挤路段速度 （km/h）
昌国路	快速路	3 764	6 800	120	70	58
张周路	快速路	3 203	4 700	120	70	55
柳泉路	主干路	3 009	3 900	100	50	32
金晶大道	主干路	2 783	3 800	100	50	30
兴学街	次干路	1 405	2 000	80	40	25
东二路	次干路	927	1 800	80	40	26
洪沟路	次干路	1 105	1 800	80	40	25

资料来源：2008 年《公铁联运站站位比选研究》数据调查。

在对路段阻抗函数进行参数标定之前，对 BRP 函数公式进行对数化处理，得

$$\ln\left(\frac{t}{t_f}-1\right)=\ln\alpha+\beta\ln(\frac{v}{c})$$

其中：t, t_f, v, c 都是常数，可以通过表 3.2 计算得到；

设 $\ln\left(\dfrac{t}{t_f}-1\right)=y$，$\ln a=b$，$\ln\left(\dfrac{v}{c}\right)=x$，$\beta=k$，则有 $y=kx+b$；

即可转化为一元回归方程，利用最小二乘法求出待标定参数 k，b 值。

即利用公式：$b=\dfrac{n\sum\limits_{i=1}^{n}x_iy_i-\left(\sum\limits_{i=1}^{n}x_i\right)\left(\sum\limits_{i=1}^{n}y_i\right)}{n\sum\limits_{i=1}^{n}x_i^2-\left(\sum\limits_{i=1}^{n}x_i\right)^2}$，$k=\bar{y}-\beta\bar{x}$ 即可求出，然后利用公式 $\ln\alpha=b$，

$\ln\left(\dfrac{v}{c}\right)=x$，$\beta=k$ 求出待标定参数 α，β 如表 6-3 所示。

表 6-3　模型标定参数值

参数	快速路	主干路	次干路	支路
α	0.42	0.94	1.16	0.15
β	2.8	3.2	3.0	4.0

注：支路参数标定采用美国公路局的推荐值。

2. 校核

为了验证构建模型是否满足精度要求，将现状调查数据应用于淄博市宏观模型，通过创建查核线来检验其精度，设置查核线之前要在 Line 层里添加流量字段 Count 字段，一般调查断面高峰小时流量。结合《淄博市综合交通规划》（中期成果）的交通调查，本文针对组团间的道路网结构设置 6 条查核线。查核线断面路段车流量，如表 6-4 所示，查核线布置，如图 6-7 所示。

表 6-4 淄博市组团间高峰小时查核线流量统计

查核线名称	小客车	大客车	公交车	小中货车	大货车	出租车	摩托车	标准车
张店淄川查核线	2 785	99	121	1 250	747	320	483	7 156
张店临淄查核线	1 286	114	124	433	351	146	204	3 362
张店桓台查核线	2 790	248	262	536	419	363	924	6 047
张店周村查核线	1 473	81	21	719	483	124	362	4 026
周村淄川查核线	249	13	15	159	25	23	37	635
淄川博山查核线	1 322	146	69	785	486	98	355	4179

将表 6-4 中的数据填入道路层 Count 字段中进行交通分配测试,得出查核线调查流量与分配流量的比例,如图 6-8 所示。

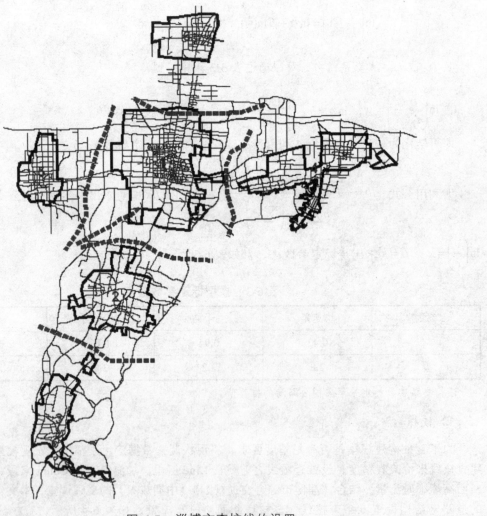

图 6-7 淄博市查核线的设置

SCREENLINE	NAME	IN_FLOW	IN_COUNT	IN_RATIO	OUT_FLOW	OUT_COUNT	OUT_RATIO	TOT_FLOW	TOT_COUNT	TOT_RATIO
--		--	--	--	--	--	--	--	--	--
1	张店桓台查核线	3101	3054	1.0154	3029	2993	1.0120	6130	6047	1.0137
2	张店周村查核线	2034	2024	1.0049	2011	2002	1.0045	4045	4026	1.0047
4	周村淄川查核线	336	320	1.0500	317	305	1.0393	653	635	1.0283
5	张店淄川查核线	3553	3508	1.0128	3701	3648	1.0145	7254	7156	1.0137
6	张店临淄查核线	1695	1673	1.0132	1714	1689	1.0148	3409	3362	1.0140
8	淄川博山查核线	2202	2163	1.0180	2069	2016	1.0263	4271	4179	1.0220

图 6-8　淄博市查核线精度校核

从图 6-8 可以看出，6 条查核线调查流量与交通分配流量相近，误差在 2%～9%，其精度满足要求（精度一般要求在 10%以内）。其中，误差最小的为张店—周村查核线，误差最大的为周村—淄川查核线。

6.1.3　交通需求预测

交通需求预测是交通规划和交通仿真的重要依据，本文采用传统的"四阶段"法，包括交通生成预测、交通分布预测、交通方式划分预测和交通分配预测四部分。该方法考虑了各种交通方式的协调发展及其他相关因素的影响，有利于整个交通系统的内部平衡以及交通系统与外部系统的协调发展。交通需求预测步骤，如图 6-9 所示。

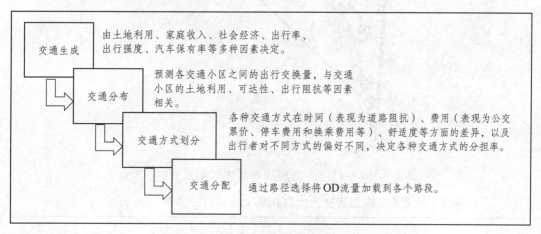

图 6-9　交通需求预测步骤

淄博市交通需求预测始终贯彻"宏观控制、局部调整"的预测思路，并充分考虑淄博城市经济和交通发展特点，以保证预测的准确性，具体预测方法如下。

根据 2007 年《淄博市综合交通规划》的交通调查数据（包括居民出行调查、查核线调查、出入口调查、公共交通随车调查以及货流分析调查）、《淄博市客运公共交通规划》以及前一节的参数标定值，结合城市人口、社会经济、土地使用、建设规划、城市综合交通系统等方面的发展前景分析，对淄博市进行交通需求预测（模型构建前面已详细说明，这里不做赘述）。限于篇幅，这里仅列出 2020 年高峰小时交通分布阶段交通大区和交通小区出行 OD 矩阵，如表 6-5 和图 6-10 所示，大区期望线如图 6-11 所示。待交通发展模式确定之后，结合各种具体方式的平均载客率和当量小汽车换算系数，折算成当量小汽车 OD 矩阵，便于最后的交通分配阶段测试分析。

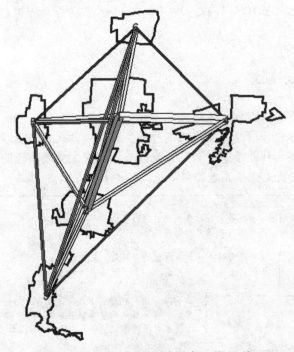

图 6-10 淄博市规划年交通小区出行 OD 矩阵（单位：人次/小时）

	103	104	105	106	107	108	109	110	111	112	113	114	115	116	117	118	119	120	121	122
1	349	496	346	361	224	273	197	118	75	169	189	204	127	83	122	46	129	173	58	172
2	369	527	361	377	228	280	202	121	77	172	192	207	129	84	125	47	133	178	59	175
3	381	541	370	389	268	327	235	136	86	202	226	244	152	99	147	53	148	199	65	205
4	264	375	265	277	176	215	155	90	57	133	149	161	100	65	96	35	98	132	45	135
5	179	257	184	192	115	140	101	60	38	87	97	105	65	42	63	23	66	88	30	89
6	366	528	377	391	219	268	194	116	74	166	185	199	124	81	120	45	127	170	59	169
7	175	240	172	198	120	142	106	61	40	94	101	107	68	42	62	31	74	94	30	97
8	237	338	230	240	144	177	128	77	49	109	121	131	82	53	79	30	84	112	38	111
9	487	667	479	551	334	395	294	169	113	261	281	298	188	117	173	63	205	263	80	269

图 6-11　淄博市规划年大区期望线

表 6-5　淄博市规划年交通大区出行 OD 矩阵（单位：人次/小时）

ID	1	2	3	4	5	6
1	357 394	88 366	54 319	124 993	90 423	69 177
2	97 177	46 855	31 076	35 724	30 298	17 675
3	59 003	30 695	33 588	23 346	20 633	11 497
4	123 157	32 008	21 177	77 884	29 982	24 182
5	82 334	25 086	17 296	27 707	32 295	14 884
6	68 999	16 031	10 557	24 480	16 305	19 260

6.1.4　"十字型"通道轻轨发展可行性研究

《淄博市综合规划》（中期成果）明确指出：通过"十字型"交通走廊联系各个城区，形成"网络多核"的"大淄博"空间格局,各城区之间通过大型绿地、农田、水系和绿化隔离带等生态硬质空间有机隔离,使各城区之间既相互独立又密切联系。目前,城市形态正处于由"十字型"组群结构向"网络多核""带状+葡萄串型"城市布局演进的关键时期。因此,在城市发展做出重大调整之前,选择适合的城市交通发展战略和空间增长模式,提倡"公共交通支撑城市"和"公共交通支撑社区",通过公交客运走廊和公交社区加强淄博市的整体凝聚力,建设一个层次分明、等级合理、服务均衡的公共交通客运体系,拉动城市主骨架的形成,引导城市空间合理布局;将人居环境、交通体系和开敞空间进行一体化考虑,通过开敞空间产生生态效应,提供足够的生态补偿,最大限度地保证人居环境的安全、舒适和便捷,切实提高城市生态环境质量;加快经济结构调整和产业布局的优化,促进经济、文化、社会和生活的和谐发展。通过 TOD 战略和精明生长的理念实现城市空间和谐生长及交通协调发展,进而防止城市蔓延,促进生态型的"多中心、网络多核"城市形成,保持城市政治、经济、环境、社会意识形态、文化等因素的可持续发展有着重要意义。

1. 淄博市组团间客运通道适应性分析

(1) 城市布局结构分析。

淄博是一座独具典型特色的"多中心、组群式"布局城市,各个城区各相距 20 千米左右,呈梅花状分布,城乡交错,布局舒展,呈"十字型"布局,被专家称为"淄博模式"。淄博市这种"组群式"城市布局结构,实际上是一个具有多中心的中、小区县集合体。各区县相对独立,均有中心城区,并具有独立职能,这种城市结构具有先天优势,同时淄博组群式空间格局也产生了一定的问题,主要在于组团之间发展的"诸侯文化",城市处于长期分散的发展模式,中心辐射能力不强。在产业发展上体现为"聚而不集",在基础设施建设上体现为"各自为政",在城市空间上体现为"散乱蔓延"。

近年来,淄博市城市形态发展方向由原来的"五朵金花一起开"发展模式向"一个核心、四个副心"构成的"网络多核"城市结构转变。在协调发展各组群城区的基础上突显了张店的核心地位。

淄博市在向核心城区集聚的同时,城市整体布局呈"点轮式"扩散,即由中心点沿主要交通干线呈"葡萄串"状向外延伸,形成若干扩散轴线或产业密集带。这种扩散方式与淄博市"组群式"城市布局形态结合在一起,很好地反映了交通干线在组群城市中的重要地位。淄博市应以规划、建设"网络多核"的城市结构为契机,以客运通道作为城市发展的主骨架,实施 TOD 战略,完善淄博市城市布局结构,带动了淄博市经济的快速发展。

(2) 道路布局结构分析。

城市道路网把城市各个功能中心有机地联系起来,是城市的交通动脉。根据当斯定律:新建的道路设施会引发新的交通量,而交通需求总是倾向于超过交通供给。因此,我们不能把道路扩建作为提高交通供给的主要手段,应该从保障城市交通功能的正常发挥、形成有机协调的道路网系统的角度出发,着重分析道路网的布局结构、等级结构和功能结构。

① 区间道路网。

与本省 17 个地级城市相比,淄博市城市道路设施建设落后,在全省处于中等偏下的水平。全市的人均道路网面积水平较低,仅列全省的第 15 位,道路网密度水平也较差,位列全省第 12 位。淄博市道路网整体密度偏低,系统等级级配严重失衡,道路等级标准有待改善,具体情况,如表 6-6 所示。

城市道路布局与城市结构是相辅相成的,因此,城市道路布局也应该是组团式的。组团

228

之间布局联系干道，组团内依托联系干道形成完整的城市道路网络。目前，淄博市各组团之间的联系干道已基本建成，如图 6-12 所示。

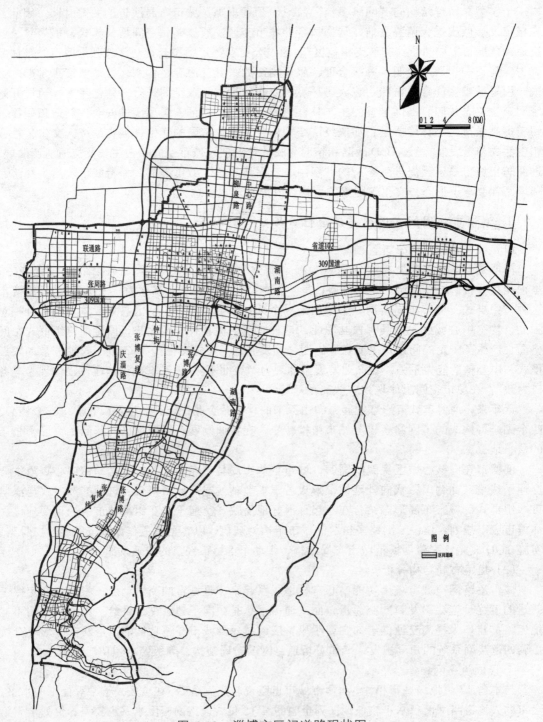

图 6-12　淄博市区间道路现状图

张店区和周村区之间的 3 条：昌国路、联通路和张周路；
张店区和淄川区之间的 4 条：张博路、湖南路、张博复线和大钟街；

博山区和淄川区之间的 3 条：张博路、昆王路、张博复线。

淄川区和周村区目前只有庆淄路一条通道直接联系。

张店区和桓台县之间通 3 条：中心路、柳泉路和世纪路。

张店区和临淄之间 2 条：309 国道和 102 省道。

区间联系道路承担的交通已经逐步从长距离的公路出行转变为城市居民出行。根据调查，区间联系道路承担的交通量有 72%是规划范围内的城市交通出行，占绝大多数，而规划范围内的对外交通出行占 23.6%，承担的过境交通比例仅占 4.4%。现状区间联系道路交通状况相对较好，通道能力富裕。联系各个组团之间的通道平均负荷度在 0.4 左右（道路负荷度是指实际交通量与设计通行能力的比值），负荷度最高的是张店和淄川之间的张博路，高峰小时负荷度接近 0.70。区间道路网的平均负荷度，如表 6-7 所示。

表 6-6　淄博市 2006 年研究范围现状道路指标

道路等级	区间道路长度（km）	城区道路长度（km）	规划范围道路长度合计（km）	规划范围路网密度（km/km²）
高速公路	84.1	15.5	99.6	0.083
主干路	343.7	463.3	807	0.67
次干路	201.6	284.3	485.9	0.40
支路	242.4	274.5	516.9	0.43
合计	871.8	1 037.6	1 909.4	1.59

表 6-7　区间联系干道关键截面平均负荷度分析

序号	截面位置	截面平均负荷度	截面最大负荷度	最大负荷度道路
1	张店—淄川	0.412	0.697	张博路
2	张店—桓台	0.411	0.658	张田路
3	张店—周村	0.277	0.311	昌国路
4	张店—临淄	0.417	0.535	309 国道
5	周村—淄川	0.346	0.35	庆淄路
6	淄川—博山	0.389	0.513	昆王路

资料来源：2007 年核查线流量、流向调查，2008 年公交客运情况补充调查。

未来年在主要空间走廊上保持"快速路+主干路+区间联系干路"，快速路作为机动车快速联络通道，主干路作为主要客流通道，区间联系干路是相邻区域的机动车联系通道，如图 6-13所示。

张店—周村：规划 2 条快速路（石门路、309 国道），1 条主干路（张周路），2 条区间联系干路（恒星路、联通路）。

张店—淄川：规划 2 条快速路（湖南路、张博复线），2 条主干路（大钟路—西十一路，张博路），3 条区间联系干路（张南路、金牛路—西十路、黄杨路—西八路）。

张店—临淄：规划 2 条快速路（辛烯路、S102），1 条主干路（新村路—纬三路），3 条城区间联系干路（309 国道—人民西路、横十路—南王路、洪沟路—济青路）。

张店—桓台：规划 2 条快速路（张博复线、东外环路），2 条主干路（柳泉路、中心路），1 条区间联系干路（石桥大道）。

淄川—博山：规划 2 条快速路（湖南路、张博复线），1 条主干路（张博路），1 条区间联系干路（五岭路）。

周村—淄川：规划 1 条区间联系干路（庆淄路）。

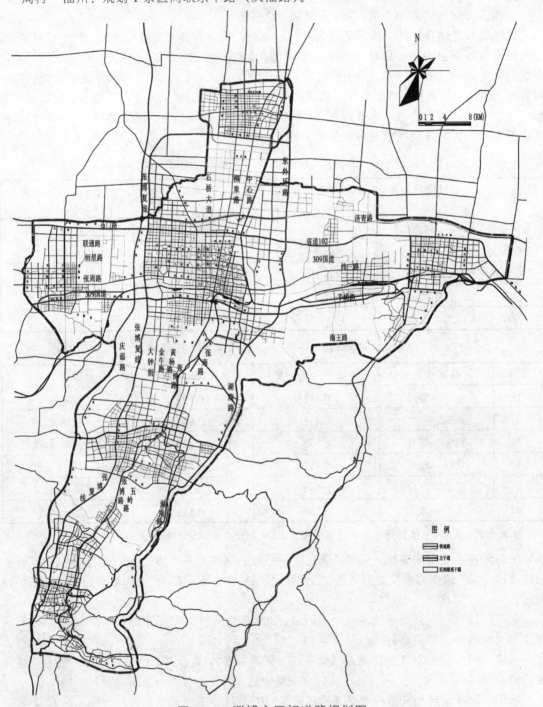

图 6-13　淄博市区间道路规划图

② 道路网络结构功能分析。

组团间道路联系单一，主要依托公路系统，国道、省道兼有城市道路交通功能。现仅有的几条区间快速干道，同一道路上客运功能和货运功能混杂。公路沿线形成的城镇化连绵发展及沿线生产、生活组织，既严重制约沿线土地的优化整合又限制公路功能的正常发挥，公路街道化现象明显。譬如核心区柳泉路沟通城市各功能区，是建成区的交通要道，但其两侧却多为商业用地，高峰时段道路拥堵现象严重。

作为典型的组群式布局，交通设施的建设应当与城市的布局密切配合才能发挥应有的效益。组团之间的城市联系道路和组团内部道路不仅交通需求不同，交通运行的特征也有较大的区别，两种类型的道路应当搭配得当，并根据不同的交通特征规划和建设，才能保证城市交通顺畅、便捷。但目前城市道路中联系道路与组团内部的干道重复过多，使联系道路的交通功能受到很大影响，换言之，组团过境交通与组团内部交通在处理上难以分离，相互干扰。

③ 道路网级配比例分析。

现状道路网络中主干道、次干道、支路比例为 2.02∶1.21∶1.29，与城市道路规划建议值相比，次干道、支路比例偏低。由于主、次、支路比重失调，使主干道既承担主干路"通"的功能，又承担次干道和支路"达"的功能，交通流高度集中于主干道尤其是中心区的主干道上；次干道和支路难以充分发挥疏解、分担主干道交通流的作用。

④ 交通结构分析。

城市交通结构合理与否，直接影响到城市交通运输效率以及城市交通资源的配置方式。淄博市组团间的交通结构是以"公交车、摩托车、私人小汽车"为主的综合交通方式。由于城市交通结构存在很多不合理的地方，导致交通运输效率以及道路利用率较低，主要体现在缺乏大容量、快速公交方式，摩托车出行比例偏高，私人小汽车快速增长等。

2. "十字型"客运通道交通需求预测

由于受政治、社会经济以及城市形态等因素的影响，未来年"十字型"客运通道的骨干交通方式是多种多样的，具有很大的不确定性。限于篇幅，本文仅列出未来年"十字型"通道可能出现的交通方式组合及结构，如表 6-8 所示。

表 6-8　未来年淄博市"十字型"通道上不同公交方式的分担率

	公交优先发展	快速公交	轻轨
公交优先发展+轻轨	20%	——	50%
公交优先发展+BRT	25%	40%	——
公交优先发展+BRT+轻轨	15%	20%	35%
公交优先发展	55%	——	——

3. "十字型"通道轻轨发展时序研究

（1）轻轨建设条件。

城市轻轨，是城市建设史上最大的公益性基础设施之一，是一个涉及面广、综合性很强的系统工程，一旦建成，很难改变。即使是经济发达的国家，在策划建设轻轨项目时，也是保持极其审慎的态度。因此，尽管轻轨具有其他运输工具无法比拟的优点，但对淄博市是否适合，还必须结合该市的实际情况进行必要的科学分析论证。

《国务院办公厅关于加强城市快速轨道交通建设管理的通知（国办发[2003]81 号）》规定，申报建设轻轨的城市应达到下述基本条件：地方财政一般预算收入在 60 亿元以上，国内生产总值达到 600 亿元以上，城区人口在 150 万人以上，规划线路客流规模达到单向高峰小时 1

万人以上。

　　淄博市经济状况良好、发展迅速，近 10 年来，国内生产总值和财政收入情况如表 6-9 和表 6-10 所示。淄博市现状"五区一县"城区人口约为 230.2 万。可见，目前淄博市已经具备建设轻轨的经济和人口条件。

表 6-9　淄博市近 10 年国内生产总值（单位：亿元）

年份	2005	2006	2007	2008	2009	2010	2011	2012	2013	2014
GDP	1430.95	1645.16	1945.02	2316.78	2445.28	2866.75	3280.23	3557.2	3801.2	4029.8
增长率	17.10%	15.80%	15.05%	13.00%	13.20%	13.70%	12.00%	10.50%	9.50%	7.40%

表 6-10　淄博市近 10 年财政收入情况（单位：亿元）

年份	2005	2006	2007	2008	2009	2010	2011	2012	2013	2014
财政	64.13	80.7	97.8554	114.69	128.77	162.4	203.59	236.3	273.1	292.5
增长率	28.16%	25.84%	21.26%	17.20%	12.28%	26.11%	25.36%	16.10%	7.10%	7.10%

　　（2）发展时机。

　　鉴于目前淄博市已经达到建设轻轨的经济和人口要求，因此只需分析淄博市各组团间的客流量情况。淄博市"十字型"通道总长约 110 km（空间距离），大体分为张店—淄川段，淄川—博山段，张店—临淄段，张店—周村段，张店—桓台段。根据《淄博市综合交通规划》（中期成果），淄博市各组团间道路高峰小时系数为 9%～10%，通过对未来年淄博市各组团间的客流预测，以及运用淄博市交通宏观仿真实验平台进行仿真测试分析进行的客流分配，得到了不同时期不同交通方式组合下的五个区段的单向断面客流量及单向高峰小时客流量，如表 6-11、表 6-12、表 6-13、表 6-14、表 6-15 和表 6-16 所示。

表 6-11　2015 年"十字型"通道不同交通方式组合单向断面客流量　（单位：人次/日）

		张店—淄川	淄川—博山	张店—临淄	张店—周村	张店—桓台
公交优先发展+轻轨	公交优先发展	32 047	19 255	17 359	15 148	19 260
	轻轨	81 672	48 629	45 059	38 453	55 263
公交优先发展+BRT	公交优先发展	40 062	24 060	21 693	18 942	24 068
	BRT	64 095	38 486	34 717	30 307	38 520
公交优先发展+BRT+轻轨	公交优先发展	24 034	14 432	13 018	11 356	14 445
	BRT	32 047	19 255	17 359	15 148	19 260
	轻轨	56 087	33 681	30 371	26 519	33 705
公交优先发展		88 129	52 924	47 741	41 676	52 967

表 6-12　2015 年"十字型"通道不同交通方式组合的单向断面高峰小时客流量
（下限～上限）（单位：人次/小时）

		张店—淄川	淄川—博山	张店—临淄	张店—周村	张店—桓台
公交优先发展+轻轨	公交优先发展	2 884～3 205	1 733～1 926	1 562～1 736	1 363～1 515	1 733～1 926
	轻轨	7 350～8 167	4 377～4 863	4 055～4 506	3 461～3 845	4 974～5 526

		张店—淄川	淄川—博山	张店—临淄	张店—周村	张店—桓台
公交优先发展+BRT	公交优先发展	3 606~4 006	2 165~2 406	1 952~2 169	1 705~1 894	2 166~2 407
	BRT	5 769~6 410	3 464~3 849	3 125~3 472	2 728~3 031	3 467~3 852
公交优先发展+BRT+轻轨	公交优先发展	2 163~2 403	1 299~1 443	1 172~1 302	1 022~1 136	1 300~1 445
	BRT	2 884~3 205	1 733~1 926	1 562~1 736	1 363~1 515	1 733~1 926
	轻轨	5 048~5 609	3 031~3 368	2 733~3 037	2 387~2 652	3 033~3 371
公交优先发展		7 932~8 813	4 763~5 292	4 297~4 774	3 751~4 168	4 767~5 297

从表 6-11 和表 6-12 可看出，2015 年无论在哪种交通方式下，张店—淄川段的客流量最大（包含一部分张店—博山客流量），张店—桓台段客流量次之，张店—周村段客流量最少。在"公交优先发展+轻轨"这种交通方式组合中，张店—淄川段、淄川—博山段、张店—临淄段、张店—周村段、张店—桓台段轻轨单向断面高峰小时客流量预测均未达到 1 万人次/小时，均未达到轻轨建设的客流量要求。在"公交优先发展＋BRT+轻轨"这种交通方式组合中，上述几个区段轻轨单向断面高峰小时客流量预测均未达到 1 万人次/小时，均未达到轻轨建设的客流量要求。

表 6-13　2020 年"十字型"通道不同交通方式组合单向断面客流量　（单位：人次/日）

		张店—淄川	淄川—博山	张店—临淄	张店—周村	张店—桓台
公交优先发展+轻轨	公交优先发展	53 078	31 735	28 686	25 146	31 887
	轻轨	132 707	79 303	71 730	62 892	79 728
公交优先发展+BRT	公交优先发展	66 347	39 653	35 849	31 445	39 846
	BRT	106 156	63 433	57 370	50 321	63 779
公交优先发展+BRT+轻轨	公交优先发展	39 803	23 787	21 514	18 853	23 913
	BRT	53 078	31 735	28 686	25 146	31 887
	轻轨	92 891	55 510	50 190	44 026	55 802
公交优先发展		145 953	87 225	78 894	69 186	87 694

表 6-14　2020 年"十字型"通道不同交通方式组合的单向断面高峰小时客流量（下限~上限）（单位：人次/小时）

		张店—淄川	淄川—博山	张店—临淄	张店—周村	张店—桓台
公交优先发展+轻轨	公交优先发展	4 777 ~5 308	2 856~3 174	2 582~2 869	2 263~2 515	2 870~3 189
	轻轨	11 944~13 271	7 137~7 930	6 456~7 173	5 660~6 289	7 176~7 973
公交优先发展+BRT	公交优先发展	5 971~6 635	3 569~3 965	3 226~3 585	2 830~3 145	3 586~3 985
	BRT	9 554~10 616	5 709~6 343	5 163~5 737	4 529~5 032	5 740~6 378
公交优先发展+BRT+轻轨	公交优先发展	3 582~3 980	2 141~2 379	1 936~2 151	1 697 ~1 885	2 152~2 391
	BRT	4 777~5 308	2 856~3 174	2 582~2 869	2 263~2 515	2 870~3 189
	轻轨	8 360~9 289	4 996~5 551	4 517~5 019	3 962~4 403	5 022~5 580
公交优先发展		13 136~14 595	7 850~8 723	7 100~7 889	6 227~6 919	7 892~8 769

从表 6-13 和表 6-14 可看出，2020 年无论在哪种交通方式下，张店—淄川段客的流量都

最大（包含一部分张店—博山客流量），张店—桓台段客流量次之，张店—周村段客流量最少。在"公交优先发展+轻轨"这种交通方式组合中，张店—淄川段轻轨单向断面高峰小时客流量预测超过 1 万人次/小时，基本达到轻轨建设的客流量要求；淄川—博山段、张店—临淄段、张店—周村段、张店—桓台段轻轨单向断面高峰小时客流量预测均未达到 1 万人次/小时，未达到建设轻轨的客流量要求。在"公交优先发展＋BRT+轻轨"这种交通方式组合中，上述几个区段轻轨单向断面高峰小时客流量预测均未达到 1 万人次/小时，未达到轻轨建设的客流量要求。

表 6-15　2025 年"十字型"通道不同交通方式组合单向断面客流量

（单位：人次/日）

		张店—淄川	淄川—博山	张店—临淄	张店—周村	张店—桓台
公交优先发展+轻轨	公交优先发展	78 162	46 758	41 950	37 693	46 846
	轻轨	195 415	116 835	104 903	94 276	117 128
公交优先发展+BRT	公交优先发展	97 707	58 422	52 428	47 138	58 539
	BRT	156 322	93 454	83 900	75 430	93 697
公交优先发展+BRT+轻轨	公交优先发展	58 612	35 048	31 464	28 263	35 131
	BRT	78 162	46 758	41 950	37 693	46 846
	轻轨	136 791	81 783	73 400	65 998	81 978
公交优先发展		214 928	128 508	115 377	103 713	128 833

表 6-16 2025 年"十字型"通道不同交通方式组合的单向断面高峰小时客流量

（下限～上限）（单位：人次/小时）

		张店—淄川	淄川—博山	张店—临淄	张店—周村	张店—桓台
公交优先发展+轻轨	公交优先发展	7 035～7 816	4 208～4 676	3 775～4 195	3 392～3 769	4 216～4 685
	轻轨	17 587～19 542	10 515～11 684	9 441～10 490	8 485～9 428	10 542～11 713
公交优先发展+BRT	公交优先发展	8 794～9 771	5 258～5 842	4 719～5 242	4 242～4 714	5 269～5 854
	BRT	14 069～15 632	8 411～9 345	7 551～8 390	6 789～7 543	8 433～9 370
公交优先发展+BRT+轻轨	公交优先发展	5 275～5 861	3 154～3 505	2 832～3 146	2 544～2 826	3 162～3 513
	BRT	7 035～7 816	4 208～4 676	3 775～4 195	3 392～3 769	4 216～4 685
	轻轨	12 311～13 679	7 360～8 178	6 606～7 340	5 940～6 600	7 378～8 198
公交优先发展		214 928	19 343～21 493	11 566～12 851	10 384～11 538	9 334～10 371

从表 6-15 和表 6-16 可看出，2025 年无论在哪种交通方式下，张店—淄川段客流量最大（包含一部分张店—博山客流量），张店—桓台段客流量次之，张店—周村段客流量最少。在"公交优先发展+轻轨"这种交通方式组合中，张店—淄川段轻轨单向断面高峰小时客流量预测达到 1.7 万人次/小时，达到建设轻轨的客流量要求；淄川—博山段、张店—桓台段轻轨单向断面高峰小时客流量预测均达到 1 万人次/小时，基本达到轻轨建设的客流量要求；张店—临淄段、张店—周村段轻轨单向断面高峰小时客流量预测均接近 1 万人次/小时，轻轨建设的时机尚不成熟。在"公交优先发展＋BRT+轻轨"这种交通方式组合中，张店—淄川段轻轨单向断面高峰小时客流量预测超过 1 万人次/小时，达到轻轨建设的客流量要求；其他几个区段轻轨单向断面高峰小时客流量预测均未达到 1 万人次/小时，未达到轻轨建设的客流量要求。

综上所述，若采用"公交优先发展+轻轨"这种交通方式组合，2020 年张店—淄川段达到轻轨建设的客流量要求，2025 年淄川—博山段、张店—桓台段达到轻轨建设的客流量要求，在本书的研究年限内张店—临淄段、张店—周村段建设轻轨的时机尚不成熟；若采用"公交优先发展＋BRT＋轻轨"这种交通方式组合，2025 年张店—淄川段达到轻轨建设的客流量要求，淄川—博山段、张店—桓台段、张店—临淄段、张店—周村段建设轻轨的时机尚不成熟。

另外，从城市景观、城市未来发展形态、轻轨的运行效率以及轻轨建成后吸引客流、乘客换乘等方面进行考虑，若割裂张店—淄川段与淄川—博山段的轻轨建设，待轻轨建成后，客流量将达不到预期效果。

4. "十字型"通道轻轨与其他方式的接驳

充分研究轻轨交通与其他交通方式配套设施的接驳，可以发挥轻轨在整个交通系统中的作用，使之与其他交通方式形成综合交通运输体系，实现公共交通资源的最优化，发挥最大的经济和社会效益，带动整个城市的发展。

不同的交通方式有不同的特点，自行车机动灵活、无污染，但是受自然气候地理环境的影响，在混行道路上容易对交通产生干扰，造成道路交通车速下降；小汽车机动性强，实现"门到门"服务，但占用道路面积大、综合运能较小、能耗大、污染严重；公共汽车机动性好、基础工程简单、成本低、能耗虽然不大，但是综合运行速度慢、影响运能、污染大；轻轨运量和运行速度均较大，安全、准点、能耗低、无污染、造价比地铁低，但是占用地面空间；地铁运量大、运行速度大、安全、准点、能耗低、无污染，不占用地面空间，但工程造价高、综合效益好。各种交通方式的运输特性和单通道各项指标，如表 6-17 所示。

表 6-17　各种交通方式单通道宽度、容量、单位动态占地面积比较

种类	交通方式	单通道宽度（m）	容量（万人/车道小时）	运送速度（km/h）	单位动态占地面积（m²/人）	最佳使用范围
私人交通	步行	0.8	0.1	4.5	1.2	适合很短距离
	自行车	1.0	0.1	10～12	2.0	适合短距离
	摩托车	2.0	0.1	20～30	22	适合各种距离
	小汽车	3.25	0.15	20～30	32	适合中长距离
公共交通	公共汽车	3.5	1.0～1.2	15～20	1.0	适合于中短距离和客流集中地
	轻轨	2.0/3.5	1.0～1.3	35	0.2	适合中长距离和客流集中地
	地铁	0/3.5	3.0～7.0	35	0～0.2	适合中长距离和客流集中地

一般情况下，步行交通的出行半径为 500～1000 m，自行车交通出行半径为 4 km 左右，最大距离为 6 km 左右，机动车的出行半径受到道路及交通状况的影响较大。不同交通方式出行对应的出行距离不同，对于轻轨交通站点而言，不同衔接方式的服务范围也不一致，不同衔接方式对应的轻轨交通吸引范围，如表 6-18 和图 6-14 所示。

表 6-18　与轻轨交通接驳的合理范围分析

换乘方式	速度（km/h）	合理区半径（km）	合理区面积（km²）
步行	3.3	0.55	0.95
自行车	4～14	1～3.5	3.14～38.47
公共汽车	16～25	4～6.25	50.24～122.66
小汽车	40～60	6.67～10	139.7～314

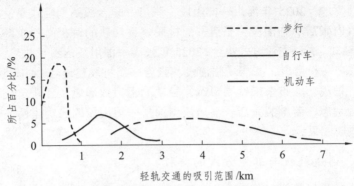

图 6-14　轻轨交通站点不同衔接方式服务范围示意图

（1）轻轨交通与常规公交的接驳。

常规公交的载客能力相对较小、人均成本高、准点率往往不高，但与轻轨交通相比，具有较大的弹性，更改线路和站点比较容易，为轻轨交通提供良好的接驳。

鉴于轻轨站点较多，本报告仅就"十字型"通道交叉处的中心站点为例，实现常规公交与轻轨交通的接驳。张店区是整个淄博市的核心城区，是淄博市对外的主要窗口，区内分布有 1 个公交总站，4 个客运站（包含 2 个在建客运站，1 个拟建客运站），1 个火车站，形成了地面的交通枢纽体系。由于此站点地处张店城区，考虑到用地紧张、居民换乘是否方便等问题，建议通过增设常规公交（可考虑采用中、小巴士）线路实现与公交总站的衔接，并通过增设一条环形公交线路来连接地面各交通枢纽，同时增设此轻轨站点与其他客运站的常规公交线路，方便居民出行，如图 6-15 所示。同时，在各组团城区外围的轻轨交通枢纽站，还要考虑通过常规公交或支线小巴士来合理地衔接各组团的长途客运和乡村客运，扩大轻轨交通的辐射范围。

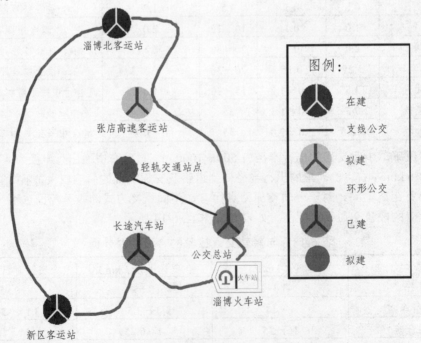

图 6-15　轻轨交通与常规公交接驳示意图

除此之外，在轻轨交通沿线取消重合段长的常规公交线路，而将其改设在轻轨交通线服务半径以外的地区；将轻轨交通线路两端的常规公交线路的终点尽可能地汇集在轻轨交通终点，组合成换乘枢纽站（如桓台分公司站、博山火车站等）；在局部客流大的轻轨交通线的某一段上，保留一部分公交车线，起分流作用。

（2）轻轨交通与自行车交通接驳。

鉴于自行车是一种绿色交通，目前淄博市对自行车交通应采取"鼓励近距离出行，限制远距离出行"的原则，在城市中心城区应采取对自行车交通"以疏导为主，要有利于向公共交通转化"的策略。

在此原则和策略的前提下，自行车与轻轨交通衔接的主要思路是：在城区中心倡导绿色交通出行，但要限制或过滤过多的自行车出行，进而把其引向公共交通出行；在位于各组团边缘和城区中心生活性道路附近的轻轨交通站点处设置自行车停车场，为自行车换乘轻轨交通提供了便利，同时增加了轻轨交通车站的辐射范围。因此，解决问题的关键是发展多层次公共交通体系，为居民提供多样化、经济、便捷的公交服务。

（3）轻轨交通与步行交通接驳。

研究表明，步行是轻轨交通乘客进出站使用最多的交通方式，因此，行人交通组织、衔接是轻轨交通与其他交通方式接驳的重要组成部分。

① 各组团城区有条件形成交通枢纽点的轻轨交通站点，应保证人车分离，提供完善的步行系统，合理组织各方式转换空间，以满足乘客的换乘需要。

② 如交通组织需要，轻轨交通出入口应成为行人过街通道的组成部分，使其可与人流集散广场（或大厅）相连接。轻轨交通与公交换乘的出入口，应设置在道路两侧视野开阔的地方，某些出入口可与建筑物相连。

③ 改善和推广行人引导系统，提高行人交通信号装置的使用率。

④ 人流高度集聚的商业中心、体育场馆和交通枢纽站应设置一定规模的人流集散广场和步行系统，以满足行人的安全性、方便性和舒适性要求。

（4）轻轨交通与私人小汽车交通衔接。

在私人小汽车大规模进入城市交通系统之前，必须从综合的角度来对待私人小汽车的使用。对于居民的长距离出行，应该通过快速公共交通来加以引导，建议通过建立停车换乘模式（Park and Ride lots，P+R）来减少城市中心城区的交通压力。考虑在各组团城区的出入口、城区外围的边缘位置修建小汽车停车场，为进入各组团城区的小汽车提供方便。停车换乘指城市外围的出行者将小汽车停放在轻轨交通站或公共交通首末站附近的停车设施为，通过换乘公共交通进入城市中心，从而减少小汽车在城市中心区的使用。其主要功能是提供高效、方便、舒适的换乘条件，鼓励私人交通换乘公共交通进入中心区，从而提高公共交通的吸引力；将低载客率的交通方式拦截在城市外围区域，减少小汽车直接进入市中心的出行量，达到缓解中心城区交通压力的目的。

总之，轻轨交通只有与其他交通方式密切衔接、互相配合，达到空间和时间上的衔接一体化，实现"无缝衔接和零换乘"，才能提高轻轨交通的辐射吸引力，发挥轻轨交通大容量的客运功能。

5."十字型"通道公共交通发展方案

（1）发展方案。

结合淄博市城市形态、城市布局以及社会经济发展水平等因素，通过对淄博市未来年客流预测结果的分析、研究，本文针对淄博市"十字型"通道的公共交通发展提出了多种方案，本报告从中遴选出三个更加适合淄博市客运通道发展特点的建设方案，如表 6-19 所示。

表 6-19　淄博市"十字型"通道公共交通发展方案

	方案特点
方案Ⅰ： 公交优先发展→轻轨交通	不需要发展 BRT，直接从公交优先发展到轻轨交通的建设。优点是不需要浪费由于之前投资在 BRT 的费用，社会经济效益、环境效益突出；缺点是一次性投资较大，建设周期长
方案Ⅱ： 公交优先发展→BRT→轻轨交通	在公交优先发展的基础上建设 BRT，并培养客流，然后发展轻轨交通。这种模式是一种循序渐进的方式，并把 BRT 作为轻轨建设的一个过渡和延伸。缺点是建设 BRT 与轻轨之间相差时间过短，BRT 效益不能显现，浪费投资
方案Ⅲ： 公交优先发展→BRT	在公交优先发展的基础上建设 BRT。优点是 BRT 投资费用较少、灵活性较强、建设周期短；缺点是运输能力受限，相对轻轨来说，其占用较多的道路资源，对社会车辆影响大，系统稳定性稍差，交通管理要求高

（2）方案对比分析。

① 社会经济效益对比分析。

社会效益是指产品和服务对社会所产生的好的后果和影响，主要表现在公众反映和社会评价体系上。对轻轨交通和 BRT 而言，社会效益主要包括节约旅客出行时间的效益、减少疲劳的效益、减少交通事故的效益、改善环境的效益、公交替代的效益以及轻轨交通沿线土地增值的效益等。以张店—博山段为例，BRT 与轻轨的社会效益对比，如表 6-20 所示。

表 6-20　张店—博山段 BRT 与轻轨社会效益对比（单位：万元）

交通方式	轻轨	BRT
取代常规公交设施投入效益	5 778	1 946
节约乘客时间效益	147 115	87 008
减少交通事故，增强安全性	3 013	2 063
提高劳动生产率	38 674	26 972
节约能源效益	3 489	1 088
减少城市环境污染效益	1 679	386
沿线不动产增值效益	313 580	96 823
节约城市土地效益	4 064	1 016

注：同时投资，不需考虑通货膨胀情况。

② 客流对比分析。

在运量方面，衡量公共交通工具运量的一般指标是高峰小时单方向最大断面客流量，简称单向运量。轻轨交通的单向运量取决于单车载客数量、车辆编组（或铰接）数和最小发车间隔。在单车载客 200 人、4 节编组、发车间隔 2 min 的条件下，轻轨交通的单向运量可以达到 24 000 人/时。轻轨列车的编组数一般不超过 4 节，发车间隔受追踪列车间隔和车站折返能力的限制，进一步缩小的可能性也不大，但通过提高单车载客数量可以使其单向运量提高到 30 000 人/时左右。BRT 的单向运量取决于车辆载客数、专用车道数和通行能力（包括路段、交叉口和车站通行能力）。目前已有的 BRT 单向运量大多为 8 000～12 000 人/时。个别采用全封闭的独立公交专用道路，使用载客 300 人的大型铰接巴士车辆，可使单向运量达到 36000 人/时左右。

假设轻轨和 BRT 同时实施，不同时期不同路段的客流量，如表 6-21 所示。

表 6-21　轻轨与 BRT 客流量对比（单位：人次/日）

| 年份 | 2015 年 | | 2020 年 | | 2025 | |
交通方式	轻轨	BRT	轻轨	BRT	轻轨	BRT
张店—淄川	81 672	64 095	132 707	106 156	195 415	156 322
淄川—博山	48 629	38 486	79 303	63 433	116 835	93 454
张店—临淄	45 059	34 717	71 730	57 370	104 903	83 900
张店—周村	38 453	30 307	62 892	50 321	94 276	75 430
张店—桓台	55 263	38 520	79 728	63 779	117 128	93 697

从表 6-21 中可看出，BRT 在客流量吸引方面不如轻轨占据优势，这与 BRT 本身运量不如轻轨大有关，同时，在系统特征及可靠性、舒适性等方面，轻轨交通也具有一定优势，这使得其对乘客的吸引力较 BRT 要高。

③ 投资对比分析。

根据国内外关于轻轨和 BRT 建设经验，BRT 造价为 0.2～1.0 亿元/km，本文取平均造价 0.6 亿元/km。淄博市"十字型"客运通道建设大约 110km 的 BRT，需要投资 $110 * 0.6 = 66$ 亿元。轻轨造价为 1.0～3.0 亿元/km，本报告取 1.6 亿元/km。具体对比，如表 6-22 所示。

表 6-22　轻轨与 BRT 的投资情况对比（单位：亿元）

交通方式	BRT	轻轨
投资额	66	176

注：同时投资，不需考虑通货膨胀情况。

通过表 6-22 可看出，BRT 在经济特性方面最大的特点是初期建设投资较少，每公里平均造价低于轻轨。主要原因在于 BRT 能够利用城市现有的道路空间，一般不需修建造价较高的高架结构工程，同时建设周期也比轻轨交通要短。

在运营成本方面，BRT 的综合运营成本比轻轨交通更低。但若以单位运量成本计算，由于 BRT 的单位能耗较高，同时车辆折旧率高于轻轨系统，往往单位运营成本也高于轻轨。但从综合票价收入、运营成本和初期投资来看，BRT 比轻轨交通回收期更短，因此 BRT 运营企业更容易实现较快盈利。

综上所述，BRT 与轻轨相比具有更好的经济特性，但不能片面突出其经济性，轻轨在社会效益及吸引客流方面比 BRT 具有更大的优势。

（3）方案评价。

本文采用层次分析法（Analytical Hierarchy Process）对不同方案的可行性研究进行综合评

价。从技术因素（包括运输能力、运营速度和维修保养）、经济因素（包括系统造价和商业效益）、社会环境因素（包括景观影响、道路影响和环境影响）及服务质量（包括服务水平和服务半径）四个方面进行研究分析，最后得出的 3 个方案的评价结果如表 6-23 所示。

表 6-23 三种方案综合评价优劣表

优劣顺序 准则方案	$(X_1, X_2, X_3)^T$	优劣顺序
方案 I	0.363	1
方案 II	0.339	2
方案 III	0.298	3

通过表 6-23 可知，在经济因素允许的条件下，发展淄博市"十字型"通道公共交通的最优方案是方案 I，即"→公交优先发展→轻轨交通"；其次是方案 II，即"→公交优先发展→BRT→轻轨交通"；最后是方案 III，即"→公交优先发展→BRT"。

6. "十字型"通道公共交通方式发展时序研究

鉴于淄博市独特的城市形态，从增强淄博市整体凝聚力、引导淄博市空间结构合理布局、促进淄博市社会政治经济和谐发展、加快产业结构调整、保护城市景观、提高淄博市生态环境质量、改善公交服务水平等方面进行综合考虑，建议对由"博山—桓台间通道"及"周村—临淄间通道"组成的"十字型"客运通道采取不同的公交方式发展方案。

另外，根据《城市快速轨道交通工程项目建设标准》，轻轨建设的前期准备工作尚需较多时日，前期工作包括规划轻轨线路，编制项目建议书、可行性研究报告，总体设计，初步设计，施工图设计等，上述各项所需的具体时间，见表 6-24。

表 6-24 轻轨建设前期工作具体准备时间

序号	工作	准备时间
1	线路规划	10~12 个月
2	编制项目建议书	6~8 个月
3	编制可行性研究报告	8~10 个月
4	总体设计	6~8 个月
5	初步设计	10~15 个月
6	施工图设计	12~18 个月
7	工程开工建设前期准备	6~12 个月

注：① 2~6 项是按一般情况下，一条线路长度 10~20 km 的工作量测算的；
② 工程开工建设前期准备是指地上房屋拆迁，地下管线及道路改移等。

（1）博山—桓台间通道公共交通方式发展序列建议。

综合前文对轻轨发展时机以及轻轨与 BRT 的社会效益、客流、投资等方面的对比分析以及三种方案的综合评价结果，推荐博山—桓台间通道采用方案 I："→公交优先发展→轻轨交通"。即 2010 年就开始着手准备张店—博山段轻轨建设的前期工作，2020 年开始建设张店—博山段轻轨（根据表 6-24，张店—博山段轻轨建设的前期准备工作乐观估计需 10 年时间），2025 年通车（根据《城市快速轨道交通工程项目建设标准》，建设 1 km 轻轨需要 36 天）；张店—桓台段在研究期限内实行公交优先发展，2025年张店—博山段轻轨建成通车后，若运营成功，可在远景年建设张店—桓台段轻轨，如图6-16所示。

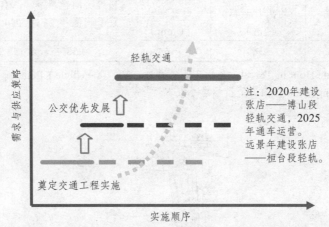

图 6-16　博山—桓台间通道公共交通方式发展序列建议

（2）周村—临淄间通道公共交通方式发展序列建议。

综合前文对轻轨发展时机以及轻轨与 BRT 的社会效益、客流、投资等方面的对比分析以及三种方案的综合评价结果，推荐周村—临淄间通道采用方案 II："→公交优先发展→BRT→轻轨交通"。近中期（至 2015 年）实行公交优先发展，中远期（至 2020 年）开始建设 BRT并投入运营，远期继续采用 BRT，若张店—博山段轻轨运营成功，可在远景年建设周村—临淄段轻轨，使 BRT 充分发挥效益，成为轻轨交通的过渡和延伸，如图6-17所示。

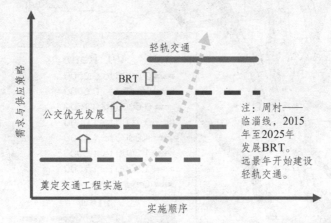

图 6-17　周村—临淄间通道公共交通方式发展序列建议

6.1.5　"十字型"通道可行性研究在宏观仿真实验平台下的测试分析

限于篇幅，本文仅选取综合评价得分最高方案"→公交优先发展→轻轨交通"在淄博市宏观仿真平台下进行测试，得出远景年测试方案交通运行指标，如表6-25所示，城市道路网饱和度（主要为组团间道路），如图6-18所示。

表 6-25　→公交优先发展→轻轨交通方案测试交通运行指标

交通运行指标	组团间平均运行速度（km/h）	组团间居民平均出行距离（km）	组团间居民平均出行时间（min）	组团间道路平均饱和度	VHT（pcu·h）	VKT（pcu·km）
指标值	61.6	36	64	0.58	142 293	4 802 392

注：VHT（Vehicle Hour of Travel）是指车小时总数；VKT（Vehicle Kilometer of Travel）是指车公里总数；PCU（Passenger Car Unit）是指标准小汽车。

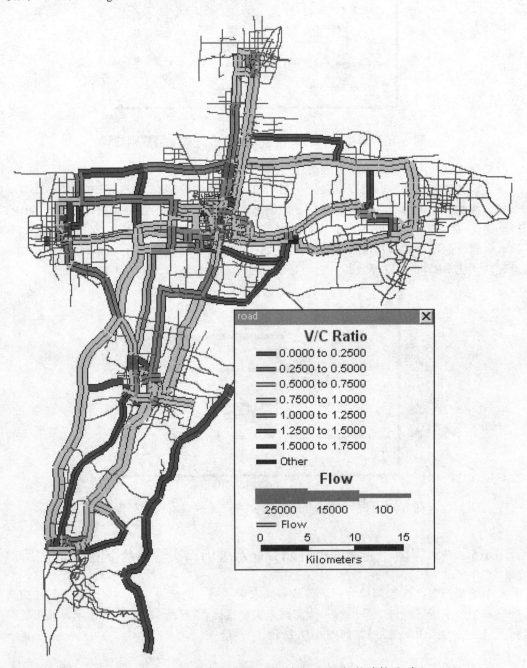

图 6-18　→公交优先发展→轻轨交通方案道路饱和度

通过表 6-23 和图 6-18 可以得出结论，淄博市在发展快速公共交通的条件下，城市形态结构将逐步形成 TOD 发展模式。届时，小汽车将有更多的道路使用空间，道路交通拥挤逐步得到缓解，交通事故次数减少，环境污染程度减轻，居民的出行时间将逐渐减少，居民的生活质量得到了提高，城市形象得到了提升。

6.2 综合协同发展战略下淄博市张店区发展模式研究

张店区作为淄博市的核心城区，是淄博市"十字型"骨架的交叉点，随着交通基础设施建设的推进，为中心城区的一体化发展提供了保证，进一步强化了张店城区的核心地位。与现状的各组团独立发展的状况相比，未来各组团之间的交通联系将得到进一步的加强，各组团间的交通干线既是各组团相互联系的主干道，又是城市发展的辐射方向，形成"中心凸显、十字展开、组团发展"的城市新格局。组群式城市特点决定了未来淄博市的城市发展趋势，即形成一种"网络多核"结构，呈现出各城区组团自我完善、以张店为核心逐步强化的趋势。

6.2.1 基于 TransCAD 的张店区交通宏观仿真实验平台

6.2.1.1 基础路网及交通小区的建立

首先利用 AutoCAD 绘制张店区道路网和交通小区，然后导入 TransCAD 里并填充相应的属性，包括 867 条路段和 64 个交通小区（合并为 11 个中区）。张店区道路网以及属性指标，如图 6-19 和图 6-20 所示。

图 6-19　张店区道路网及交通小区划分

ID	Length	Dir	Layer	Handle	name	linktype	lanes	capacity	speed	time	preload
476	0.00	0	123	111950	华光路	3	3	3300	50.00	0.004	79
473	0.01	0	123	111496	华光路	3	3	3300	50.00	0.012	79
474	0.01	0	123	111626	华光路	3	3	3300	50.00	0.009	79
409	0.02	0	123	100514	新村路	3	2	2200	50.00	0.028	93
424	0.02	0	123	102880	新村路	3	2	2200	50.00	0.022	93
427	0.02	0	123	103302	新村路	3	2	2200	50.00	0.021	93
420	0.01	0	123	102232	新村路	3	1	2200	50.00	0.011	93
423	0.01	0	123	102686	新村路	3	2	2200	50.00	0.016	93
421	0.02	0	123	102362	新村路	3	2	2200	50.00	0.025	93
422	0.01	0	123	102524	新村路	3	2	2200	50.00	0.015	93
412	0.02	0	123	101000	新村路	3	2	2200	50.00	0.025	93
416	0.01	0	123	101648	新村路	3	2	2200	50.00	0.012	93
418	0.01	0	123	101940	新村路	3	1	2200	50.00	0.010	93

图 6-20　张店区道路网属性指标

6.2.1.2　公交走廊选择集

结合《淄博市综合交通规划》（中期成果）与《淄博市客运公共交通规划》的交通调查，本文针对张店区的公交客运走廊做选择集。张店区公交客运走廊做选择集，如图 6-21 所示，公交客运走廊高峰小时断面流量，如表 6-26 所示。

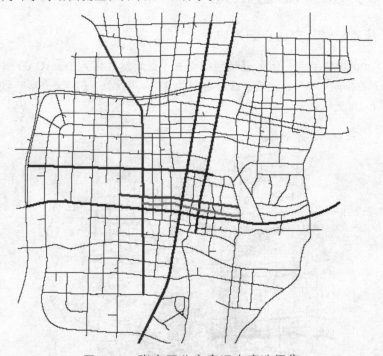

图 6-21　张店区公交客运走廊选择集

表 6-26　张店区公交客运走廊高峰小时断面流量　（单位：人次/小时）

南北向		柳泉路	中心路	世纪路
	南→北	3 363	5 440	4 357
	北→南	5 014	6 797	2 707
	总计	8 378	12 236	7 064

续表

东西向		华光路	人民路	共青团路	新村路
	东→西	2 283	666	2 419	2 507
	西→东	2 157	649	1 737	2 722
	总计	4 440	1 316	4 156	5 229

从表 6-26 中可知，张店区内南北向公交客运走廊为柳泉路、中心路和世纪路，中心路的断面客流最大，且与柳泉路都是北→南客流大于南→北客流；世纪路方向不均衡情况则相反，表明早高峰时段由张店老城区流向新区的客流较大。东西向公交客运走廊即华光路、人民路、共青团路和新村路，新村路的断面客流最大，除了共青团路东→西大于西→东流量，其余三条道路方向不均衡系数接近于 1。

根据表 6-26 中客流数据、车辆类型、平均载客率以及当量小汽车换算系数，计算公交预分配（Preload）的当量小汽车流量，并填充在道路层的 Preload 字段中。

6.2.1.3 参数标定及校核

1. 参数标定

基于淄博市 2007 年《淄博市综合交通规划》之居民出行调查、《淄博市客运公共交通规划》及相关补充调查数据，对所构建的模型进行参数标定。交通生成阶段与淄博市宏观模型一样，都采用系统默认值；交通分配阶段参数标定采用淄博市标定值。本节着重考虑在交通分布和交通方式划分阶段进行参数标定。

（1）交通分布阶段。

在张店城区交通分布模型中，仍然通过双约束重力模型进行参数标定，选择幂函数进行参数标定，得出参数值为：$b = 3.319\ 576\ 696\ 4$。

（2）交通方式划分阶段。

在张店城区宏观仿真模型中，仍然采用 Logit 模型进行参数标定，选择公交票价、停车费用、家庭收入、性别以及行程时间作为影响因素，其参数标定结果为：公交票价=-2.937 52，停车费用=0.108 26，家庭收入=-0.793 164，性别=0.010 292，行程时间=-0.014 785 3，通过这些参数值计算其效用值，最后计算出各种交通方式的比例。

2. 校核

结合《淄博市综合交通规划》（中期成果）与《淄博市公共交通客运规划》的交通调查，本文针对张店区道路网结构设置 3 条查核线，即铁路查核线、世纪大道查核线以及柳泉路查核线，如表 6-27 和图 6-22 所示，查核线流量校核，如图 6-23 所示。

表 6-27　张店区高峰小时查核线流量统计

南北向		柳泉路	中心路	世纪路
	南→北	3 363	5 440	4 357
	北→南	5 014	6 797	2 707
	总计	8 378	12 236	7 064

续表

		华光路	人民路	共青团路	新村路
东西向	东→西	2 283	666	2 419	2 507
	西→东	2 157	649	1 737	2 722
	总计	4 440	1 316	4 156	5 229

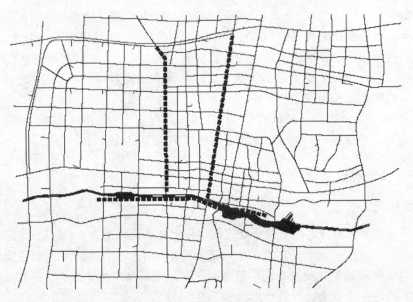

图 6-22　张店区查核线的设置

从图 6-23 中可以看出，3 条查核线调查流量与交通分配流量相近，误差为 1%～7%，其精度满足要求。其中，误差最小的为柳泉路查核线，误差最大的为铁路查核线。

Dataview1 - 铁路查核线									
SCREENLINE	NAME	IN_FLOW	IN_COUNT	IN_RATIO	OUT_FLOW	OUT_COUNT	OUT_RATIO	TOT_FLOW	TOT_COUNT	TOT_RATIO
	1 世纪大道查核线	4724	4700	1.0051	4824	4805	1.0040	9548	9505	1.0045
	2 柳泉路查核线	9288	9301	0.9986	9400	9451	0.9946	18752	18688	1.0034
	3 铁路查核线	4375	4319	1.0130	4420	4402	1.0041	8721	8795	0.9916

图 6-23　张店区查核线校核

6.2.1.4　交通需求预测

根据 2007 年《淄博市综合交通规划》关于张店区的交通调查数据（包括居民出行调查、查核线调查、典型吸引点和停车调查、出入口调查、公共交通随车调查以及货流及企业分析调查）和前一节的参数标定值，结合张店城区人口、社会经济、土地使用、建设规划、城市综合交通系统等方面的发展前景分析，对张店区进行交通需求预测（模型构建在前面已作详细说明，这里不做赘述）。限于篇幅，这里仅列出 2020 年高峰小时交通分布阶段中区出行机动车（当量小汽车）OD 预测值，如表 6-28 所示，其中区期望线，如图 6-24 所示。

表 6-28　张店区规划年交通中区出行 OD 矩阵 （单位：pcu/h）

ID	1	2	3	4	5	6	7	8	9	10	11
1	1 207	105	74	203	27	16	25	21	22	51	85
2	110	903	99	30	112	25	7	9	12	27	18
3	72	91	599	75	27	38	10	15	18	8	10
4	203	29	77	1 292	11	45	58	78	63	15	26
5	27	109	29	11	710	35	6	6	9	25	13
6	16	23	38	43	32	977	21	49	68	6	8
7	26	7	10	59	6	22	1 084	72	64	22	189
8	20	8	16	76	5	50	70	666	167	5	15
9	21	11	17	60	8	68	59	162	1 698	7	17
10	53	26	8	15	25	6	22	5	7	585	118
11	89	18	10	27	13	9	195	16	19	118	1 233

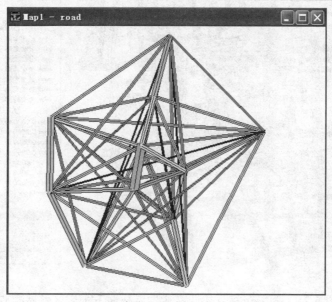

图 6-24　张店区规划年中区期望线

6.2.2　张店区交通发展模式在宏观仿真实验平台下的测试分析

6.2.2.1　交通结构测试

根据前文对张店区宏观仿真平台的构建，并进行仿真测试分析，得到综合协同发展战略下张店区的交通方式结构测试结果，如表 6-29 所示。

表 6-29　综合协同发展战略下张店区的交通方式结构

交通结构	步行	自行车	公共交通	出租车	小客车	单位大客车	摩托车+电动车	合计
比例	25%	30%	25%	3%	14%	1%	2%	100%

6.2.2.2 交通运行指标测试

根据仿真测试分析，得到综合协同发展战略下张店区的交通运行指标，如表 6-30 所示，城区道路网饱和度，如图 6-25 所示。

表 6-30　综合协同发展战略下张店区的交通运行指标

交通指标	平均运行速度（km/h）	机动车平均出行距离（km）	机动车平均出行时间（min）	平均饱和度	VHT（pcu·h）	VKT（pcu·km）
数值	27.8	15.6	26.4	0.67	69 137	2 451 230

注：VHT（Vehicle Hour Total）是指车小时总数；VKT（Vehicle Kilometer Total）是指车公里总数；PCU（Passenger Car Unit）是指标准小汽车。

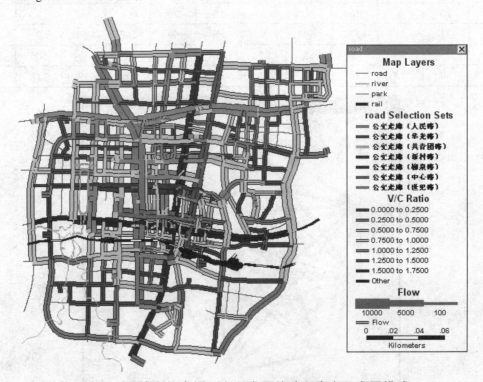

图 6-25　淄博市综合协同交通发展战略下张店区发展模式

从表 6-29、表 6-30 和图 6-25 可以得出结论，在淄博市综合协同交通发展战略下，建议张店区积极倡导公共交通优先发展，并采取相应的交通需求管理和交通系统管理措施与之配套，充分利用现有的道路时空资源，使道路网无论在空间还是时间方面都能得到充分高效的利用，即尽可能使车流量较为均匀地分布在张店区甚至淄博市交通网络上，尽可能地减少由于交通需求在时空上的过分集中而造成的交通拥堵，适应未来张店区的交通需求发展趋势。

6.3　淄博市临淄区公交规划研究

临淄区作为淄博市重要的副核心，位于淄博市的东北部。近年来，经济、城市化程度的迅速发展和机动车保有量的急剧增长，刺激了城区居民生活、生产出行量的大幅增加，致使临淄区公交系统的历史遗留问题日益暴露。如公交枢纽站、公交首末站和具有保养、维修功能的公交综合场站，以及港湾式公交停靠站都严重缺乏，用地得不到保障；公交线网密度整体水平偏低，存在公交服务薄弱的地区；某些公交线路布设不合理，非直线系数较大，线路重叠现象严重等。

6.3.1 基于 TransCAD 的临淄区交通宏观仿真实验平台

6.3.1.1 公交线网系统的构建

首先利用 AutoCAD 绘制临淄区道路网和交通小区，导入 TransCAD 里并填充相应的属性，包括 593 条路段和 23 个交通小区；然后通过道路层位底层构建公交线网并填充相应的属性，包括 34 条公交线路和 367 个公交站点；公交线路总里程为 858.1 km，其中农村里程为 590.1 km，城区里程为 268 km，如图 6-26 所示。

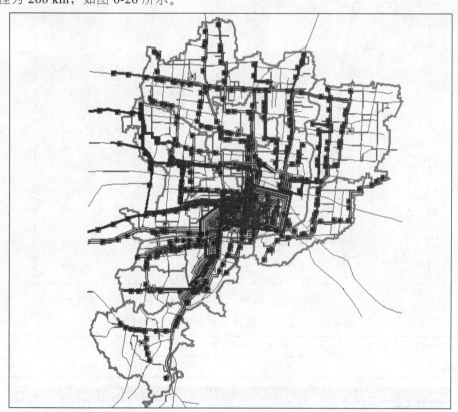

图 6-26　临淄区近期公交线网的构建

6.3.1.2 参数标定及校核

1. 参数标定

基于淄博市 2007 年《淄博市综合交通规划》之居民出行调查、《临淄区公交规划》及相关补充调查数据，对所构建模型进行参数标定。本文着重考虑在交通分布和交通方式划分阶段进行参数标定，交通分配阶段参数标定采用淄博市标定值。

（1）交通分布阶段。

在临淄区交通分布模型中，仍然采用双约束重力模型进行参数标定，选择幂函数进行参数标定，得出参数值分别为 $b = 2.867\ 743\ 692\ 5$。

（2）交通方式划分阶段。

在临淄区交通方式模型中，仍然采用 Logit 模型进行参数标定，选择公交票价、停车费用、家庭收入、性别以及行程时间作为影响因素，其参数标定结果为：公交票价$=-2.365\ 78$，停车费用$=0.235\ 64$，家庭收入$=-0.621\ 63$，性别$=0.023\ 451$，行程时间$=-0.010\ 473\ 3$，通过这些参数值计算其效用值，最后计算出各种交通方式的比例。

2. 校核

结合《淄博市综合交通规划》（中期成果）的调查结果，本文针对临淄区道路网结构设置 1 条查核线，即临淄化工区查核线，如图 6-27 和表 6-31 所示，查核线流量校核，如图 6-28 所示。

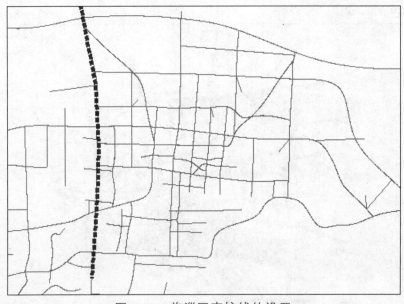

图 6-27　临淄区查核线的设置

表 6-31　临淄区高峰小时查核线流量统计

石化—城区	城区—石化	总计
2 668	2 878	5 546

SCREENLINE NAME	IN_FLOW	IN_COUNT	IN_RATIO	OUT_FLOW	OUT_COUNT	OUT_RATIO	TOT_FLOW	TOT_COUNT	TOT_RATIO
1 临淄化工区查核线	2769	2688	1.0310	3079	2878	1.0721	5848	5546	1.0544

图 6-28　临淄区查核线校核

从图 6-28 中可以看出，临淄化工区查核线调查流量与交通分配流量相近，误差为 3%～7%，其精度满足要求。

6.3.1.3　交通需求预测

限于篇幅，本文仅列出规划年交通小区公交出行分布 OD 矩阵，如表 6-32 所示。

表 6-32　临淄区 2020 年公交出行分布矩阵

	1	2	3	4	5	6	7	8	9	10	11	12	13	14	15	16	17	18	19	20	21	22	23
1	0	223	273	350	546	773	649	855	506	582	676	649	196	495	32	210	193	68	157	143	336	191	350
2	222	0	203	233	351	481	359	409	192	278	312	280	81	202	14	122	109	31	73	66	153	93	182
3	272	203	0	279	443	671	495	528	235	350	382	345	99	242	16	136	128	38	88	78	181	110	212
4	349	233	279	0	702	740	637	665	323	482	552	488	138	338	22	201	218	54	129	110	259	160	322
5	544	351	443	702	0	1309	1126	1079	500	693	834	733	206	497	33	277	288	80	189	159	376	226	448
6	770	481	671	741	1310	0	1594	1614	699	1065	1084	961	279	669	45	360	355	105	247	211	498	300	573
7	646	359	495	637	1126	1594	0	1617	600	998	974	843	243	570	36	298	296	92	215	178	422	250	489
8	852	409	527	665	1079	1613	1617	0	812	1244	1168	1028	297	699	44	347	335	111	256	214	508	297	569
9	504	192	240	323	500	698	600	811	0	592	640	601	182	406	24	177	170	63	143	116	283	162	302
10	581	279	351	484	695	1068	1001	1248	594	0	961	813	230	517	32	249	253	87	201	155	378	220	422
11	674	312	382	552	834	1083	974	1168	641	958	0	1249	321	676	38	297	317	137	306	193	491	279	540
12	646	280	344	488	733	961	843	1028	602	811	1249	0	407	707	37	277	282	162	310	189	493	272	512
13	196	81	99	138	206	279	243	297	182	229	321	407	0	219	11	80	79	38	80	55	145	79	145
14	493	202	242	338	497	669	570	699	406	516	676	707	219	0	30	209	195	76	176	164	441	221	379
15	31	14	16	22	33	45	36	44	24	32	38	37	11	30	0	15	12	4	9	11	23	13	23
16	209	122	135	201	277	360	298	346	177	249	297	277	80	209	15	0	116	31	73	75	165	108	211
17	193	109	128	218	288	355	296	335	170	252	317	282	79	195	12	116	0	32	77	64	154	96	208
18	68	31	38	54	80	105	92	111	63	87	137	162	38	76	4	31	32	0	43	21	55	30	58
19	156	73	88	129	189	247	215	256	143	200	306	310	80	176	9	73	77	43	0	49	131	73	142
20	142	66	78	110	159	211	178	214	116	154	193	189	55	164	11	75	64	21	49	0	138	84	131
21	334	152	181	258	375	497	422	507	282	386	490	493	145	440	23	165	153	55	131	138	0	205	325
22	189	93	109	159	224	298	249	296	161	245	278	270	78	220	13	107	96	30	73	83	205	0	222
23	355	182	212	322	447	572	488	568	302	420	539	511	145	379	23	211	208	58	142	131	325	223	0

6.3.2 临淄区公交规划研究

6.3.2.1 临淄区交通适应性分析

1. 道路布局分析

道路网是城市交通的直接载体和公交线网的硬件基础。近年来，临淄区加大了道路基础设施建设的力度，道路网骨架基本形成。然而，由于历史遗留问题，临淄区道路布局依然存在不合理的地方。

（1）道路布局不合理。

受城市布局结构以及历史遗留问题的影响，淄博市道路网整体密度偏低，系统等级级配严重失衡，道路等级标准有待改善。次干路、支路密度在建成区普遍较低。淄博市各区县道路建设情况，如表 6-33 所示。

表 6-33　淄博市各区县 2006 年道路建设统计表

分项		张店区	淄川区	临淄区	周村区	博山区	桓台县
主干路	长度（km）	183.1	68.4	66.3	44.3	56.5	44.7
	密度（km/km²）	1.23	0.93	0.93	1.17	1.16	1.06
次干路	长度（km）	88.1	33.8	52.4	43.7	23.3	43
	密度（km/km²）	0.59	0.46	0.73	1.16	0.48	1.02
支路	长度（km）	98.7	41.6	67.3	23.4	27.7	15.8
	密度（km/km²）	0.66	0.57	0.94	0.62	0.57	0.37
道路网长度（km）		368.1	143.8	186	111.4	107.5	103.5
相应地区用地面积（km²）		148.7	73.4	71.6	37.7	48.7	42.3
道路网密度（km/km²）		2.48	1.96	2.60	2.95	2.2	2.45

从道路密度来看，淄博市各区县道路网密度普遍偏低，都在 3 km/km² 以下；其中，主干路条件较好，次干路密度低于主干路，不能很好地起到分流主干路交通的作用，而支路基本没有形成，远远不能达到规范要求，绝大部分城区次干路和支路的密度都不足 1 km/km²。从各个分区整体的道路网络来看，临淄区密度较高，仅次于周村区；从各区不同等级的道路比较来看，在主干路的建设上，张店区最好，其次是周村区和博山区，临淄区主干路比重较低；次干路建设上，周村区和桓台县相对较好，但是都不到 1.2 km/km²，临淄区排名第三；支路建设上，临淄区的支路条件相对较好，不过密度也仅为 0.94 km/km²。

（2）道路建设与公共交通不协调。

公共交通的运行以道路为基础，线路的布设与道路的建设必须在规划上协调一致。目前，临淄区公共交通建设与道路建设存在"各自为政"的问题，道路网的建设与城市公共交通的规划协调性不足。临淄区尚未建成与道路网相协调的公交网络，公交停靠站设置不规范、不科学，与公共交通线路的布置不能协调一致。目前，临淄区绝大多数公交车还停留在"招手即停"的落后状态,这种情况既给公交车辆自身的运行带来困难,又给道路交通造成了不良影响。

(3) 道路两侧土地利用和道路交通功能不协调。

临淄区主次干道功能划分不明确,交通混乱。干道通达性好,交通方便,商业用地大多向主干道两侧聚集,且出入口都面临主干道,对交通干扰较大。如牛山路,作为临淄区的主要干道,承载着城市东西向的主要客流和区内衍生的大量向心交通。开发商为追求一己私利,竞相在道路两侧修建居民楼、办公楼、娱乐场所等,使得牛山路具有交通性、生活性双重功能,道路通行能力较低。

2. 交通结构分析

(1) 公共交通相对落后。

公共交通是大多数发达国家和发展中国家的一个大问题。临淄区公交分担率仅为 6.2%,低于全市平均水平,各区县公交出行比例,如表 6-34 和表 6-35 所示。

表 6-34　2007 年淄博市各区县公交出行比例

区县	临淄	桓台	博山	张店	周村	淄川	全市
公交车比例	6.2%	3.7%	6.8%	12.6%	3.4%	7.0%	8.2%

表 6-35　2007 年淄博市各区县公交出行量及所占比例

区县	临淄	桓台	博山	张店	周村	淄川	合计
公交出行量	197 917	65 666	86 458	56 825	13 449	38 149	458 463
所占比例	43.17%	14.32%	18.86%	12.39%	2.93%	8.32%	100.00%

(2) 自行车过度发展。

自行车交通具有经济、方便、环保等特点,是值得提倡的绿色交通方式。临淄城区面积较小,也十分适应自行车出行距离短的特征。根据交通调查的结果显示,临淄区自行车交通是居民出行的首选方式,比例高达 26.1%,作为共生现象,公共交通比例很低。因此,结合临淄区现有城市规模、经济发展水平和公交服务水平,建立完善的自行车交通系统,如规划"自行车系统",建立自行车专用道,公共停车场和出租点;实施自行车通行许可证制度;自行车、行人一体化设计;自行车换乘公共交通策略等。在全面体现自行车近距离出行方便的同时,限制其长距离出行,使自行车成为有力的换乘工具,最终实现自行车与公交车的协调发展。

6.3.2.2　临淄区公交线网规划

临淄区公交线网规划方案分为三个层次:区间交通、城区内交通和城镇公交。另外,为从根本上解决"村村通"车辆过多穿越城区所造成的城区交通压力过大等问题,本次规划在城区外围设立了多个公交换乘枢纽站,后远期城区压力过大时可调整"村村通"线路进入城区周边换乘枢纽站,然后换乘高服务质量、大容量、利用率高的城内公交。

限于篇幅,本文仅列出近期和中远期规划的公交线网,并在 TransCAD 宏观人工交通仿真平台上构建,如图 6-29 和图 6-30 所示,详细情况不做赘述。

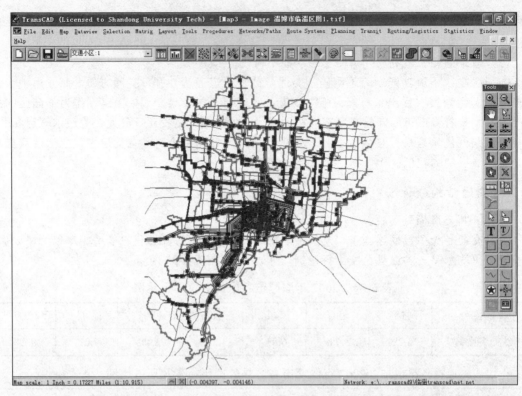

图 6-29　基于 TransCAD 构建临淄区近期公交线网系统

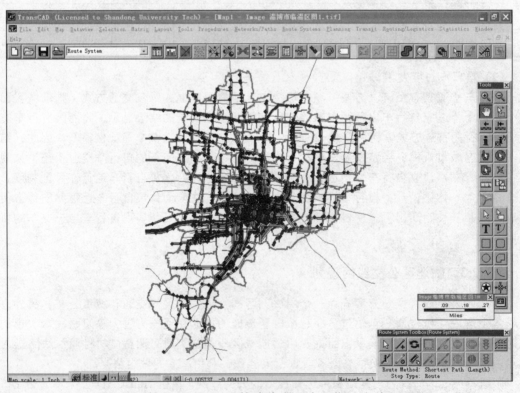

图 6-30　基于 TransCAD 构建临淄区中远期公交线网系统

6.3.2.3　公交车辆发展规划

根据《城市道路交通规划设计规范》（GB50220-95）中的规定，城市公共汽车和电车的规划拥有量，大城市应每 800～1 000 人一辆标准车，中、小城市应按每 1 200～1 500 人一辆标准车。参照国家标准，同时结合国内其他城市公交发展经验，规划城区居民万人拥有公交车数量于 2020 年达到 13 标台，乡镇居民万人拥有公交车数量于 2020 年达到 11 标台。至 2020年公交车总量应不少于 1 219 标台。此外，应逐步淘汰高污染、高耗能、高噪音的公交车，更换为低能耗、绿色环保型清洁能源公交车，如蓄电汽车、新型多功能电车和清洁燃气汽车等。

6.3.3　临淄区公交规划在宏观仿真实验平台下的测试分析

1. 基本参数的设置

（1）运营速度。

公交车自由流运营速度取 30 km/h。

（2）公交费率。

城区线路采用均一费率制，费率为 1.0 元/人次；"村村通"线路费用按里程计算。

（3）分配参数的设置。

基于 TransCAD 公交分配路网和票价参数设定主要界面，如图 6-31 和图 6-32 所示。

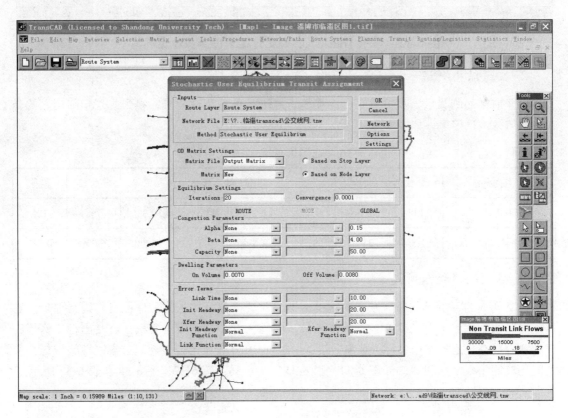

图 6-31　基于 TransCAD 公交分配路网参数设定界面

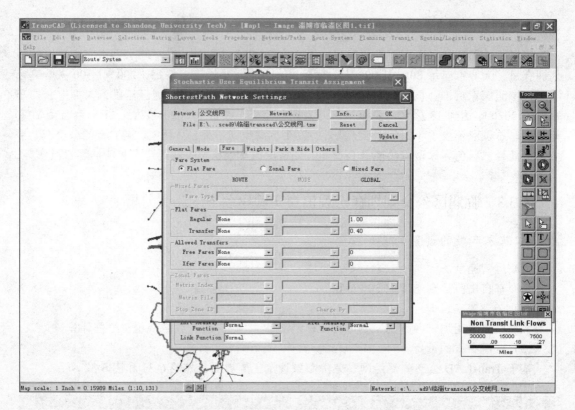

图 6-32　基于 TransCAD 公交分配票价参数设定界面

2. 交通结构测试

根据前文对临淄区宏观仿真平台的构建，并进行仿真测试分析，得到规划年临淄区的交通方式结构测试结果，如表 6-36 所示。

表 6-36　临淄区的交通方式结构

年份	步行	自行车	公交	出租	摩托	私家车	单位车	其他
2010 年（近期）	24.0%	35.5%	9.5%	1.2%	11.5%	10.3%	7%	1%
2020 年（中远期）	21.5%	35%	18.5%	2.5%	4.5%	11.5%	6.0%	0.5%

3. 公交规划指标测试

公交规划的评价是依据国家有关规范标准、对公交体系的一些总体性指标进行评价。选择线路条数、线路网总长度、线路重复系数、线网密度、站点覆盖面积、公交出行比例等，作为评价公交规划的常用指标。临淄区近、中远期 2020 年城区公交规划方案同现状城区公交线网比较的结果，如图 6-33、图 6-34、图 6-35、图 6-36、图 6-37、图 6-38 和表 6-37 所示。

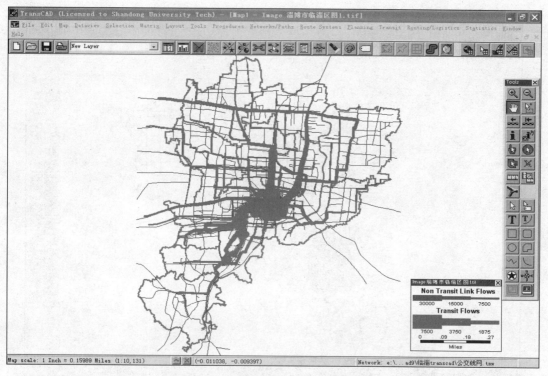

图 6-33　临淄区近期公交客流分配

图 6-34　临淄区近期公交线网 300 m 站点覆盖率

图 6-35　临淄区近期公交线网 500 m 站点覆盖率

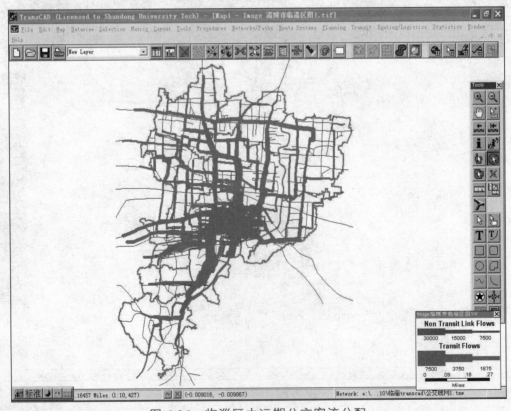

图 6-36　临淄区中远期公交客流分配

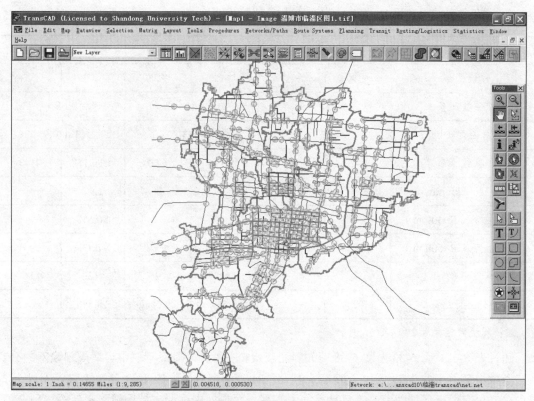

图 6-37　临淄区中远公交线网 300 m 站点覆盖率

图 6-38　临淄区中远公交线网 500 m 站点覆盖率

表 6-37　临淄区公交规划总体评价表

时间项目	现状		近期（2010 年）		中远期（2020 年）	
评价区域	城区	乡镇	城区	乡镇	城区	乡镇
线路条数（条）	32		41		65	
线路总长度（km）	858.1		1 053.7		1 479.9	
非直线系数	1.43	1.75	1.39	1.60	1.31	1.43
线网密度（km/km^2）	——		2.5		2.97	
站点覆盖率（R=300 m）	45.2%		51.4%		86.5%	
站点覆盖率（R=500 m）	77.8%		84.6%		97.7%	
万人拥有公交车辆(标台)	——		11	9	13	11
公交出行比例	6.02%		9.5%	9.5%	18.5%	

注：现状数据截至 2007 年 10 月。

通过表 6-37、图 6-33 至图 6-38 可知，同现状公交线网相比，近、中远期规划线网的公交线路条数增至原来的 1.28 倍和 2.03 倍，线路长度分别增至原来的 1.23 倍和 1.72 倍。现状的城内公交仅有一条环城线路，不宜计算线网密度，而规划中远期末城区线网密度将达到 2.97。现状城区内公交站点以 300 m 和 500 m 为半径的站点覆盖率为 45.2% 和 77.8%，而于近期将分别达到 51.4% 和 84.6%，中远期分别达到 86.5% 和 97.7%，意味着在规划方案中公交乘客平均离站距离明显缩短，公交出行平均单位距离及出行时间得到降低。

6.4　淄博市高青县城乡公交一体化规划研究

6.4.1　高青县区位与城镇布局分析

高青县是属于山东省"一体两翼"战略中的北翼，是黄河三角洲高效生态经济示范区构建循环经济体系的改革试验区。"一体两翼"使山东区域经济发展进入深度竞合、提升整体竞争力的新阶段。2009 年国务院批复《黄河三角洲高效生态经济区发展规划》，黄河三角洲的发展已上升为国家战略。高青县是淄博市"三区"发展中的北部农业经济区，与中心城市错位经营，加强经济合作，接受辐射带动，优势互补，创造特色。同时，高青县是农业大县，位于淄博市最北端，是黄河三角洲生态经济区对接济南都市圈的重要节点，地处环渤海经济圈的西南部、东靠胶东半岛制造业基地、西接济南都市圈、南连胶济沿线城市群、北通京津冀地区，西北两面隔黄河与惠民县、滨州市滨城区相望，黄河过境长度为 45.6 km，南以小清河为界，与桓台县、邹平县相邻，东与博兴县接壤。县境地理坐标为东经 117°331′至 118°041′，北纬 37°041′至 37°191′。东西最大横距 45 km，南北最大纵距 26 km，面积 831 km^2，县城驻地田镇。高青县行政区划分，如图 6-39 所示。

　　高青县地处华北平原拗陷区（Ⅰ级构造）、济阳拗陷区（Ⅱ级构造）的南部，为一大型沉积盆地的一部分。境内以新生界及其发育为特征，全被第四系黄土覆盖。从西北向东南，分别属济阳拗陷区的惠民凹陷（Ⅲ级构造，青城、常家以北）、青城凸起（Ⅲ级构造，田镇、青城南、黑里寨北）、东营凹陷（Ⅲ级构造，樊家林、高城、唐坊一带）构造区。褶皱构造不明显，以断裂构造为主。

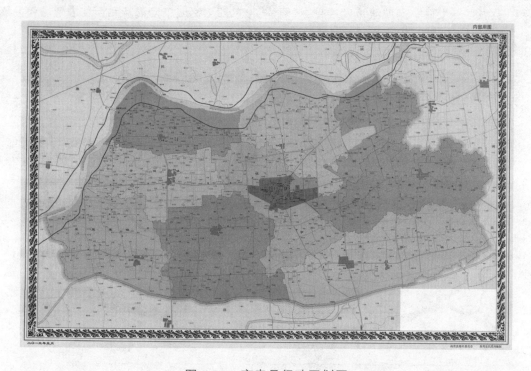

图 6-39　高青县行政区划图

　　高青县位于黄河、小清河之间，地势西高东低，地面坡降为 1∶7 000；北高南低，坡降为 1∶5 200；由西北向东南倾斜。西部马扎子地面高程海拔 16.5 m，东部姚家套海拔 7.5 m，平均海拔为 12 m。属河流冲积平原，由于黄河多次改道、决口，致使泥沙沉积，反复冲切，相互叠压，逐渐形成缓岗地、微斜平地和浅平洼地。内河、沟渠纵横，被分割成不规则块状。黄河大堤蜿蜒曲折，气势磅礴，岸内有 3 个大滩，以马扎子、刘春家为分界线。境内自南向北依次有金铃、银铃、铁岭缓岗地横贯，缓岗间为微斜平地、浅平洼地，另有决口扇形地、河滩高低。

　　行政区划：2005 年，全县设田镇镇、青城镇、高城镇、黑里寨镇、唐坊镇、花沟镇、常家镇、木李镇、赵店镇和县城区办事处等 9 个镇，1 个城区办事处，辖 767 个行政村，741 个自然村。2010 年 10 月，撤销赵店镇，将赵店镇合并到常家镇，将田镇镇划分为田镇街道办事处和芦湖街道办事处，至 2010 年年底，全县辖 8 个镇，2 个街道办事处，767 个行政村。2013 年，高青县下辖田镇街道办事处、芦湖街道办事处 2 个办事处，青城镇、高城镇、黑里寨镇、唐坊镇、花沟镇、常家镇和木李镇 7 个镇，767 个行政村。县政府驻地田镇街道办事处。

　　截至 2011 年，高青县城镇化发展进入快速发展期，全县城镇人口 13.25 万人，城镇化水平达到 36%，县城人口达到 7.07 万人。初步形成以县城为中心，青城、高城为重点，唐坊、常家、黑里寨、花沟、木李等小城镇为基础的城镇等级结构，其中青城镇为省级中心镇。以县城为中心的东部片区依托良好的区位优势和凭借着黄河三角洲高效生态经济区的支撑和带动，城镇化显现快速发展的势头。

根据高青县城镇发展现状，《高青县城市总体规划（2012—2020 年）》提出高青县城镇空间格局为"一心一带，两片四级"，概括为"1124"城乡空间结构。"一心"：中心城；"一带"：常家—县城—开发区—高城城镇发展带；"两片"：东部工贸城镇发展片和西部农贸城镇发展片；"四级"：中心城—重点镇——般镇—中心村，如图 6—40 所示。

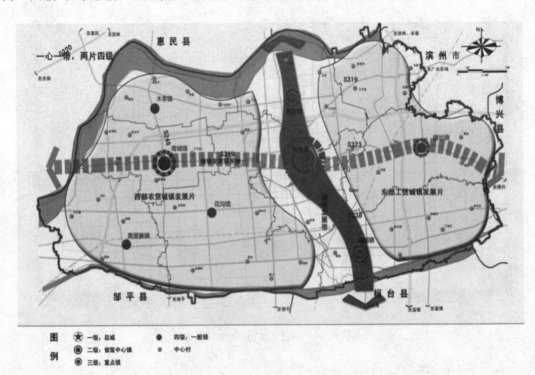

图 6-40　城镇空间结构规划图

"一心"即中心城。坚持以空间集聚为导向的城镇化战略，极化县域中心，实施"集聚、转型、提升"的总体方针。中心城市高青县城规划为全县政治、经济和文化中心，规划期内主要为科教、商贸、文化、产业"四大中心"功能。老城区、南部新区以居住、商贸和行政办公为主，开发区以产业集聚为主。高青县城建工作围绕"一环两带五湖四脉"的城市发展布局，坚持"以人的城镇化"为核心，提质、加速城镇化进程，为全县经济社会发展搭建新平台、提供新载体。加快实施"一环两带五湖四脉"城市水系绿网工程建设。"一环"即环城水系；"两带"即黄河百里绿色长廊观光带和千乘湖生态文化园观光带；"五湖"即大芦湖、千乘湖、艾李湖、濯缨湖和妆月湖；"四脉"即水脉、绿脉、文脉和商脉。

"一带"即常家—县城—开发区—高城城镇发展带。重点培育以县城为中心，精细化工与新型材料工业园、开发区、高城台湾工业园相连的城镇发展带，实现对接淄博的跨越式发展。

"两片"即东部工贸城镇发展片和西部农贸城镇发展片。综合考虑产业发展的地域分工和城镇职能的东西差异，将高青县划分为东部工贸城镇发展片和西部农贸城镇发展片。

"四级"即中心城—重点镇——一般镇—中心村。根据对各城镇发展条件的分析和人口规模的预测，全县将形成 1 个中心城市（高青县城，人口 16 万人以上）、4 个中心镇（青城、唐坊、高城、常家，人口 1～3 万人）、3 个一般镇（花沟、木李、黑里寨，人口 0.8～1 万人）和 42 个中心村（人口 0.4～0.8 万人）的等级结构体系。

高青县城市总体规划将高青县小城镇划分为工业型、商贸型、农贸型和综合型 4 种基本职能类型。城区的综合中心作用和地位将进一步强化，利用交通枢纽的优势，大力培植主导产业和优势产业，全面提高工业整体素质和现代化程度，加强基础设施建设，形成一个以城市为中心，城乡结合、工贸结合、结构合理、销售畅通的工业体系。高城镇和常家镇为工业型城镇，青城镇为商贸型城镇，黑里寨镇、花沟镇和木李镇为农贸型城镇，唐坊镇为综合型城镇，如图 6-41 所示。

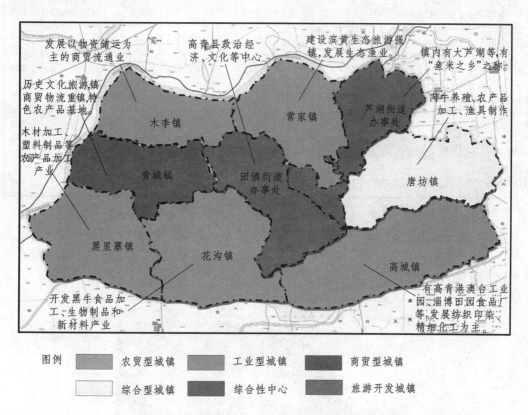

图 6-41　高青县城镇产业布局

6.4.2　高青县人口与经济发展

6.4.2.1　人口概况

出行是由人产生的，人口数量是分析交通需求的基础。因此，把握规划年高青县人口规模和构成是正确分析交通需求的关键。

截至 2010 年年底，根据淄博市统计局、淄博市第六次人口普查领导小组办公室发布的淄博市第六次人口普查主要数据公报，县户籍人口为 36.56 万人。2011 年末，全县总人口为 36.60 万人，出生率 10.33‰，死亡率 7.77‰，人口自然增长率为 2.56‰。2012 年末，全县总人口为 36.57 万人，出生率 10.58‰，死亡率 7.95‰，人口自然增长率为 2.63‰。高青县近年来人口变化情况，如表 6-38、图 6-42 所示。

表 6-38　2005—2012 年高青县人口情况变化表

年份	总户数（户）	总人口（人）			出生人口（人）			死亡人口（人）			迁移人口（人）	
		合计	男	女	合计	男	女	合计	男	女	迁入	迁出
2005	103 392	362 080	181 825	180 255	3 738	1 909	1 829	2 366	1 285	1 081	2 785	3 117
2006	103 766	363 439	182 308	181 131	3 524	1 790	1 734	2 409	1 308	1 101	2 635	2 465
2007	103 953	364 844	182 916	181 928	3 638	1 868	1 770	2 683	1 452	1 231	2 833	2 443
2008	103 860	365 564	183 247	182 317	3 378	1 741	1 637	2 834	1 527	1 307	2 618	2 530
2009	103 645	365 793	183 351	182 442	3 505	1 741	1 764	3 391	1 718	1 673	2 609	2 621
2010	103 964	365 174	183 053	182 121	4 093	2 109	1 984	4 657	2 446	2 211	2 556	2 750
2011	105 284	366 019	183 405	182 614	3 778	1 958	1 820	2 841	1 552	1 289	2 953	3 126
2012	106 707	365 784	183 302	182 482	3 870	2 027	1 843	2 909	1 590	1 319	2 277	2 598

资料来源：淄博高青统计年鉴。

从人口地域分布来看，西部乡镇的人口密度值低于高青县的平均值，城区人口密度达到 900 人/ km²，其他各乡镇人口密度为 500～700 人/km²。根据公安部门提供的资料，县域近年暂住人口相对较少，约为 0.3 万人。

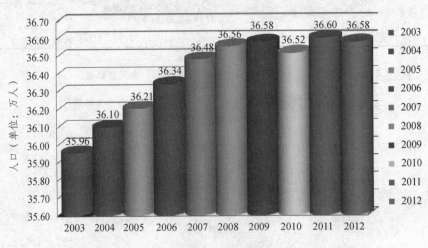

图 6-42　高青县人口总数变化趋势图

6.4.2.2　经济发展概况

经济发展是城市发展的动力，也是产生交通需求的源泉。经济活动的增加直接导致出行需求增大，生活水平提高将影响人们对出行方式的选择。城市经济发展水平也是公交发展规模的决定因素之一。改革开放以来，国民经济快速增长，经济实力明显壮大。表 6-39 给出了高青县历年国民经济主要指标发展状况，图 6-43 给出了高青县历年 GDP 增长情况。

表 6-39　高青县历年国民经济主要指标发展情况（单位：万元）

年份	地区生产总值（GDP）	第一产业	第二产业	第三产业
1991	47 316	27 952	8 839	10 525
1992	49 910	26 193	11 144	12 573
1993	64 241	31 500	17 800	14 941
1994	93 638	51 800	24 300	17 538
1995	117 805	64 900	31 400	21 505
1996	124 000	58 300	39 700	26 000
1997	142 917	64 400	47 400	31 117
1998	158 019	72 300	49 900	35 819
1999	164 614	70 710	53 362	41 242
2000	187 862	74 788	64 315	48 759
2001	214 672	78 739	76 981	58 952
2002	244 121	80 494	93 075	70 552
2003	299 371	83 888	127 305	88 178
2004	378 949	93 949	174 800	110 200
2005	470 562	102 172	235 231	133 159
2006	532 150	106 055	273 900	152 195
2007	668 608	129 448	344 980	194 180
2008	837 365	137 965	451 900	247 500
2009	1 000 885	148 997	541 613	310 275
2010	1 170 277	175 965	618 891	375 420
2011	1 282 606	193 881	666 925	421 800
2012	1 493 447	210 877	779 981	502 589

资料来源：淄博高青统计年鉴。

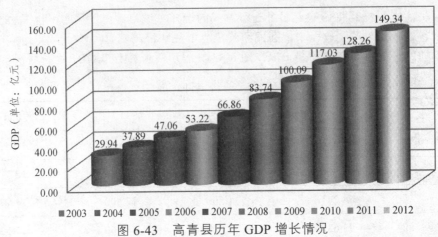

图 6-43　高青县历年 GDP 增长情况

　　由图 6-44 可以看出，1990—2012 年，高青县第一、第二、第三产业产值所占比重由 64%、20%、16% 逐步调整为 14%、52%、34%，第一产业比重明显下降，第二、三产业比重逐步上升，产业结构得到了极大调整，三次产业的产值比重由高到低已形成了"2—3—1"的格局，符合产业结构演进规律。2000—2012 年，第三产业所占比重由 26% 逐年上升为 34%，第三产业正在崛起，在经济总量中占有一定比重。按照西蒙·库兹涅茨关于三次产业结构演进规律的理论，第三产业增加值所占的比重越大，产业结构水平越高，反之越低。与国内这方面发展较好的同类城市相比，高青县第三产业还存在比重偏低、发展滞后、层次不高等问题，存在很大的上升空间。随着将来经济发展和人均国民收入水平的提高，三次产业的产值比重将由"2—3—1"向"3—2—1"演变。

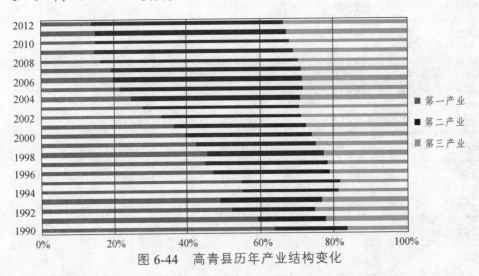

图 6-44　高青县历年产业结构变化

6.4.3　淄博市高青县城乡现状分析

6.4.3.1　道路现状分析

1. 城区道路现状

高青县经过多年的城市建设，城区形成了"一环五横六纵"的道路网格局，如图 6-45 所示。限于文章篇幅，部分道路现状明细，如表 6-40 所示。

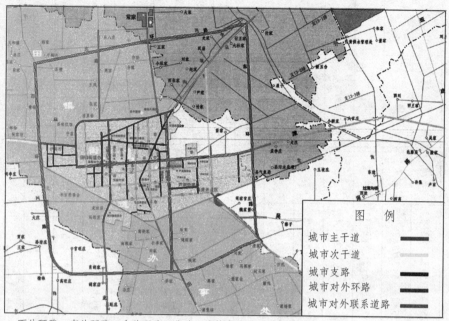

· 西外环路、南外环路、东外环路、北外环路构成的"一环"环城干道
· 大悦路、黄河路、高苑路、青城路、清河路组成"五横"干道
· 西一路、青苑路、文化路、中心路、芦湖路、原东环路组成"六纵"干道
· 东西方向有田镇街，南北方向有瑞丰路、齐东路、蒲台路等支路。

图 6-45　城区主要道路现状

目前城市路网中仍存在各级道路功能不明确、分布不尽合理、路面狭窄、支路道路等级低、城市次干道与支路密度小等问题，影响路网的整体通行能力，在一定程度上限制了城区公共交通的发展，高青县城区现状道路指标情况，如表 6-41 所示。

表 6-41　高青县城区现状道路指标情况

项目	主干道与环形干道	次干道	支路
数量（条）	10	6	8
长度（km）	51	23	24
道路网密度（km/km²）	0.93	0.42	0.45

根据表 6-41，城区道路总长约为 98 km，城区面积约为 54.2 km²，可得高青县城市道路网密度为 1.81 km/km²，其中支路网密度仅为 0.45 km/km²，远低于《规范》中 4 km/km² 的标准。路网中干、支路比例是 1：0.33，与《规范》中给出的路网结构比例 1：1.25 相差较大，支路网缺乏。高青县城区道路总面积约为 1.8 km²，道路面积率为 3.3%，而《规范》中城市道路用地面积应占城市建设用地的 8%～15%。

表 6-40 高青县城区主要道路现状一览表

项目		路名	红线（m）	道路等级	车道数	道路断面	横断面分配（m）	道路现状
东西线	1	西外环北（S319）	35	主干路	双向四车道	二块板	3+3.75×2+1.5+3.75×2+3	省道，过境交通干线
		西外环南（S323）	35	主干路	双向四车道	二块板	3+3.75×2+1.5+3.75×2+3	省道，过境交通干线
	2	北外环（S319）	35	主干路	双向四车道	二块板	3+3.75×2+1.5+3.75×2+3	省道，过境交通干线
	3	东外环（S238）	35	主干路	双向四车道	二块板	4.4+3.5×2+1+3.5×2+4.4	省道，过境交通干线
	4	南环路（S323）	35	主干路	双向四车道	二块板	3+3.75×2+1.5+3.75×2+3	省道，过境交通干线
	5	北环路	30	主干路	双向四车道	一块板	3.75+3.75+3.75+3.75	城市内环重要道路，机非不分离
	6	西环路	30	主干路	双向四车道	一块板	3.75+3.75+3.75+3.75	城市内环重要道路，机非不分离
	7	田镇街	25	支路	未划分车道	一块板	8	路面狭窄，路较小，道路等级低，机非不分离
	8	黄河路西段	35	主干路	双向四车道	三块板	3+2+3.5×4+2+3	机非分离，机动车流量大，城区的主要交通夹廊
	9	黄河路东段	35	主干路	双向四车道	四块板	3+2+3.5×2+3.5×2+2+3	机非分离，机动车道由中央隔离栏分开，机动车流量大，城区的主要交通夹廊
	10	淮高路	50	主干路	双向两车道	一块板	4+3.5+3.5+4	新建成道路
	11	青城路	30	支路	双向两车道	一块板	4+4+4+4	机非分离
	12	高苑路西段	35	次干路	未划分车道	一块板	14	新建道路，未划分车道
	13	高苑路（中、东）	25	次干路	双向两车道	一块板	4+3.5+3.5+4	机非分离
	14	清河路	35	次干路	双向两车道	一块板	3.3+3.7+3.7+3.3	机非分离

续表

项目	路名	红线（m）	道路等级	车道数	道路断面	横断面分配（m）	道路现状
15	西一路	25	次干路	未划分车道	一块板	15	新建道路，未划分车道
16	唐北路	20	支路	未划分车道	一块板	10	通往小区道路，路况良好
17	青苑路	35	主干路	双向两车道	一块板	3.3+3.7+3.7+3.3	机非分离，作为主干道道路较小，道路两侧厂区边停车较多
18	齐东路	30	支路	未划分车道	一块板	9	路面狭窄，路幅较小，道路南段有青苑纸业厂区，货车较多，员工电动车出行较多
19	文化路	30	次干路	双向两车道	一块板	3.3+3.7+3.7+3.3	机非分离，路况较好，路边停车不规范
20	中心路	35	次干路	双向两车道	一块板	3.3+3.7+3.7+3.3	机非分离，机动车流量大，路幅较小
21	蒲台路	20	支路	未划分车道	一块板	9	路面狭窄，道路等级低，路幅较小，路况较差，道路两侧摊点占道机非不分离严重
22	芦湖路北段	40	主干路	双向六车道	一块板	3.6+3.5×3+3.5×3+3.6	机非分离，路况良好
23	芦湖路南段	40	主干路	双向四车道	二块板	3.6+3.5×2+3.5×2+3.6	机非分离，路况良好
24	七号路	25	支路	未划分车道	一块板	6+6	新建道路，路况良好，断头路
25	四号路	25	支路	双向两车道	一块板	4+3.5+4	机非分离
26	六号路	25	支路	未划分车道	一块板	6+6	新建道路，路况良好，断头路
27	东环路	35	次干路	双向两车道	一块板	4+3.5+4	机非分离

南北线

2. 公路现状

高青县是黄河三角洲生态经济区对接省会都市圈的重要节点之一。目前，高青县道路网形成了"以高速公路为依托，干线路为骨架，县道为经络，镇村路为补充"的公路交通网络，其中高青县县区客运交通道路现状，如表 6-42 所示。

表 6-42　高青县客运交通道路现状一览表

编号	路名	起点	终点	损坏路段	建议	图片
701	潍高路	高青汽车总站	和店	——	——	
702	高淄路+李中路+杨石路	高青汽车总站	堰头	李中路至杨石路	改造	
703	田溢路+李中路	高青汽车总站	贾庄	田溢路南外环至李中路路段	改造	
704	田兴路+区段+李中路	高青汽车总站	梨行	龙桑至梨行	改造	
705	广青路+庆淄路+李中路	高青汽车总站	崔孟李	黑里寨镇至崔孟李	改造	
706	广青路+青马路	高青汽车总站	马扎子	青马路	改造	
	广青路+青城至码头路段	高青汽车总站	码头	青城至码头		

编号	路名	起点	终点	损坏路段	建议	图片
707	广青路+庆淄路	高青汽车总站	浮桥	——	——	
709	唐北路+刘杨路+杜集至海里干路段	高青汽车总站	杨坊	刘杨路杜集至海里干	改造	
710	翟田路	高青汽车总站	台李	串村道路	改造	
711	翟田路+刘杨路	高青汽车总站	刘春	村道	改造	

6.4.3.2 公交系统现状分析

1. 城区公交线网现状分析

（1）线路信息。

根据实地公交线路调查，高青县城区公交线路信息及走向，如表 6-43、表 6-44 所示。

表 6-43　高青县城区公交线路信息表

编号	里程	车辆数	运营时间	运营速度	发车间隔	发车班次（次/天）	日客流量（人次/单向）	
							节假日	工作日
1	13.5 km	4	6:30～18:30	16.2 km/h	25 min	28	286	232

表 6-44　高青县城区现有公交线路走向表

编号	首末站	经由路线	经由站点
1 路	汽车站（环线）	黄河路—西一路—高苑路—张田路	新华盛—县政府—家得利（临）—体育馆（临）—田镇镇—第四中学（临）—瑞丰园—西一路—星耀花园—曼顿—消防队（临）—兰骏小区—工商银行—法院（临）—法院—芦湖小区（一期）—芦湖小区南门—御泉香墅北门—政务中心—玉博琳纺织厂（临）—开发区派出所（临）—鲁泰北门—维钠锶—水岸明都（临）—一中—实验小学—新华盛

城市公交线路长度一般为 8～10 km，不超过 13 km。由表 3-7、表 3-8 可知城区 1 路公交线路长度较长，服务车辆数少，发车间隔较长，不能很好地为沿线居民出行提供服务。

（2）城区公交线路指标分析。

高青县城区 1 路公交线路长度和城镇线路在城区范围内的线网总长度约为 101 km。城区的线网密度约为 0.69 km/km^2，远没有达到《城市道路交通规划设计规范》中要求的线网密度。城区公交线网站点 300 m、500 m 半径覆盖率分别为 10.92%、30.01%，如图 6-46、6-47 所示。

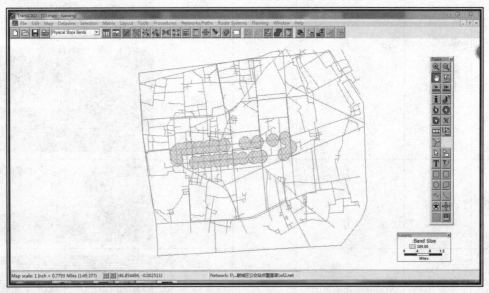

图 6-46　城区公交线网站点 300 m 半径覆盖示意图

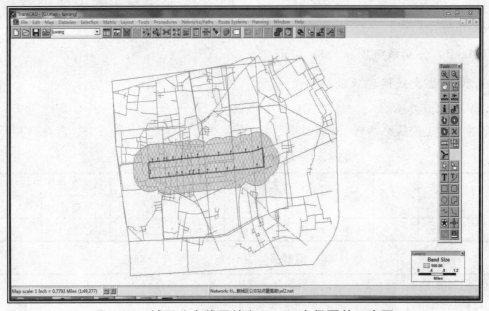

图 6-47　城区公交线网站点 500 m 半径覆盖示意图

城区 1 路公交沿线区域用地性质比例，如图 6-48 所示，从图中可以看出途经的用地以工业、居住、行政、中小学校居多，占整条线路的 76%，乘客出行的主要目的是上下班、上下学。此外，根据调查所得高青县城区公交线路客流分布特征，如表 6-45 所示。

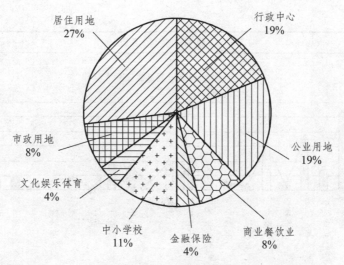

图 6-48　城区 1 路公交沿线区域用地性质比例图

表 6-45　城区公交线路客流分布特征表

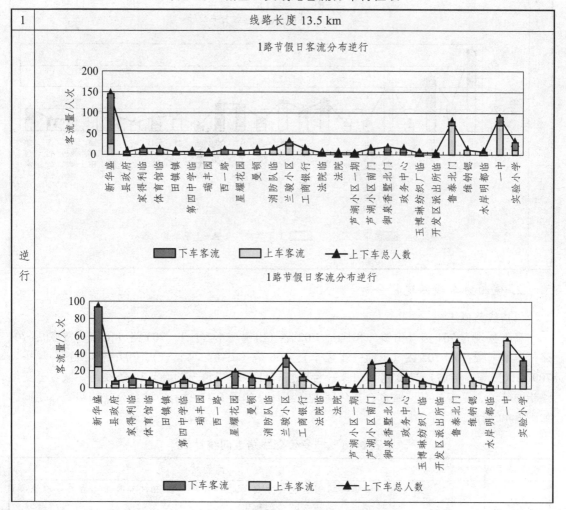

续表

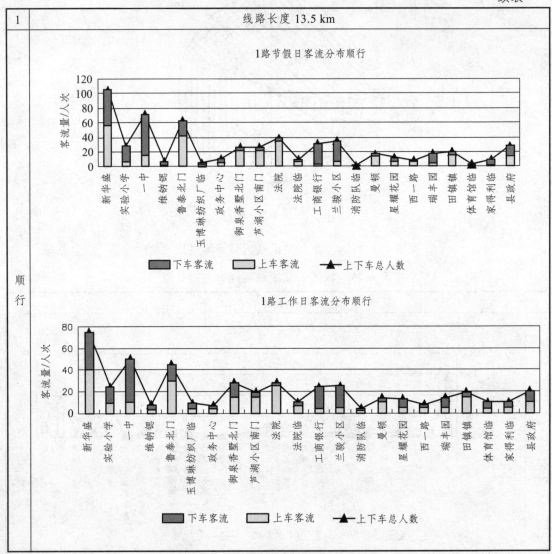

2. 城镇班车线网现状分析

（1）线路概述。

高青县现有 701 路（田镇—和店）、702 路（田镇—李官庄）、703 路（田镇—贾庄）、704 路（田镇—梨行）、705 路（田镇—崔孟李）、706 路（田镇—马扎子）、707 路（田镇—浮桥）、709 路（田镇—杨坊）、710 路（田镇—台李）、711 路（田镇—刘春）10 条线路，城乡公交线路走向统计，见表 6-46，城乡公交线路信息统计，如表 6-47 所示，城乡公交线路具体走向，如图 6-49 所示。

表 6-46　城乡公交线路走向统计表

线路编号	首末站	途经站点
701	田镇—和店	田镇—司家官庄—元河管区—吴家—西张村—唐坊—后展—程家—魏家—仉家—李凤鸣—和店

续表

线路编号	首末站	途经站点
702	田镇—李官庄	田镇—司家官庄—务陈—蔡旺—高城中心小学—信家—高城—城北郭—大蔡—张庙—窦家—闫家—周家—成家—李官庄
703	田镇—贾庄	田镇—崔张店—袁家桥—东刘—樊林东—樊林西—宋家套—唐口—唐西—樊林中学—田官—杨庄小学—贾庄
704	田镇—梨行	田镇—肖胡家—榆林—龙虎庄—花沟—任马寨—吉祥—龙桑管区—十六户路口—西段—梨行
705	田镇—崔孟李	田镇—沙高家—候家—马家—千佛庙—王天佑—大河沟—西纸坊—县二院—鲁胜二氧化碳公司—自来水公司—兴旺—冶张—小李—黑里寨镇—油棉厂—吴家—崔孟李
706	田镇—马扎子	田镇—沙高家—候家—马家—千佛庙—王天佑—大河沟—西纸坊—路家庄—青城—青城三中—玉皇庙—大孙家—史家—马扎子
		田镇—沙高家—候家—马家—千佛庙—王天佑—大河沟—西纸坊—路家庄—青城—青城三中—前海子—西三里庄—张太浮—西周家—小付家—码头
707	田镇—浮桥	高青汽车站—沙高家—候家—马家—王天佑—大河沟—西纸坊—路家庄—青城—青城油面厂—青城三中—木李镇府—牛家—海里干—浮桥
709	田镇—杨坊	高青汽车站—阮家—王凤—吕八庄—郭家—逯台—内于—石家村—杜集—付家—内董—常管店—新徐—大商家—高家—海里干—周家—杂姓刘—牛家
710	田镇—台李	高青汽车站—常家中学—常家小学—常家镇府—踹鼓张—皂李家—翟家寺—于家庄—台李
		台李—于家庄—黄河大堤路口—张王庄—翟家寺—北段—翟徐—郑庙—曹家店—南段—踹鼓张—常家政府—常家小学—常家中学—田镇
711	田镇—刘春	田镇—常家中学—常家小学—常家镇府—踹鼓张—皂李家—买浒—郑家村—王家村—骆家村—刘春—刘春东
712	张店—田镇	公交东站—东二路—华光路—中润大道—大张—曹营—闫家—新城—邢家—陈庄—顺河—马桥—洪庙—岔河—蔡旺—田镇

表 6-47 城乡公交线路信息统计表

线路编号	线路长度（km）	服务车辆数	座位数	运行时间（min）	运营速度（km/h）	服务村庄数	日发车班次（班/天）	
							节假日	工作日
701	23	8	19	40	35	23	10	10
702	29	10	25	90	19	46	14	14
703	25	1	20	60	25	51	2	2
704	25	6	25	90	17	34	8	8
705	30	5	25	90	20	61	10	10
706	25	10	19	45	33	76	40	30

续表

线路编号	线路长度（km）	服务车辆数	座位数	运行时间（min）	运营速度（km/h）	服务村庄数	日发车班次（班/天）	
							节假日	工作日
707	28	10	25	40	42	52	12	12
709	24	5	25	60	24	68	14	14
710	15	2	19	60	15	26	12	12
711	19	2	19	40	29	25	8	8

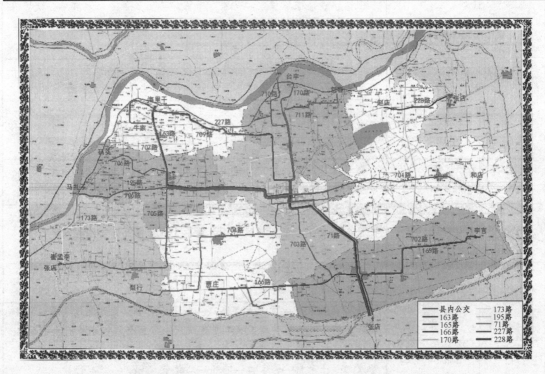

图 6-49　高青县城乡公交线路现状示意图

（2）城镇班车线路指标分析

高青县城乡公交线路网总长度约为 452 km。城乡公交线网密度为 0.23 km/km²，全县线网密度为 0.26 km/km²，线网密度小，远没有达到《城市道路交通规划设计规范》（GB50220-95）要求的线网密度。通达率反映了县域内镇、村的通达程度，即全县城乡公交通达的村庄数占总村庄数的比例，通达率的计算公式为：

$$\gamma = \frac{N_R}{N} \times 100\%$$

式中，γ—线网通达率；

N_R—在 1000 m 步行距离内有客运线路的村庄总数；

N—全县村庄总数。

城乡公交通达率下限取 90%，上限不做具体规定，条件许可的地区可达 100%。高青县现状全县有 767 个村委会，通过计算得到城乡公交通达率为 50.6%，而城乡公共客运通达率一般要求达到 90%，这说明高青县城乡公交服务水平不高，存在大面积的公交盲区，例如常家东部及芦湖街道办事处。图 6-50 为高青县城镇公交沿线 1 000 m 范围内村庄覆盖情况示意图。

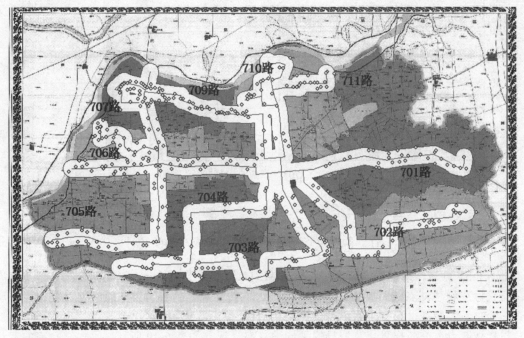

注：带状区域表示城乡公交沿线 1 000 m 的覆盖区域，圆点表示带状区域覆盖的村庄。

图 6-50　高青县城乡公交沿线 1 000 m 覆盖村庄示意图

高青县各线路的非直线系数，如表 6-48 所示。

表 6-48　各线路非直线系数统计表

线路编号	首末站	非直线系数	平均非直线系数
701	田镇—和店	1.30	
702	田镇—李官庄	1.80	
703	田镇—贾庄	2.50	
704	田镇—梨行	1.56	
705	田镇—崔孟李	1.58	
706	田镇—马扎子	1.00	1.774
707	田镇—浮桥	1.30	
709	田镇—杨坊	1.90	
710	田镇—台李	2.20	
711	田镇—刘春	2.10	

根据乘客出行调查问卷，高青县各乡镇班车线路乘客实际的平均候车时间与平均到达站点时间，如图 6-51 所示。

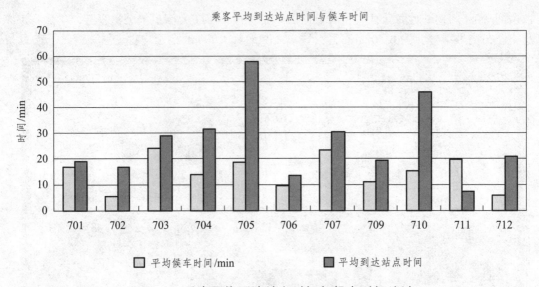

图 6-51 乘客平均到达站点时间与候车时间统计

由图 6-51 可知，乘客平均到达站点时间除 711 外均大于 15 min，说明其公交路线覆盖率低，沿线村庄到达站点的距离长，居民出行极为不便。乘客的平均候车时间相对较长，说明公交车发车间隔较长，公交运力不足。

高青县城乡公交工作日与节假日的平均满载率情况，如表 6-49 所示，平均满载率的评价级别，如表 6-50 所示。

表 6-49　城乡公交各线路平均满载率统计表

线路编号	路线	平均满载率	
		工作日（%）	节假日（%）
71	张店至田镇	53.57	62.50
701	田镇至和店	92.11	98.00
702	田镇至李官庄	56.40	60.00
703	田镇至贾庄	30.25	34.50
704	田镇至梨行	47.00	50.00
705	田镇至崔孟李	59.52	73.60
706	田镇至马扎子	52.63	65.79
707	田镇至浮桥	54.60	57.00
709	田镇至杨坊	33.71	41.20
710	田镇至台李	45.95	48.79
711	田镇至刘春	26.32	34.74

表 6-50　百分制式的评价指标

编号	评价指标	成绩区间（%）	中值（%）
1	很优秀	[95，100]	97.5
2	优秀	[85，94]	90
3	良好	[75，84]	80
4	中等	[65，74]	70
5	一般	[50，64]	57.5

由表 6-49、表 6-50 可知，工作日中仅 701 路的平均满载率为 92.11%，71 路、702 路、705 路、706 路、707 路 5 条线路的平均满载率为一般水平，其余 5 条线路平均满载率均小于 50%；节假日中 701 路的平均满载率为很优秀的水平，705 路、706 路为中等水平，71 路、702 路、704 路、707 路 4 条路线为一般水平，其余 5 条线路满载率均小于 50%。

限于篇幅，在此只列举高青县部分公交线路客流分布特征，如表 6-51、6-52、6-53 所示。

表 6-51　701 路各站点客流分布特征

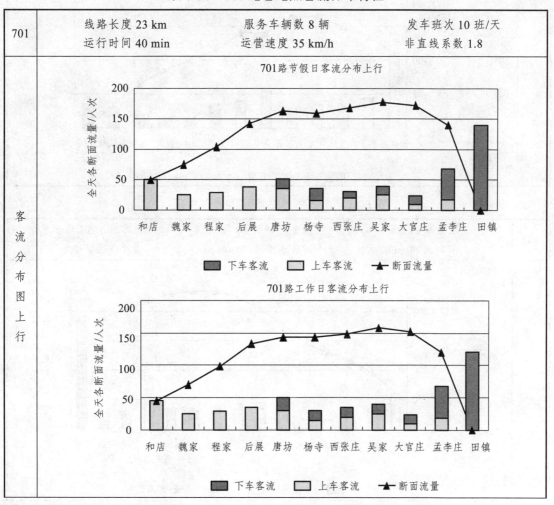

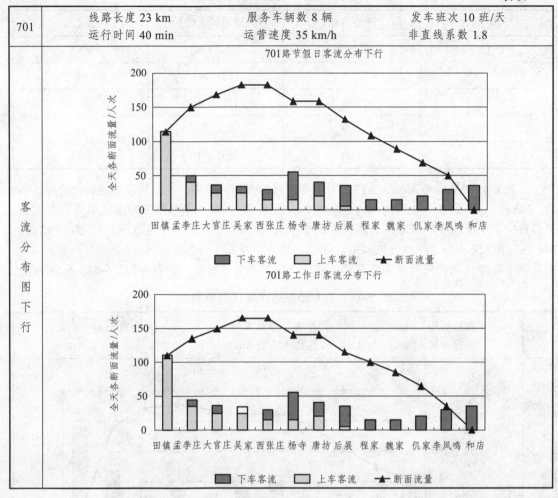

701	线路长度 23 km 运行时间 40 min	服务车辆数 8 辆 运营速度 35 km/h	发车班次 10 班/天 非直线系数 1.8

客流分布图下行

701路节假日客流分布下行

701路工作日客流分布下行

下车客流　上车客流　断面流量

表 6-52　702 路各站点客流分布特征

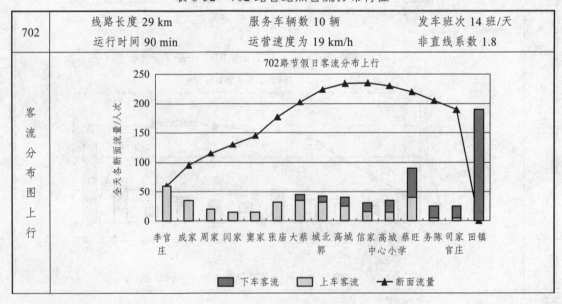

702	线路长度 29 km 运行时间 90 min	服务车辆数 10 辆 运营速度为 19 km/h	发车班次 14 班/天 非直线系数 1.8

客流分布图上行

702路节假日客流分布上行

下车客流　上车客流　断面流量

续表

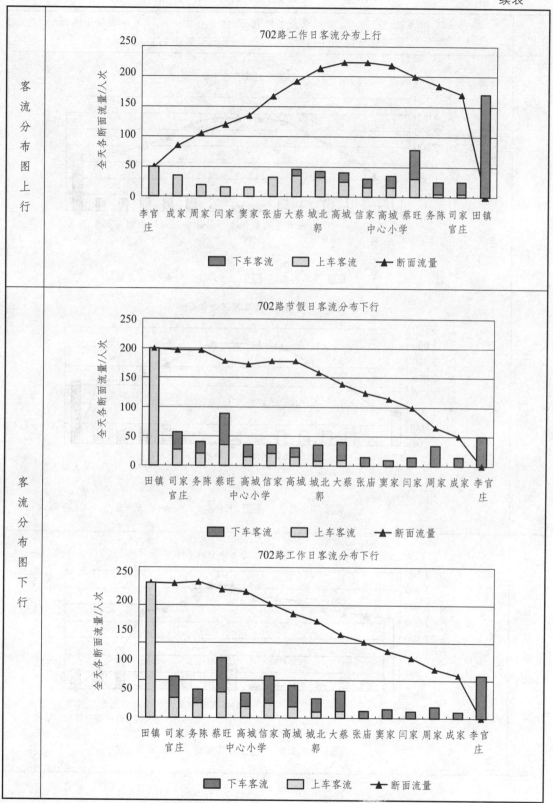

客流分布图上行

客流分布图下行

表 6-53　71 路各站点客流分布特征

| 71 | 线路长度 66.4 km　　　　服务车辆数 26 辆　　　　发车班次 104 班/天 |
| | 运行时间 90 min　　　　运营速度为 35 km/h |

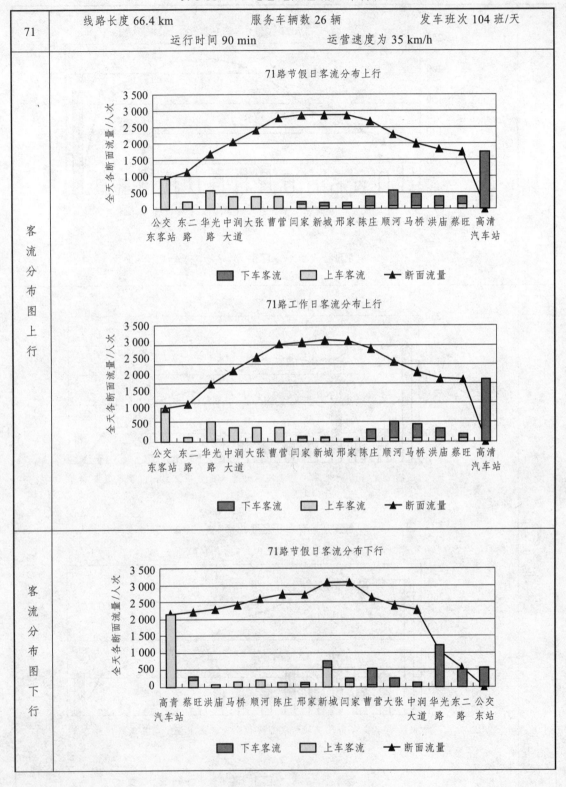

71	线路长度 66.4 km	服务车辆数 26 辆	发车班次 104 班/天
	运行时间 90 min	运营速度为 35 km/h	

客流分布图下行

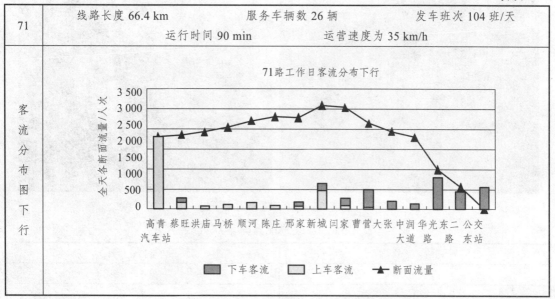

从上述分析的指标来看，高青县城镇班车客运服务水平整体偏低，主要表现为公交出行时间长、公交出行方便性低、公交出行安全性低、公交出行准点率低，可靠程度低和存在公交盲区。

（3）公交站场现状分析。

直到 2015 年，高青县公交枢纽站、综合车站（公交停车场、保养维修厂）和首末站的建设面积依旧严重不足，特别是城区与各乡镇、街道办之间的换乘枢纽站、城内客流集中区域的公交场站以及公交首末站配备不够。如图 6-52 为田镇汽车站和青城汽车站，图 6-53 为 707 路公交末站，表 6-54 为高青县各线路配置车辆现状统计表。这些不利现状一方面影响道路通行能力，另一方面不方便公交调度，这在很大程度上制约了公交事业的进步发展，也限制了全县城乡经济和社会各项事业的健康、快速发展。

图 6-52　田镇汽车站、青城汽车站现状

图 6-53　707 路末站状况

表 6-54　各线路配置车辆统计表

线路编号	服务车辆数（辆）
公交 1 路	4
701	8
702	10
703	1
704	6
705	5
706	10
707	10
709	5
710	2
711	2
合计	63

6.4.3.3　居民出行分析

高青县交通运输局协助联系各街道办、居委会、村镇相关人员并在他们的大力支持下，对调查区内的住户进行抽样家访。由调查员当面了解每户全体成员（6 岁以上）的个人特征及出行特征，包括家庭成员年龄、性别、出发地、出发时间、目的地、到达目的地的时间、出行方式、出行目的等。

通过上述调查得出高青县已建成城区、郊区和农村的具体抽样率、平均每户人口数等基本情况如表 6-55 所示，高青县居民的机动车拥有情况，如表 6-56 所示。

表 6-55　居民出行调查基本情况

地区	调查户数	调查人口数	区域总人口数（2011 年末）	抽样率	调查家庭总人口数	平均每户人口数	抽样男女比例
已建成城区	1 070	3 606	7.07 万	5.10%	1 206	3.37	1.08∶1
郊区	506	1 517	2.96 万	5.13%	1 908	3.77	1.26∶1
农村	4 229	15 976	26.57 万	6.01%	16 535	3.91	1.45∶1

表 6-56　机动车拥有基本情况

地区	户均自行车数（辆）	户均助力车数（辆）	户均摩托车数（辆）	户均小汽车数（辆）	户均其他车辆数（辆）
已建成城区	1.16	1.26	0.39	0.44	0.08
郊区	0.57	1.47	0.45	0.45	0.57
农村	1.05	1.31	0.73	0.30	0.09

高青县不同职业居民的每日平均出行次数如表 6-57、图 6-54 所示。

表 6-57　不同职业的平均出行次数（单位：次）

地区	职业					
	工人	公务员	专业技术人员	职员	商业服务人员	企事业负责人
已建成城区	2.69	3.13	3.08	3.26	2.48	2.53
郊区	2.39	2.00	3.12	2.31	2.18	2.00
农村	2.09	0.91	2.00	2.04	2.00	2.30

续表 6-57　不同职业的平均出行次数（单位：次）

地区	职业					
	大专院校学生	农民	中小学生	家务劳动者	个体经营者	其他
已建成城区	2.00	2.42	3.67	2.15	2.54	2.27
郊区	1.86	2.34	3.26	2.17	2.13	2.05
农村	1.67	2.03	3.13	2.00	2.15	2.00

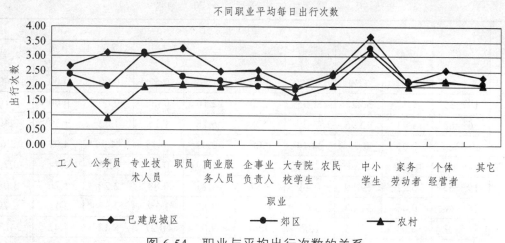

图 6-54　职业与平均出行次数的关系

1. 出行目的统计分析

通过调查得到的高青县各地区出行目的分布情况，如表 6-58、图 6-55 所示。

表 6-58 出行目的分布（单位：%）

地区	出行目的								
	上学	上班	生活购物	公务	回家	文化娱乐	探亲访友	看病探病	其它
已建成城区	19.09	29.21	10.86	1.59	26.30	4.66	2.27	0.68	5.34
郊区	16.46	30.92	1.03	0.92	35.76	1.38	2.75	2.52	8.26
农村	20.80	25.57	3.19	1.32	26.71	4.32	10.48	1.32	6.29

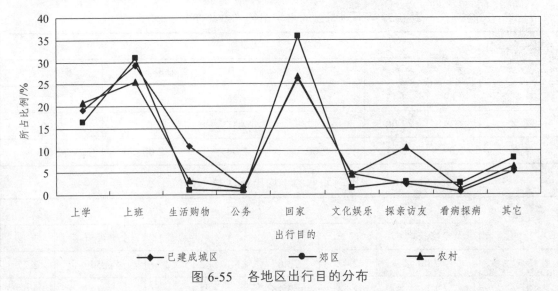

图 6-55 各地区出行目的分布

通过进一步统计分析得出高青县不同年龄段居民的出行目的分布，如表 6-59、图 6-56、图 6-57、图 6-58 所示。

表 6-59 不同年龄的出行目的分布（单位：%）

地区	年龄	出行目的								
		上学	上班	生活购物	公务	回家	文化娱乐	探亲访友	看病探病	其他
已建成城区	6~18	50.11	7.39	0.57	0.00	41.36	0.57	0.00	0.00	0.00
	19~35	5.41	56.22	11.35	2.70	22.16	0.00	0.00	0.00	2.16
	36~60	3.94	42.96	13.29	2.08	26.16	1.16	1.62	1.39	7.40
	60 以上	0.00	8.05	24.14	0.00	20.01	16.15	14.94	4.07	12.64
郊区	6~18	47.02	5.34	2.29	0.02	42.29	0.78	0.76	0.74	0.76
	19~35	6.22	39.89	0.44	1.32	44.21	0.88	2.20	1.76	3.08
	36~60	0.44	51.07	3.67	0.48	28.82	1.19	2.39	2.15	9.79
	60 以上	0.03	12.63	1.05	0.00	39.03	10.21	8.42	4.42	24.21
农村	6~18	36.96	8.70	3.40	2.17	43.50	3.10	2.17	0.00	0.00
	19~35	4.69	43.75	7.81	1.56	31.25	3.13	6.25	0.00	1.56
	36~60	0.00	32.81	6.18	1.18	36.12	0.59	13.71	2.35	7.06
	60 以上	0.00	8.62	5.13	0.00	40.91	14.55	19.06	2.64	9.09

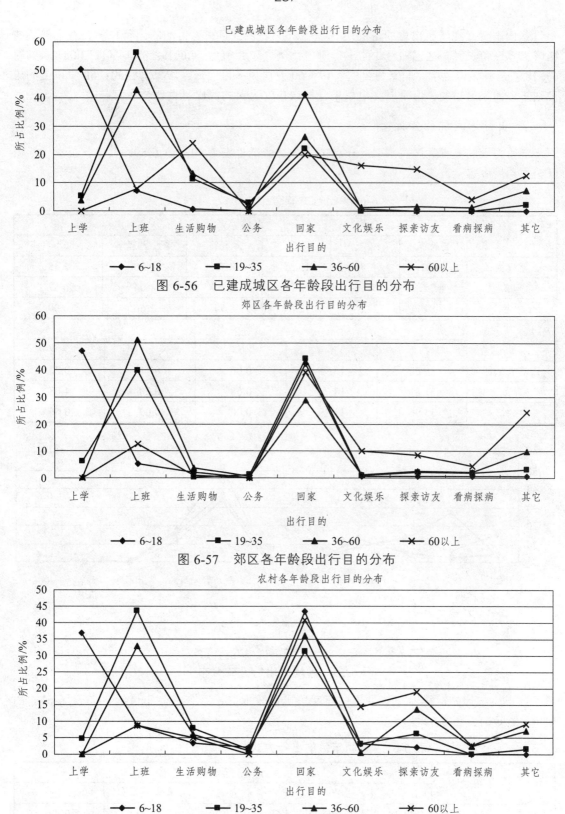

图 6-56　已建成城区各年龄段出行目的分布

图 6-57　郊区各年龄段出行目的分布

图 6-58　农村各年龄段出行目的分布

总体来看，在居民出行的目的中，以上班、上学、回家为目的的出行较多，在已建成的城区、郊区和农村，这三种目的的出行所占比例之和分别为74.60%、83.14%、73.08%。其中6～18岁居民多以上学、回家为目的；19～60岁居民多以上班、回家为目的；60岁以上的居民则多以回家为目的，但是以文化娱乐、探亲访友为目的的出行也比较多。

2. 出行方式统计分析

调查得到的高青县居民采取的出行方式分布情况见表6-60、图6-59，其中，公交包括城区公交和城乡客运汽车。

表6-60　出行方式分布（单位：%）

地区	出行方式					
	自行车	公交	步行	摩托车	单位大客车	单位小汽车
已建成城区	14.91	6.43	13.55	8.71	0.80	2.45
郊区	4.32	2.36	5.04	12.69	1.04	0.37
农村	4.01	27.31	12.67	8.54	1.66	0.00

地区	出行方式				
	助力车	私家车	出租车	火车、飞机	其他
已建成城区	36.86	15.95	0.00	0.11	0.23
郊区	51.81	17.71	0.58	0.00	4.08
农村	33.96	11.19	0.00	0.00	0.66

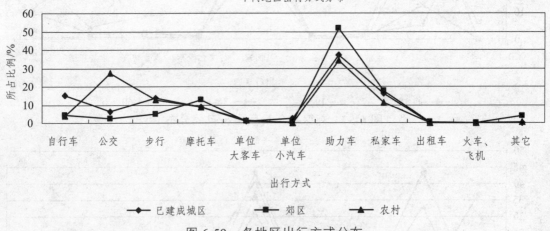

图6-59　各地区出行方式分布

进一步统计分析得出高青县不同年龄段居民采取的出行方式分布情况，如表6-61、图6-60、图6-61、图6-62所示。

表6-61　不同年龄的出行方式分布（单位：%）

地区	年龄	出行方式					
		自行车	公交	步行	摩托车	单位大客车	单位小汽车
已建成城区	6～18	32.39	13.64	5.68	1.70	0.00	9.09
	19～35	7.57	6.49	7.57	8.65	1.08	1.62

续表

地区	年龄	出行方式					
		自行车	公交	步行	摩托车	单位大客车	单位小汽车
已建成城区	36~60	11.32	2.32	12.93	11.78	1.15	0.46
	60以上	11.49	12.64	50.57	8.06	0.00	0.00
郊区	6~18	12.98	3.82	1.53	2.29	4.58	0.76
	19~35	0.00	0.88	3.52	13.22	1.32	0.00
	36~60	3.58	1.43	4.06	17.90	0.00	0.00
	60以上	5.26	7.37	16.84	4.21	0.00	2.11
农村	6~18	10.87	36.96	30.43	0.00	2.17	0.00
	19~35	0.00	34.38	4.69	6.25	1.56	0.00
	36~60	2.35	24.12	7.06	12.35	1.76	0.00
	60以上	13.64	9.09	40.91	4.55	0.00	0.00

地区	年龄	出行方式				
		助力车	私家车	出租车	火车、飞机	其他
已建成城区	6~18	24.43	12.50	0.00	0.00	0.57
	19~35	44.86	21.08	0.00	0.54	0.54
	36~60	42.26	17.78	0.00	0.00	0.00
	60以上	16.09	1.15	0.00	0.00	0.00
郊区	6~18	54.95	8.40	2.29	0.00	8.40
	19~35	55.07	25.11	0.00	0.00	0.88
	36~60	49.88	19.09	0.48	0.00	3.58
	60以上	48.42	8.42	0.00	0.00	7.37
农村	6~18	17.39	2.17	0.01	0.00	0.00
	19~35	29.69	23.43	0.00	0.00	0.00
	36~60	40.59	10.59	0.00	0.00	1.18
	60以上	31.81	0.00	0.00	0.00	0.00

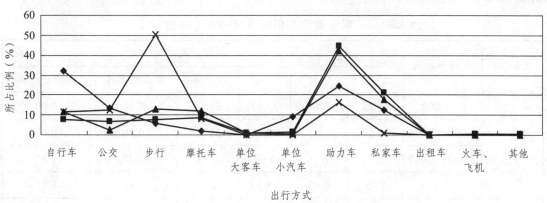

图 6-60 已建成城区各年龄段出行方式分布

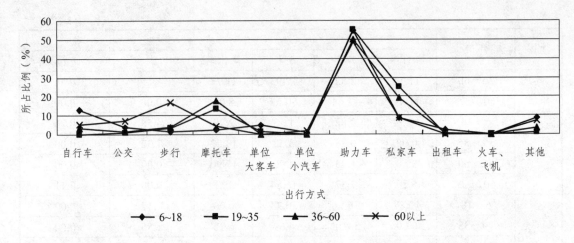

图 6-61　郊区各年龄段出行方式分布

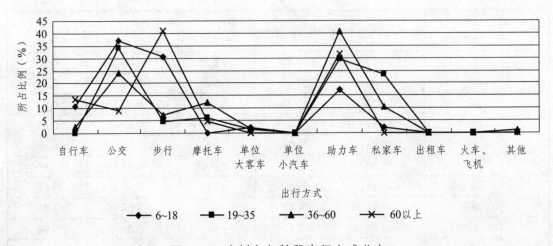

图 6-62　农村各年龄段出行方式分布

进一步统计分析得出高青县不同家庭收入居民采取的出行方式分布情况，如表 6-62、图 6-63、图 6-64、图 6-65 所示。

表 6-62　不同家庭收入出行方式分布（单位：%）

地区	家庭月收入	出行方式					
		自行车	公交	步行	摩托车	单位大客车	单位小汽车
已建成城区	<=1 000	14.29	7.14	21.43	21.43	7.14	0.00
	1 000～3 000	10.14	2.03	20.95	24.32	0.00	0.00
	3 000～5 000	19.32	1.14	5.68	4.55	2.27	2.27
	>=5 000	8.45	8.45	15.49	4.23	1.41	1.41
郊区	<=1 000	5.61	4.91	9.47	4.21	2.11	1.05
	1 000～3 000	2.65	1.47	3.24	17.35	0.29	0.00

续表

地区	家庭月收入	出行方式					
		自行车	公交	步行	摩托车	单位大客车	单位小汽车
郊区	3 000~5 000	1.63	2.31	2.44	27.64	0.00	0.00
	>=5 000	4.76	2.10	2.08	3.10	1.00	1.00
农村	<=1 000	8.66	22.83	25.98	0.79	1.57	0.00
	1 000~3 000	0.75	29.10	3.73	11.94	2.24	0.00
	3 000~5 000	0.12	34.17	0.00	25.71	0.00	0.00
	>=5 000	0.01	33.30	3.03	3.08	0.00	0.00

续表 6-62　不同家庭收入出行方式分布（单位：%）

地区	家庭月收入	出行方式				
		助力车	出租车	私家车	火车、飞机	其他
已建成城区	<=1 000	21.43	0.00	7.14	0.00	0.00
	1 000~3 000	27.03	0.00	15.53	0.00	0.00
	3 000~5 000	51.14	1.14	12.49	0.00	0.00
	>=5 000	35.21	0.00	22.54	1.41	1.40
郊区	<=1 000	62.11	1.05	6.67	0.00	2.81
	1 000~3 000	54.41	0.59	19.41	0.00	0.59
	3 000~5 000	22.76	4.88	38.34	0.00	0.00
	>=5 000	20.52	10.01	45.38	0.00	10.05
农村	<=1 000	37.81	0.00	1.57	0.00	0.79
	1 000~3 000	37.31	0.00	14.18	0.00	0.75
	3 000~5 000	14.29	0.00	25.71	0.00	0.00
	>=5 000	24.09	0.00	36.49	0.00	0.00

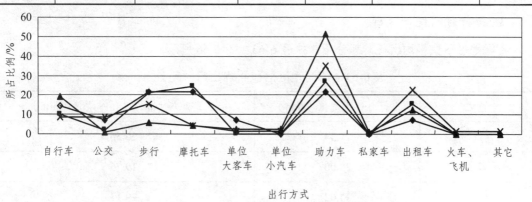

图 6-63　已建成城区不同家庭收入出行方式分布

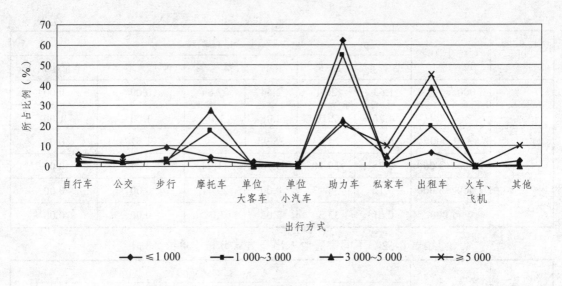

图 6-64　郊区不同家庭收入出行方式分布

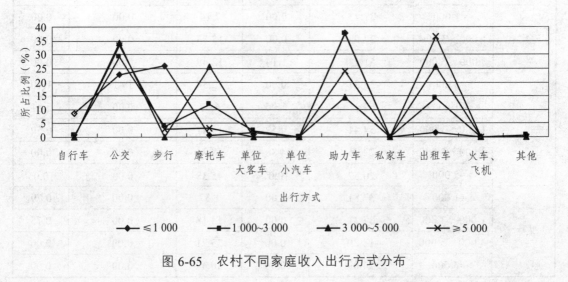

图 6-65　农村不同家庭收入出行方式分布

3. 出行时间统计分析

不同地区居民平均出行时耗分布，如表 6-63、图 6-66 所示。

表 6-63　不同地区居民平均出行时耗分布

地区	出行时耗平均值（min）	小于两小时出行时耗平均值（min）
已建成城区	21.34	20.56
郊区	22.00	19.75
农村	34.02	29.13

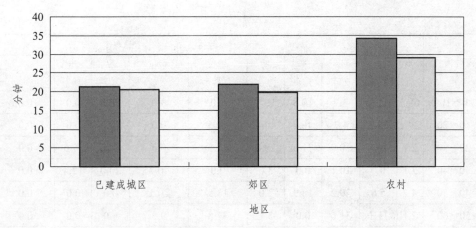

图 6-66　不同区域居民平均出行时耗分布

不同出行方式的时耗分布情况，如表 6-64、图 6-67、图 6-68、图 6-69 所示。

表 3-38　不同出行方式的时耗分布（单位：%）

地区	时间	出行方式										
		步行	自行车	公交车	摩托车	助力车	单位大客车	单位小汽车	私家车	出租车	火车、飞机	其他
已建成城区	0~10	23.6	15.2	10.7	17.0	17.5	17.6	0.0	8.4	0.2	0.0	0.0
	10~20	56.1	41.3	17.3	43.8	36.9	11.7	2.4	27.6	13.1	0.0	50.0
	20~30	11.8	21.3	8.7	9.3	20.1	41.2	81.0	21.4	65.3	0.0	0.0
	30~40	5.5	20.1	49.3	24.0	21.6	5.9	11.9	20.8	21.1	0.0	0.0
	40~50	0.3	1.2	8.0	0.6	1.7	17.7	4.7	14.3	0.3	0.0	0.0
	50~60	0.6	0.6	1.3	0.6	0.7	5.9	0.0	3.0	0.0	0.0	0.0
	60~70	0.6	0.3	2.7	4.7	0.9	0.0	0.0	2.6	0.0	0.0	20.0
	>70	1.5	0.0	2.0	0.0	0.6	0.0	0.0	1.9	0.0	100	30.0
郊区	0~10	31.0	29.7	9.7	13.5	19.4	5.3	0.0	21.6	39.2	0.0	45.9
	10~20	56.3	56.8	9.7	58.2	59.8	48.4	60.0	46.9	40.4	0.0	47.1
	20~30	8.1	10.8	22.4	20.1	17.6	5.2	0.0	16.6	0.0	0.0	1.0
	30~40	4.6	2.7	0.0	3.3	0.9	10.3	20.0	1.7	0.0	0.0	1.2
	40~50	0.0	0.0	6.5	0.5	0.0	7.2	0.0	1.2	0.0	0.0	2.4
	50~60	0.0	0.0	45.2	2.2	1.1	2.5	0.0	6.2	20.4	0.0	0.0
	60~70	0.0	0.0	0.0	1.1	0.0	0.0	0.0	0.4	0.0	0.0	1.2
	>70	0.0	0.0	6.5	1.1	1.2	21.1	20.0	5.4	0.0	100	1.2

地区	时间	出行方式										
		步行	自行车	公交车	摩托车	助力车	单位大客车	单位小汽车	私家车	出租车	火车、飞机	其他
农村	0~10	60.3	11.1	3.9	10.8	15.5	0.0	0.0	26.0	0.0	0.0	0.0
	10~20	29.2	33.3	4.7	46.0	44.4	11.5	0.0	12.0	0.0	0.0	61.8
	20~30	2.1	16.7	10.9	21.6	28.6	37.5	0.0	34.0	87.6	0.0	22.0
	30~40	2.1	0.0	10.1	0.0	3.6	0.0	70.3	20.0	12.4	0.0	10.1
	40~50	4.2	5.6	20.2	18.9	3.0	13.5	20.1	0.0	0.0	0.0	1.9
	50~60	2.1	11.1	31.6	0.0	3.1	37.5	9.6	6.0	0.0	0.0	0.0
	60~70	0.0	22.2	2.3	2.7	0.0	0.0	0.0	0.0	0.0	0.0	4.2
	>70	0.0	0.0	16.3	0.0	1.8	0.0	0.0	2.0	0.0	100	0.0

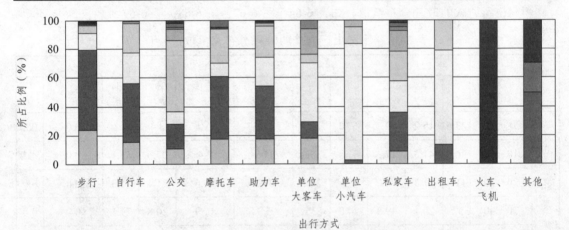

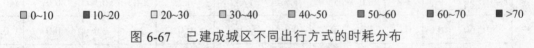

图 6-67 已建成城区不同出行方式的时耗分布

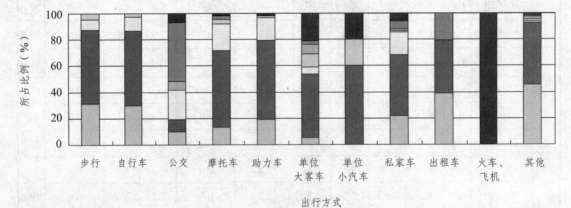

图 6-68 郊区不同出行方式的时耗分布

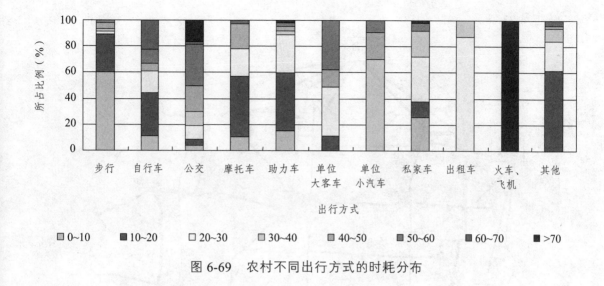

图 6-69　农村不同出行方式的时耗分布

6.4.4　淄博市高青县交通组织发展战略

城市交通发展战略是对城市交通未来发展趋势的总体预测和判断，从宏观上把握城市交通趋势，实现交通网络的均衡发展，从而实现交通的可持续发展。高青县隶属山东省淄博市，是黄河三角洲生态经济区对接济南都市圈的重要节点之一。近年来，黄河三角洲的开发与建设受到相关部门的高度重视。1995 年，联合国开发计划署把"支持黄河三角洲可持续发展"作为支持《中国二十一世纪议程》的第一个优先项目援助实施；发展黄河三角洲高效生态经济先后被列入国家"十五"规划和"十一五"规划；在《中华人民共和国国民经济和社会发展第十个五年计划纲要》中，首次提出"发展黄河三角洲高效生态经济"，继而又提出"发展黄河三角洲、三峡库区等高效生态经济"；2007 年，山东省第九次党代会明确提出"加强黄河三角洲高效生态经济区规划建设"。

高青县是淄博市唯一被列入黄河三角洲生态区域的县城。因此，高青县应以黄河三角洲地区开发建设为契机，积极参与黄河三角洲地区的建设，特别是城市交通协调建设，将高青县发展成为适宜居住的生态型黄河滨城。

为实现高青县交通的可持续发展，解决高青县目前交通存在的问题，研究交通组织发展战略，确定四种交通发展模式，即：道路改善交通组织发展战略、公共交通改善发展战略、绿色交通发展模式和一体化交通发展模式。分析四种模式发展状况，由此找出目前条件下的适合的交通发展模式，实现高青县交通的可持续发展。

1. 战略分析

（1）基于道路改善为主的交通组织战略。

该方案旨在以道路网为基础来支持县城的发展，具体包括给予私人机动车发展宽松政策，具体战略方案，如图 6-70 所示。

（2）基于公共交通改善为主的交通组织战略。

该方案皆在利用以快速公共交通和道路网为基础的方案来支持城区的发展，建立包括轻轨或 BRT、常规公交以及其他交通方式在内的综合交通系统。具体战略方案，如图 6-71、图

6-72、图 6-73 所示。

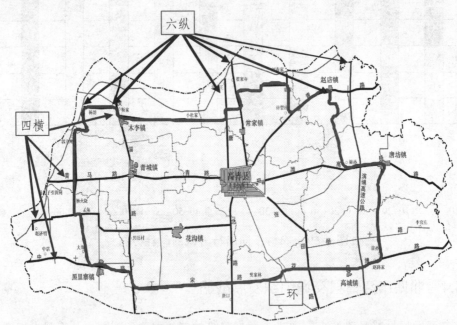

图 6-70　基于道路改善为主交通组织战略的县城道路网骨架

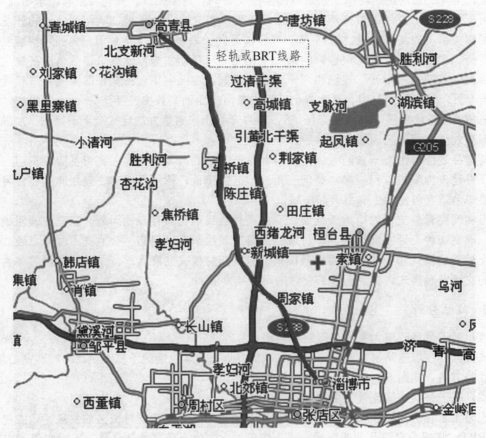

图 6-71　基于公共交通改善为主交通组织战略的轻轨或 BRT 线路

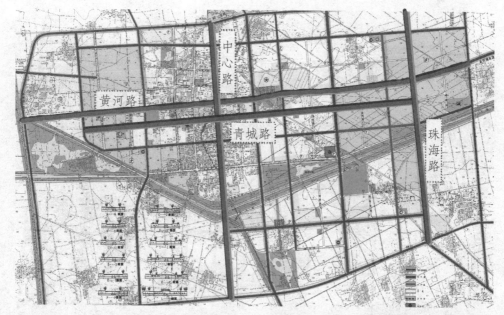

图 6-72　基于公共交通改善为主交通战略组织县城（田镇）的客运走廊

图 6-73　公交专用道模式

（3）基于紧凑的绿色交通组织战略。

该方案特点是向外扩展城区，力求使新建区域的居住就业相对平衡，发展为"紧凑型"和"内敛型"的城区，建立以自行车和步行为主、公交车为辅的绿色综合交通系统，道路建设着重于加密城区和重点镇的次干路、支路网以及自行车专用道的建设。具体战略方案，如图 6-74 和图 6-75 所示。

（4）一体化复合交通组织战略模式。

该方案力求通过对道路、公共交通以及绿色交通等方面的交通设施和交通管理均衡建设和发展，建立一个多层次、多方式、立体的、高效的城市综合交通系统。具体战略方案，如表 6-65 所示。

2. 交通组织发展战略评价

（1）不同组织发展战略的交通方式结构评价。

不同交通发展战略测试方案交通方式结构，如表 6-66 所示。

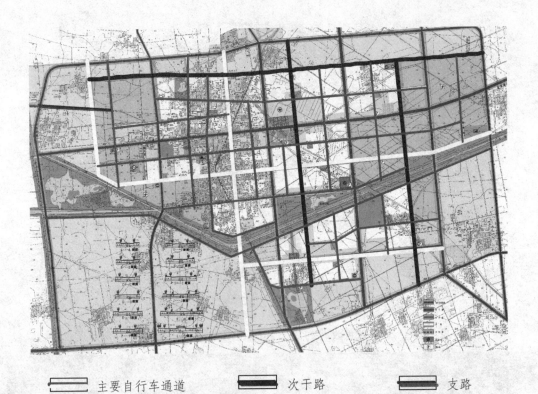

主要自行车通道　　　次干路　　　支路

图 6-74　基于紧凑的绿色交通组织战略县城（田镇）的"次干路+支路"网络

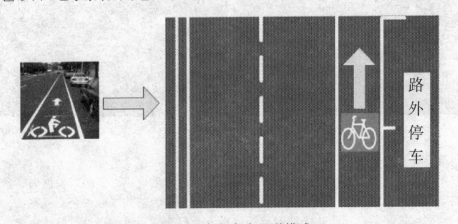

图 6-75　自行车专用道模式

表 6-65　一体化复合交通组织战略模式

战略要素	规划
道路交通	·建立一个完善的多层次道路系统，充分利用外围快速环路服务于城市对外交通衔接和组团间主要机动车走廊，屏蔽过境交通；加强主干道、次干道以及支路的建设，形成"区域协调、干支相连、城乡通达、顺畅便捷、高效安全"的道路运输系统。 ·骨干路网包括 1 环 4 横 6 纵，县城中心骨架为 1 环 2 横 4 纵

战略要素	规划
公共交通	• 公共交通系统以"公交优先"（远景年以快速公共交通）为主、常规公交为辅和出租车为补充的多层次公交系统，建设适应高青县城发展需要的高效、便捷、准点、舒适、绿色、人性化的公共交通体系，促进城市交通的可持续发展。 • 对于轻轨交通或快速公交系统（BRT）规划期内不进行建设，但是通过公交专用道来培养客流并预留建设用地，远景年建设轻轨或 BRT 与"桓台至博山段"的轻轨交通相衔接，构成淄博市真正的"大十字架"（参考淄博市"十字型"通道轻轨发展可行性研究）。参考线路走向为：高青县城→经 S238 进入桓台陈庄镇→桓台新城镇→桓台周家镇→经世纪路进入张店区→经张博路进入淄川区→博山区。 • 可考虑新建轨道交通与黄河三角洲规划的滨州至天津滨海新区的轻轨交通系统衔接。 • 常规公交系统以现有公交系统为基础进行调整，形成与快速公共交通良好的接驳能力
交通政策	• 政府对于私人机动车不限制其拥有量，但限制其使用频率，并在县城核心区建立停车诱导系统，均衡路网的交通需求，最大限度利用道路资源；实施交通需求管理（TDM）措施，如对停车设施实行区域差别化政策，动静结合控制交通流。 • 城区公交维持现状票价不变；区间公交（特指远景年高青县往淄博市其他区县的轻轨或 BRT）票价按出行距离采用阶梯票价，并考虑换乘优惠
交通管理	• 合理设置信号灯，在有条件区域实施线控、区域控制或自适应控制系统。 • 主要路口的公交信号优先。 • 针对中心区范围内的主要路口进行渠化，提高路口通行能力。 • 对于核心区实施人车分流，提高道路使用效率

表 6-66　四种战略方案交通结构

交通结构	战略方案一	战略方案二	战略方案三	战略方案四
步行	32%	33%	39%	31%
自行车	33%	34%	43%	36%
公共交通	7%	20%	6%	16%
小汽车（含出租车）	23%	9%	7%	13%
其他	5%	4%	5%	4%
合计	100%	100%	100%	100%

（2）不同组织发展战略的交通系统评价

方案测试采取定性和定量相结合的方法进行评价。

定量分析：从交通系统对于城市发展支撑、财政可承受性、环境的可持续性、交通运行状况等四个方面对于评价指标进行了选择，共选择了 7 个指标进行评价，通过交通预测模型对不同交通发展战略进行测试分析，如表 6-67 所示。

表 6-67　四种战略方案的评价指标结果

评价指标	衡量指标	战略定量指标结果			
		战略一	战略二	战略三	战略四
支撑城市发展	出行时间 （每日乘客小时数）	140 869	122 316	127 813	119 567
财政可承受性	骨架交通设施 建设成本（亿元）	6.2	25.4（83.0）	5.9	20.2（65.4）
环境可持续性	高峰小时车公里数	140 800	114 400	129 800	121 000
可达性	人均出行时间	20.5	17.8	18.6	17.4
投资效益	道路饱和度	0.74	0.46	0.57	0.55
可接受性	道路网络车速 （km/h）	27.3	34.1	29.6	32.5
安全性	车公里数	1 280 000	1 040 000	1 180 000	1 100 000

注：在财政可承受性中成本计算中，括号里为轻轨，括号外为 BRT；同时投资，不需考虑通货膨胀情况。

支撑城市发展：采用规划区范围内居民的出行时间总和评价，越低越好。

财政可承受性：采用骨架交通设施建设成本进行财政可承受性评价，越低越好。

环境的可持续性：通过高峰小时的车公里数来衡量，越低越好。

交通运行状况：包括可达性、投资效益、可接受性以及安全性。可达性通过人均出行时间来衡量，越低越好；投资效益用道路网络的整体和核心区饱和度来衡量，越低越好；可接受性用车速来衡量，数字越高越好；安全性用车公里数来衡量，随着车公里数的增加，事故将会增加，数字越低越好。

定性分析：通过对衡量指标取分并定义指标权重，最后计算综合得分，分值最高为最好，如表 6-68 所示。

表 6-68　四种战略方案加权平均结果

评价指标	指标权重	战略一		战略二		战略三		战略四	
		原始分	加权分	原始分	加权分	原始分	加权分	原始分	加权分
支撑城市发展	9	2	18	4	36	1	9	3	27
财政可承受性	8	3	24	1	8	4	32	2	16
环境可持续性	7	1	7	3	21	4	28	2	14
可达性	6	1	6	2	12	4	24	3	18
投资效益	5	2	10	3	15	1	5	4	20
可接受性	3	2	6	3	9	1	3	4	12
安全性	4	1	4	4	16	2	8	3	12
总分		75		117		109		119	
得分排序		4		2		3		1	

综合四个方案实施效果和交通建设投入可能，无论从定量指标评价还是定性评分衡量，方案四的综合效果最佳。因此，推荐方案四（一体化复合交通战略）作为规划期内的高青县的城市交通发展战略，该方案具有很强的可实施性和灵活性。

6.4.5 高青县城乡公交需求预测

在城乡公交一体化发展规划中，对未来年交通需求的科学预测是非常重要的，预测结果的好坏直接影响着公交线网布局规划的结果。社会经济发展预测是交通需求预测的基础，在城市交通规划中占有重要地位。在对高青县城市特点、城市性质、自然资源、经济发展水平、国家和地区方针政策等诸多因素做进一步分析考察的基础上，从经济和人口两方面预测了高青县的社会经济发展。此外，文章在充分考虑高青县社会经济和交通发展特点前提下，采用了国内外应用最广泛的"四阶段法"着重对高青县未来城乡公交发展情况进行交通需求预测。

1. 交通小区划分

结合城市土地利用，以及城市行政区域划分，考虑到河流水系的影响，将城区划分为 19 个交通小区，如图 6-76 所示。县域内交通中区的划分按照乡镇行政管辖区域以及人口数和面积进行，共划分为 11 个中区，如图 6-77 所示。

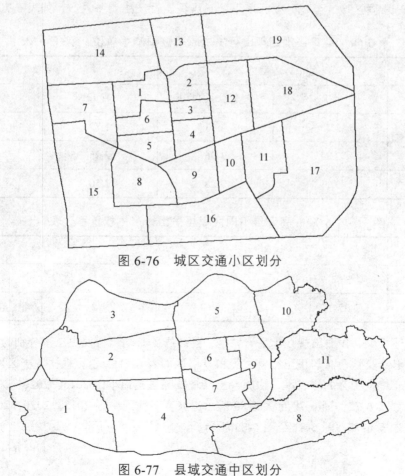

图 6-76　城区交通小区划分

图 6-77　县域交通中区划分

2. 交通生成预测

（1）发生量预测。

本次城乡公交一体化规划近期发生原单位取值与现状一致不做调整，中期和远期参考国内外同类城市的出行原单位平均增长情况，最终得到高青县规划年常住和流动人口的出行原单位，如表 6-69 所示。依据居民出行发生原单位，同时考虑到不同区域的土地开发强度不同会导致居民出行强度有所差别，为此引入居民出行权重系数，建立居民出行产生预测模型如下：

$$P_i = \alpha \times w_i \times (R_i \times c + F_i \times d)$$

式中：P_i——规划年年第 i 交通区的出行发生量；

R_i——规划年第 i 交通区的居住人口；

c——规划年常住人口人均出行次数；

F_i——规划年第 i 交通区的暂住人口；

d——规划年暂住人口人均出行次数；

α——平衡因子，以满足 $\sum_i p_i = P$ 的约束条件，$\alpha = P / \sum_i (R_i \times c + F_i \times d)$；

P——为规划年出行产生总量，$P = \sum_i R_i \times c + \sum_i F_i \times d$；

w_i——不同区域（土地开发强度不同）居民出行产生调整系数，如表 6-70 所示。

表 6-69　高青县规划年出行发生原单位预测（单位：次/日·人）

年份	城区		乡镇	
人口类型	户籍人口	暂住人口	户籍人口	暂住人口
2015 年	2.75	2.93	1.77	1.95
2020 年	2.89	3.06	2.05	2.25
2030 年	3.11	3.28	2.50	2.70

表 6-70　高青县不同区域居民出行产生权重系数表

年份	城区			乡镇	
区域类型	市中心	外围	郊区	镇政府所在地	农村
调整系数	1.05	1	0.95	1.2	0.95

依据上述模型，预测出规划年高青城区、县域居民日均出行发生总量分别为 100.97 万人次。现状年各个交通小区居民出行发生量和吸引量如表 6-71 所示，根据各小区现状年的出行吸引量和各年度发生量的增长率，预测得出高青城区各交通小区 2015、2020、2030 年的发生量和吸引量如表 6-72，图 6-78 至图 6-80 所示。城乡各交通中区 2015、2020、2030 年的发生量和吸引量如表 6-73，图 6-81 至图 6-83 所示。

表 6-71　城区交通小区现状交通发生吸引量（单位：人次/日）

小区编号	发生量	吸引量	小区编号	发生量	吸引量
1	20 453	20 915	11	3 085	3 239
2	9 424	9 336	12	2 574	2 651
3	15 011	15 470	13	3 892	4 122
4	16 660	16 016	14	7 184	7 338
5	19 977	19 307	15	10 564	11 486
6	24 989	24 146	16	8 190	8 164
7	23 827	23 112	17	14 001	13 909
8	8 181	8 030	18	2 020	2 425
9	4 632	4 583	19	4 560	4 811
10	2 950	3 112			

表 6-72　高青县城区各规划年交通发生吸引量（单位：人次/日）

年份	2015 年		2020 年		2030 年	
小区编号	发生量	吸引量	发生量	吸引量	发生量	吸引量
1	25 991	25 684	18 666	18 754	57 767	57 855
2	11 736	11 787	54 311	53 900	166 342	165 932
3	18 956	18 825	27 657	27 619	85 158	85 120
4	21 089	20 906	9 907	10 118	31 092	31 303
5	25 378	25 087	21 210	21 263	65 521	65 573
6	31 855	31 401	11 685	11 871	36 507	36 692
7	30 355	29 939	4 927	5 208	15 922	16 203
8	10 127	10 219	36 802	36 636	113 013	112 847
9	5 539	5 746	21 343	21 394	65 922	65 973
10	3 363	3 625	5 467	5 741	17 567	17 840
11	3 538	3 796	6 641	6 898	21 147	21 403
12	2 877	3 151	46 557	46 255	142 721	142 419
13	4 070	4 314	45 465	45 177	139 392	139 106
14	10 302	10 390	56 982	56 533	174 473	174 025
15	15 361	15 321	6 330	6 592	20 199	20 460
16	11 808	11 858	10 197	10 404	31 979	32 186
17	20 507	20 338	18 355	18 448	56 819	56 912
18	2 576	2 857	34 050	33 922	104 628	104 501
19	6 375	6 562	37 841	37 660	116 173	115 993

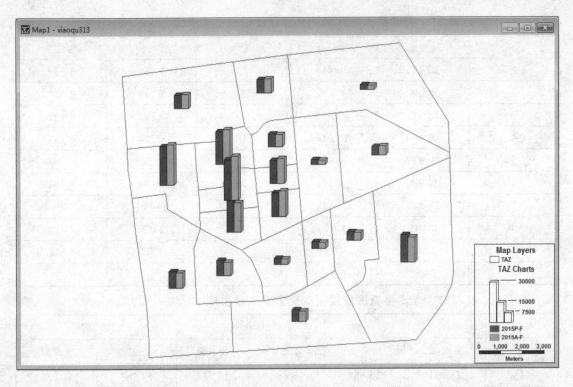

图 6-78　2015 年城区各小区交通发生与吸引量

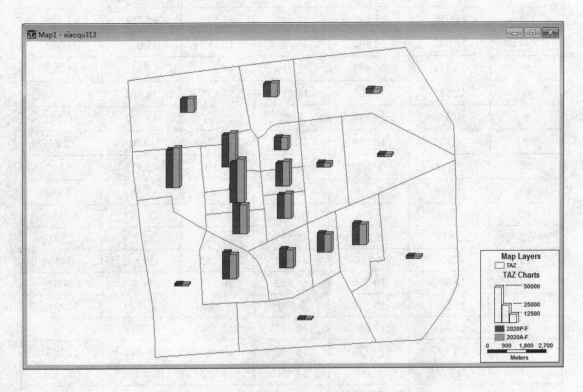

图 6-79　2020 年城区各小区交通发生与吸引量

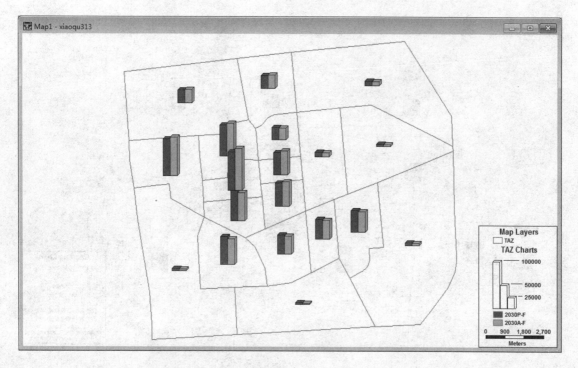

图 6-80　2030 年城区各小区交通发生与吸引量

表 6-73　高青县城乡各中区规划年交通发生吸引量（单位：人次/日）

中区编号	2015 生成	2015 吸引	2020 生成	2020 吸引	2030 生成	2030 吸引
1	75 291	75 250	74 310	74 266	94 464	94 415
2	62 182	62 061	61 372	61 239	78 017	77 871
3	57 739	57 602	56 988	56 836	72 443	72 277
4	101 165	101 121	99 848	99 799	126 928	126 875
5	46 835	46 714	46 225	46 092	58 762	58 616
6	170 034	172 513	322 748	325 475	488 367	491 367
7	46 692	46 778	87 234	87 329	129 078	129 182
8	70 339	70 504	69 423	69 604	88 251	88 451
9	28 270	28 324	52 817	52 876	78 151	78 217
10	34 948	34 981	34 493	34 529	43 848	43 888
11	54 043	53 823	53 339	53 097	67 806	67 539

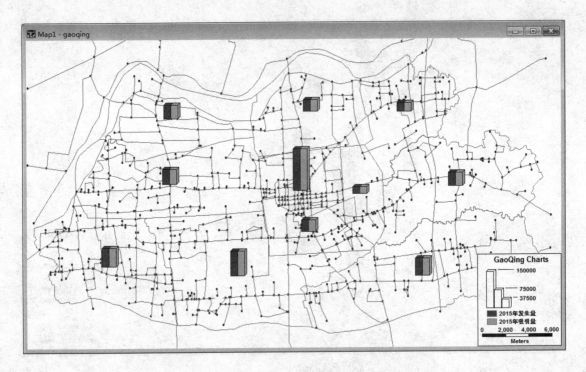

图 6-81　2015 年城乡各中区交通发生与吸引量

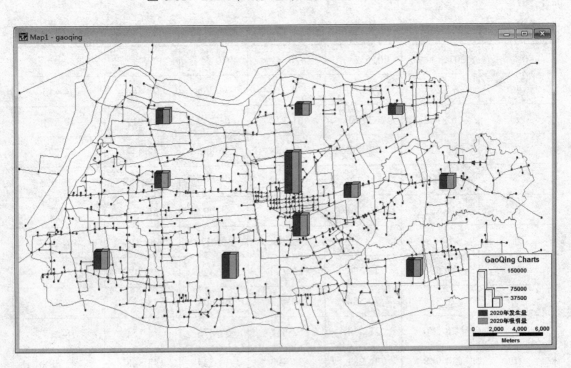

图 6-82　2020 年城乡各中区交通发生与吸引量

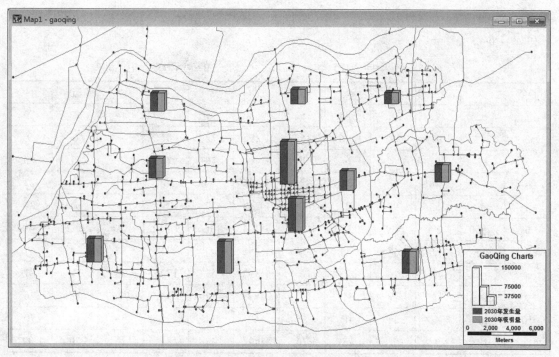

图 6-83　2030 年城乡各中区交通发生与吸引量

（2）交通分布预测。

本次规划出行分布预测分为两个过程，采用 Frator 法预测高青县城区规划年居民出行 OD 分布，采用双约束重力模型法预测高青县城乡规划年居民出行 OD 分布。

（3）方式划分预测。

根据高青县总体规划和综合交通发展规划，结合对高青县现状居民出行方式结构、居民出行方式特点及选择影响因素等的分析，高青县采取"积极发展公共交通，合理引导自行车（电动自行车）交通，营造良好的步行交通环境以鼓励步行，适度发展小汽车交通，严格控制摩托车交通"的交通发展政策，在此交通政策的指导下，并按照同类城市类比法，确定高青县出行方式的结构划分，如表 6-74 所示。

表 6-74　高青县规划年居民出行方式结构建议值（%）

规划年份	出行方式	步行	公交	电动自行车（自行车）	摩托车	私家车	其他
2015	城区	15.0	8.4	47.4	7.7	16.9	4.7
	城乡	13.5	30.0	34.7	7.5	11.9	2.3
2020	城区	20.0	16.7	36.5	3.4	18.6	4.8
	城乡	14.9	36.0	30.6	3.4	12.8	2.3
2030	城区	25.0	21.7	27.4	1.2	20.1	4.6
	城乡	17.1	40.0	24.6	1.2	14.7	2.4

根据高青县居民出行预测和公共交通出行方式结构，预测规划年 2015、2020、2030 年城乡公交出行量分别为 5.02、12.79、27.09 万人次/日。利用已得到的交通出行 OD 分布和宏观

预测各交通中区间的公交出行方式比例，可得到规划年高青县城乡间公交出行 OD 分布表，具体如表 6-75 至表 6-77 所示。

表 6-75　高青县 2015 年城乡间公交出行 OD 分布表（中区）

OD	1	2	3	4	5	6	7	8	9	10	11
1	1 621	292	17	585	5	1 550	113	18	14	17	19
2	292	1 919	291	246	153	1 296	72	41	44	6	9
3	17	291	1 524	6	90	1 496	58	16	5	11	10
4	585	246	6	1 668	5	1 306	711	635	31	18	23
5	5	153	90	4	1 143	1 234	27	6	6	65	24
6	1 550	1 296	1 496	1 306	1 234	3 224	1 356	1 812	487	662	1 492
7	113	72	58	711	27	1 356	568	43	87	34	47
8	18	41	16	635	6	1 812	43	1726	25	38	81
9	14	44	5	31	4	487	87	25	926	38	26
10	17	4	11	18	65	662	34	38	38	1 044	70
11	19	9	9	23	24	1 492	47	81	26	70	1 091

表 6-76　高青县 2020 年城乡间公交出行 OD 分布表（中区）

OD	1	2	3	4	5	6	7	8	9	10	11
1	4 249	612	62	1 531	14	3 204	324	46	54	44	54
2	612	4 626	763	517	290	2 648	185	83	93	9	20
3	61	763	3 291	22	261	3 937	142	57	49	36	34
4	1 531	517	22	3 860	8	2 772	2 068	1 639	116	45	63
5	12	290	261	8	3 228	2 705	77	111	78	57	59
6	3 204	2 648	3 937	2 772	2 705	9 997	4 593	3 536	1 193	1 356	3 144
7	323	185	142	2 068	77	4 593	6 795	116	251	96	138
8	47	83	57	1 639	111	3 536	116	4 635	96	94	222
9	54	93	49	116	78	1 193	251	96	1041	133	118
10	43	6	36	45	55	1 356	96	94	133	2 579	189
11	54	20	34	63	57	3 144	138	222	118	189	3 250

表 6-77　高青县 2030 年城乡间公交出行 OD 分布表（中区）

OD	1	2	3	4	5	6	7	8	9	10	11
1	8 931	1 244	136	3 411	73	6 661	884	106	144	88	115
2	1 244	9 111	1 661	1 114	634	5 366	485	179	241	68	95
3	138	1 661	6 572	54	641	8 875	597	138	146	80	77
4	3 411	1 112	54	5 978	66	6 071	5 891	3 870	336	98	143
5	73	634	641	66	5 620	6 122	226	135	107	268	129
6	6 661	5 366	8 875	6 071	6 122	18 944	11 485	7 610	2 210	2 768	6 604

OD	1	2	3	4	5	6	7	8	9	10	11
7	880	482	597	5 891	226	11 485	10 573	325	928	258	381
8	106	179	138	3 870	135	7 610	325	8 503	276	207	502
9	144	241	146	336	107	2 213	928	276	1 645	233	442
10	88	68	80	98	262	2 768	258	207	233	5203	394
11	115	95	77	143	129	6 604	381	502	442	394	6 998

（4）公交客流分配预测。

公交客流分配是指将各分区之间出行量分配到交通网络的各条边上去的工作过程。根据道路状态是否达到均衡状态，可以将交通分配方法分为均衡分配模型和非均衡分配模型。本次规划应用 TransCAD 进行预测，采用与实际交通较为吻合的模型——UE（User Equilibrium，用户最优）模型对客流进行了分配。

6.4.6　高青县城乡公交一体化规划方案

城乡公交一体化，是在新农村建设和城乡统筹发展战略的大背景下提出的，是打破城乡二元结构和实施城乡一体化统筹的先导。它是以国家新型城镇化建设为契机，根据城乡旅客运输发展的客观要求，为适应城乡一体化需要，所采取的一系列措施，改革现有的城乡客运管理模式，打破原来城市公交与农村客运二元分割的局面，利用公交化的运作方式，使客运资源效益最大化，以达到城乡公交相互衔接、资源共享、布局合理、方便快捷、畅通有序地协调发展的目的。此外，高青县城乡公交一体化发展战略的实施对促进高青县经济社会发展和淄博经济重心北移，提高淄博在山东省"一群一圈一带"（即半岛城市群、济南都市圈、鲁南城市带）的经济地位，建设资源节约型、环境友好型淄博具有重要的现实意义。

6.4.6.1　城区公交线网规划

1. 近期城区公交线网规划（2014—2015）

考虑已建成区的规模和近期城市规划及建设发展重点，近期城区公交线网规划范围划定为高青县外环以内（面积约为 52 km²）。近期高青县城区公交线网规划的思路是搭建"十字一环"的公交线网骨架，连接三个片区及常家组团，初步形成"环线+放射线"的布局形式；同时，调整城镇公交线路在城区范围内的走向，以提高城区公交线网的覆盖范围。初步建立起以城带乡，以乡促城，城乡公交一体化的格局。根据公交需求预测，布设城区"十字一环"公交干线网并调整城镇的公交城区走向。

近期城区公交线网规划方案见表 6-78 和图 6-84，公交线路 300 m、500 m 覆盖见图 6-85 和图 6-86，公交客流分配见图 6-87。由此计算可得近期城区规划公交线网以 300 m 为服务半径的站点覆盖率为 34.87%，以 500 m 为服务半径的站点覆盖率为 59.37%。

2. 中期城区公交线网规划（2016—2020）

根据《高青县城市总体规划》（2012—2020），高青县南环路向南扩展到济东滨城际铁路，东外环向东扩展到寿平铁路支线。因此，中期城区公交线网规划范围为由北环路—西环路—

济东滨城际铁路—寿平铁路支线围成的区域（面积约为 94 km²），适当对接壤的常家等周边地区做出合理安排，如图 6-88 所示。

表 6-78　高青县城区公交规划方案（近期）

序号	线路编号	里程（km）	线路性质	首末站	线路走向	调整方式	线路功能
1	1 路	9.9	城区干线	高青汽车站（环线）	黄河路—营丘大道—清河路—青苑路—青城路—唐北路	调整	老城区内部环线，加强城区内部的联系
2	2 路	9.8	城区干线	常家（临时）—候家（临时）	翟田路—大悦路—中心路—青城路—文化路—高苑路—芦湖路	新增	连接城区南部与北部，并穿越城区，方便北部、南部以及城区间的联系
3	3 路	10.5	城区干线	沙高公交站—流云纺织有限公司	东环路—黄河路—七号路—青城路—青苑路—大悦路—田横路—广青路	新增	连接城区东西部，方便沿途居民往城区中心出行

高青县城乡公交一体化发展规划（2014-2015）

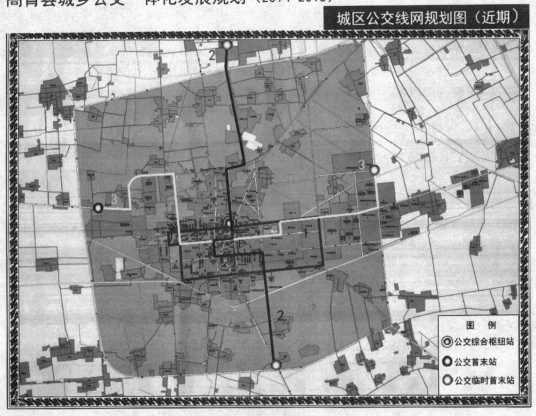

图 6-84　城区公交线路图（近期）

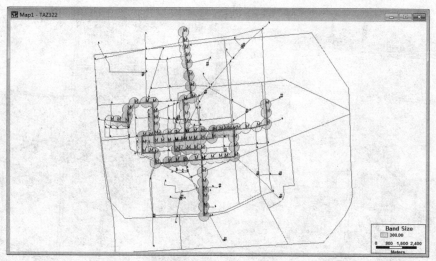

图 6-85　城区近期公交站点 300 m 覆盖范围

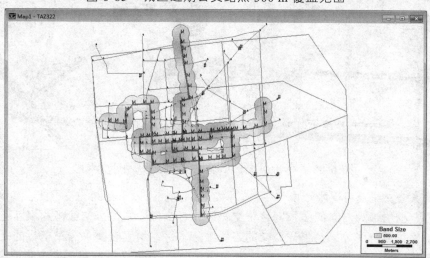

图 6-86　城区近期公交站点 500 m 覆盖范围

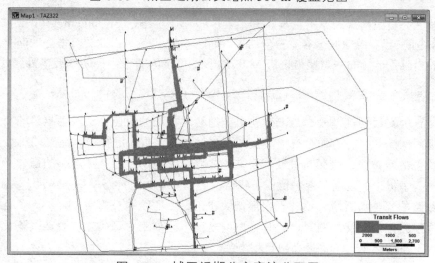

图 6-87　城区近期公交客流分配图

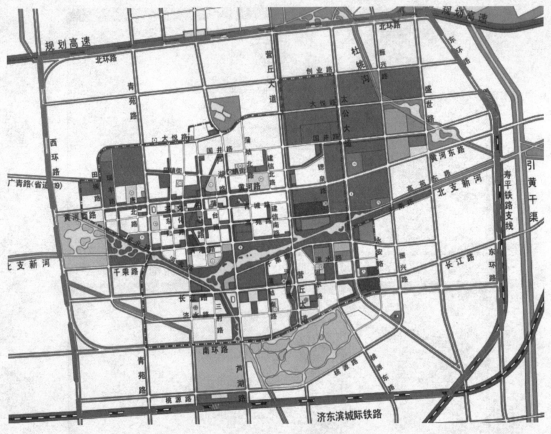

图 6-88　高青县城区公交中期规划范围示意图

中期城区公交线网将逐步形成"棋盘+环线+放射线"，以黄河路公交枢纽、新客运中心、高青南站公交枢纽等为支点的多核网络公交布局，各个核心之间公交线路的相互连接将达到以点带面、整体覆盖的效果，提升公交的整体服务水平，增强公交对居民出行的吸引力。优化调整后的城区公交线网确定为"一横二纵二环二射"，共有 7 条线路，其中调整线路 3 条，新增线路 4 条。

中期城区公交线网规划方案见表 6-79、图 6-89，城区公交线路 300 m、500 m 覆盖，如图 6-90 和图 6-91 所示，中期城区客流分配结果，如图 6-92 所示。由此计算得出城区规划公交线网以 300 m 为服务半径的站点覆盖率为 58.00%，以 500 m 为服务半径的站点覆盖率为 91.45%。

3. 远期城区公交线网规划（2021—2030 年）

远期城区公交线网规划考虑与未来轨道交通客运枢纽和快速公交客运枢纽的衔接，逐步健全换乘枢纽间的联系，方便公交内部换乘及与对外交通枢纽的接驳，完善"棋盘+环线+放射线"的城区线网布局，协调高青城乡公交一体化公交线网。在上述思路的指导下，对城区公交线网进行了优化。规划方案保留 3 条线路，调整 4 条线路，新增 7 条线路，共计 14 条线路。通过线路的调整和新增，填补了南部新城和东部工业区的公交空白，扩大了公交服务的范围；加强了组团间线路的联系，尤其考虑到居民小区与工业区的连接线路以及重要客运场站之间的联系，方便了上下班通勤出行和换乘。

远期城区公交规划方案，如表 6-80 和图 6-93 所示；远期城区公交线路 300 m、500 m 覆盖，如图 6-94 和图 6-95 所示；远期城区客流分配结果见图 6-96；经计算，远期城区规划公交线网以 300 m 为服务半径的站点覆盖率为 64.37%，以 500 m 为服务半径的站点覆盖率为 96.20%。

表 6-79　城区公交部分线路方案（中期）

序号	线路编号	里程（km）	线路性质	首末站	线路走向	调整方式	线路功能
1	1 路	10.8	城区干线	黄河路公交枢纽（环线）	文化路—黄河路—中心路—田镇街—锶泉路—高苑路—芦湖路—清河路—文化路	调整	高青老城区内部环线，加强老城区内部的联系
2	2 路	9.5	城区干线	高青南站公交枢纽—常家公交枢纽	芦湖路—田翟路	调整	加强常家公交枢纽和高青南站公交枢纽的联系，纵跨城区南北方向，缩短了居民出行时间
3	3 路	11.7	城区干线	新区客运中心—沙高公交站	太公大道—千乘路—芦湖路—高苑路—中心路—大悦路—田横路—广青路	调整	加强新区客运中心与沙高公交站的联系
4	4 路	11.6	城区干线	公交保修中心—文化路医院公交站	振兴路—黄河路—瑞丰路—高苑路—青苑路—济水路	新增	连接城区南部与城区东部，横跨黄河路，加强城区南部与北部的联系
5	5 路	14.4	城区干线	高青南站公交枢纽—石槽公交站	桃源路—青苑路—济水路—文化路—青城路—青苑路—创业路—西环路	新增	进一步加强城区纵向的联系
6	6 路	14.2	城区干线	高青南站公交枢纽—寿平铁路公交站	芦湖路—南环路—蒲姑南路—长江路—太公大道—创业路—盛世路—大悦路	新增	加强城区东北部与高青南站公交枢纽的联系
7	7 路	7.5	城区支线	黄河路公交枢纽（环线）	黄河路—齐东路—田镇街—青苑路—清河路—文化路—中心路	新增	途经城区主要干道，方便城区西南部居民到市中心的出行
8	8 路	13.9	城区支线	高青南站公交枢纽（环线）	芦湖路—南环路—太公大道—千乘路—河东路—长江路—文化路—南环路	新增	增强城区南部的联系，方便该处居民的出行
9	9 路	12.3	城区干线	新区客运中心—常家公交枢纽	长江路—营丘大道—黄河路—蒲姑北路—国井路—营丘大道—创业路—田翟路—刘杨路	新增	方便城区纵向以及城区中心居民出行

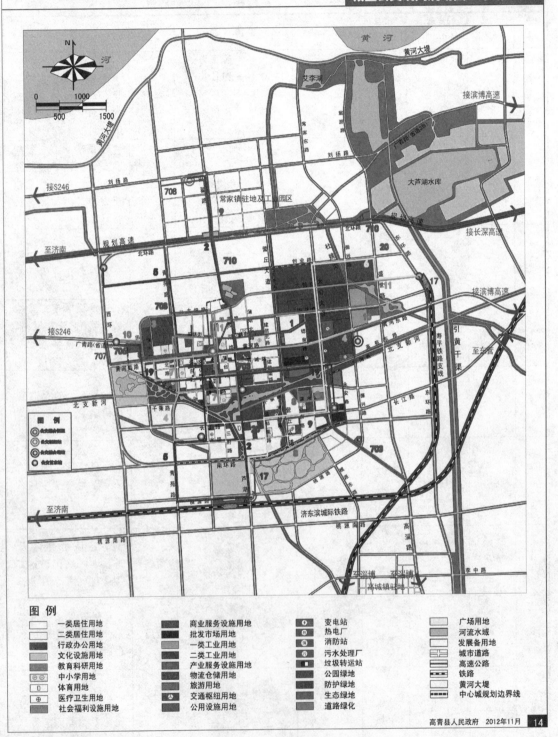

图 6-89　城区公交线路图（中期）

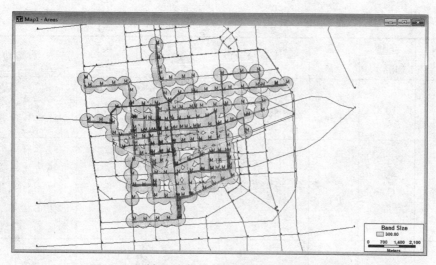

图 6-90　城区中期公交站点 300 m 覆盖范围

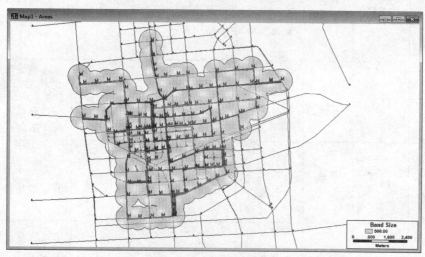

图 6-91　城区中期公交站点 500 m 覆盖范围

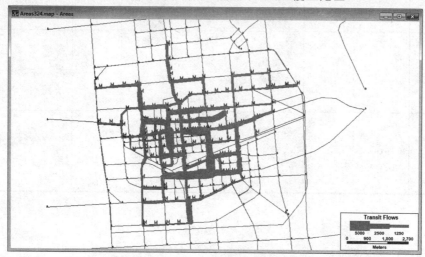

图 6-92　城区中期公交客流分配图

表 6-80 城区公交部分线路方案（远期）

序号	线路编号	里程（km）	线路性质	首末站	线路走向	调整方式	线路功能
1	1 路	10.8	城区干线	黄河路公交枢纽（环线）	文化路—黄河路—田镇街—锶泉路—高苑路—清河路	保留	老城区内部环线，加强城区内部的联系
2	2 路	11.3	城区干线	高青南站公交枢纽—常家公交枢纽	刘杨路—田翟路—芦湖路	调整	加强常家公交枢纽和高青南站公交枢纽的联系，纵跨城区南北方向缩短了居民出行时间
3	3 路	11.7	城区干线	新区客运中心—沙高公交站	太公大道—漯水路—河东路—千乘路—芦湖路—高苑路—中心路—大悦路—田横路—广青路	保留	加强新区客运中心与沙高公交站的联系
4	4 路	11.6	城区干线	公交保修中心—文化路医院公交站	振兴路—黄河路—瑞丰路—高苑路—青苑路—济水路	保留	连接城区南部与城区东部，横跨黄河路，加强城区南部与北部的联系
5	5 路	14.4	城区干线	高青南站公交枢纽—石槽公交站	桃源路—青苑路—济水路—文化路—青城路—青苑路—创业路—西环路	保留	进一步加强城区纵向间的联系
6	6 路	15.7	城区干线	高青南站公交枢纽—常家政府	芦湖路—南环路—蒲姑南路—长江路—太公大道—北环路—常家政府	调整	加强城区东北部与高青南站公交枢纽的联系
7	7 路	7.5	城区支线	黄河路公交枢纽—黄河路公交枢纽	黄河路—齐东路—田镇街—青苑路—清河路—文化路—中心路	保留	途经城区主要干道，方便城区西南部居民到市中心的出行
8	8 路	13.9	城区支线	高青南站公交枢纽（环线）	芦湖路—南环路—太公大道—千乘路—长江路—文化路—南环路—芦湖路	保留	方便城区南外环路附近居民的出行

高青县城乡公交一体化发展规划（2021-2030）

城区公交线网规划图（远期）

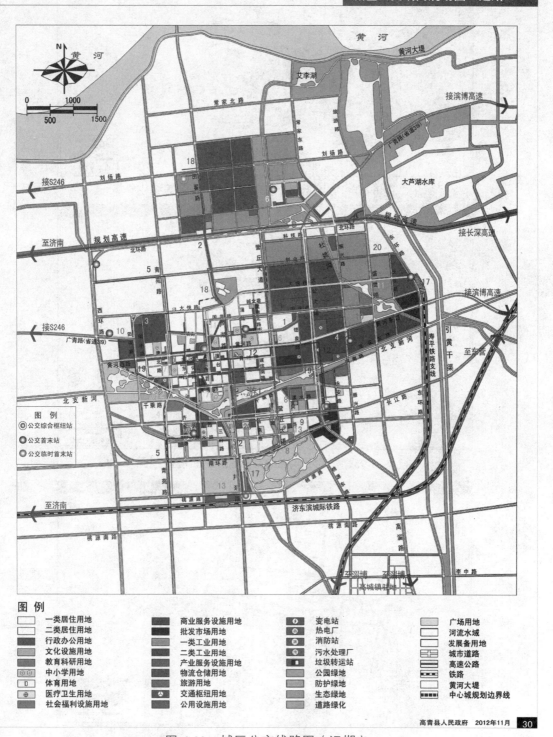

图 6-93　城区公交线路图（远期）

高青县人民政府　2012年11月　30

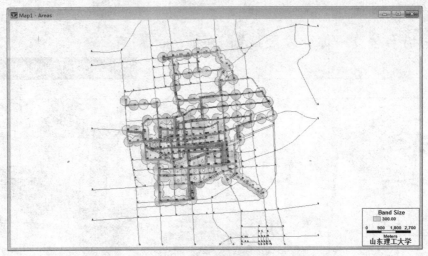

图 6-94　城区远期公交站点 300 m 覆盖范围

图 6-95　城区远期公交站点 500 m 覆盖范围

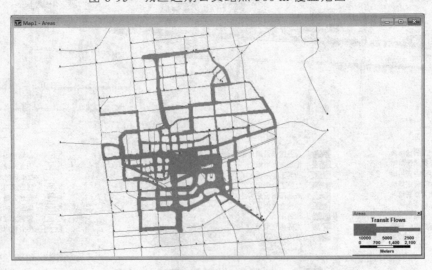

图 6-96　城区远期公交客流分配图

6.4.6.2　城乡（间）公交线网规划

1.　近期城乡（间）公交线网规划（2014—2015）

结合城乡公路网的近期建设，近期公交规划方案是在现状公交线网的基础上进行优化的。重点调整和新增城区至各乡镇的公交线路，改善城镇公交服务薄弱地区的服务水平和线网布局的不合理性，加强城区和周边乡镇的公交联系；在道路条件较好、经济发展较好、潜在客流较大的镇村区域布设镇村公交支线，同时尽量消除村庄集聚区公交盲区。

近期规划城乡（间）公交线路达到 14 条，其中保留 1 条，调整 8 条，新增 5 条。近期调整和新增的公交线应根据客流实际情况逐步实施，适时调整，稳步推进。近期城乡公交规划方案，如表 6-81、图 6-97 所示；近期客流分配结果，如图 6-98 所示；近期城乡（间）公交线路 1 000 m 覆盖，如图 6-99 所示。由图可知，城乡（间）公交线网 1 000 m 的人口服务率为 78.9%，通达率为 76.3%。

表 6-81　城乡（间）公交部分线路方案（近期）

序号	线路编号	里程（km）	线路性质	首末站	线路走向	调整方式	线路功能
1	701 路（北）	20.7	城乡干线	高青汽车站—李凤鸣站	黄河路—潍高路—唐坊—李凤鸣	调整	加强高青城区与唐坊镇的联系，横跨唐坊镇中心，是唐坊镇与高青城的主要通道
2	701 路（南）	17.1	城乡干线	高青汽车站—唐坊站	芦湖路—青城路—建信南路—黄河路—太公大道—国井路—营丘大道—创业路—田翟路	新增	进一步加强高清城区与高城镇的联系，覆盖吴司路沿途的公交盲区
3	702 路	12.5	城乡干线	高青汽车站—高城公交枢纽	中心路—高苑路—东环路—高淄路	调整	加强高青城区与高城镇的联系，缩短高城到城区的出行时间
4	703 路	33.6	城乡干线	侯家（临时）—崔孟李公交站	田兴路—北唐路—李中路	调整	缩短高青城区至花沟镇的出行时间，途经黑里寨公交枢纽，加强了花沟镇与黑里寨镇的联系
5	704 路	22.2	城乡干线	高青汽车站—黑里寨公交枢纽	中心路—高苑路—唐北路—田兴路—庆淄路—黑里寨公交枢纽	调整	横跨田镇、花沟、黑里寨三镇，进一步加强了三镇之间的联系
6	706 路	26.8	城乡干线	高青汽车站—马扎子公交站	黄河路—沙高公交站—广青路—西三里庄—码头—小孙家—马扎子公交站	保留	加强青城与城区的联系，横跨高青镇，方便公交沿线村庄居民的出行
7	707 路	20.4	城乡干线	高青汽车站—海里干（临时）	黄河路—广青路—青城—庆淄路—海里干	保留	方便木李镇、青城镇、田镇镇之间的出行

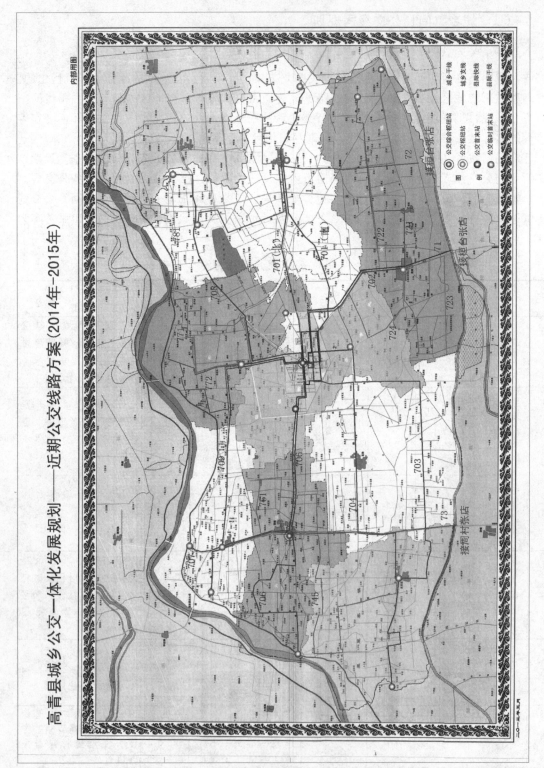

高青县城乡公交一体化发展规划——近期公交线路方案(2014年-2015年)

图 6-97　城乡(间)公交线路方案(近期)

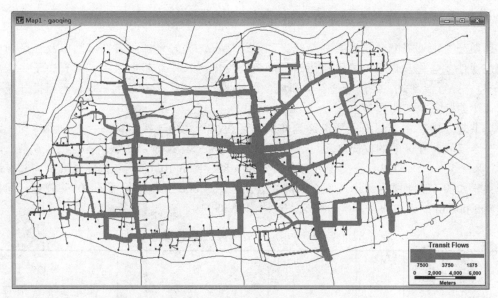

图 6-98　城乡（间）公交近期公交客流分配图

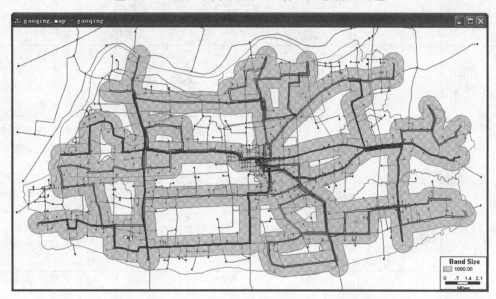

图 6-99　城乡（间）公交近期公交线路 1 000 m 覆盖范围

2. 中期城乡（间）公交线网规划（2016—2020）

中期公交线网规划的思路是在城乡道路网和公交枢纽站场逐步完善的基础上，加强镇镇、镇村、村村间的联系，逐步形成由城乡公交快线、干线和支线构成的互相联系、互为补充，科学、合理、系统的一体化城乡公交客运线网，为城乡居民提供便捷、通畅、安全的公交出行。

优化调整后中期规划城乡公交线路达到 16 条，其中保留 6 条，调整 8 条，新增 2 条。中期城乡公交规划方案见表 6-82、图 6-100；中期城乡（间）客流分配结果见图 6-101；中期城乡（间）公交线路 1 000 m 覆盖见图 6-102。城乡（间）公交线网 1 000 m 的人口服务率为 89.6%，通达率为 87.9%。高青县全部学校实现城乡公交全覆盖。

3. 远期城乡（间）公交线网规划（2021—2030）

远期公交规划将配合高青县内新社区的建设情况，更好地加强各社区间以及社区与城区之间连通性，强化高青县与周围组团结合间的公交出行，建立起由快线、主、次干线构成的"安全可靠、方便高效、经济舒适、沟通城乡"的城乡一体化公交线网体系，不断提升城乡公交一体化的服务效能和质量。

远期规划中，主干线沿主要道路延伸到社区，次干线为连接乡镇—社区—乡镇的线路，加强了乡镇间、社区间的横向联系。远期规划城乡公交线路达到 20 条，其中新增 6 条，调整 9 条，保留 5 条。远期城乡公交规划方案，如表 6-83、图 6-103 所示；远期城乡（间）客流分配结果，如图 6-104 所示；远期城乡（间）公交线路 1 000 m 覆盖见图 6-105。城乡（间）公交线网 1 000 m 的人口服务率为 98.7%，通达率为 99.6%。

表 6-82　城乡（间）公交部分线路方案（中期）

序号	线路编号	里程（km）	线路性质	首末站	线路走向	调整方式	线路功能
1	701（北）	15.7	城乡干线	公交保修中心—李凤鸣站	公交保修中心—唐坊—李凤鸣	调整	连接李凤鸣与孟李庄，可方便沿线居民到达城区，加强唐坊与城区的联系
2	701（南）	13.2	城乡干线	新区客运中心—唐坊公交枢纽	新区公交枢纽—吴司路—潍高路—唐坊	调整	连接唐坊镇与新区公交枢纽，方便沿线居民到达城区以及到达新区公交枢纽换乘
3	702 路	12.5	城乡干线	黄河路公交枢纽—高城公交枢纽	中心路—黄河路—太公大道—高淄路	调整	连接高城镇与高青中心城区，可方便居民到达城区
4	703 路	22.3	城乡干线	高青南站公交枢纽—黑里寨公交枢纽	高青南站公交枢纽—李中路—黑里寨公交枢纽	调整	连接黑里寨镇与高青南站公交枢纽，可方便沿线居民到达城区，加强黑里寨镇与中心城区的联系
5	704 路	20.6	城乡干线	高青南站公交枢纽—黑里寨公交枢纽	高青南站公交枢纽—花沟—黑里寨公交枢纽	调整	连接黑里寨镇与高青南站公交枢纽，并且途径花沟，可方便沿线居民到达城区，加强黑里寨镇、花沟以及中心城区间的联系
6	705 路	11.9	城乡干线	黄河路公交枢纽—花沟公交枢纽	黄河路公交枢纽—黄河路—广青路—花沟	新增	连接花沟与中心城区，方便沿线居民到达城区，花沟与中心城区间的联系
7	706 路	12.9	城乡干线	黄河路公交枢纽—青城公交枢纽	黄河路公交枢纽—黄河路—广青路—青城	调整	连接青城与中心城区，加强青城与中心城区间的联系

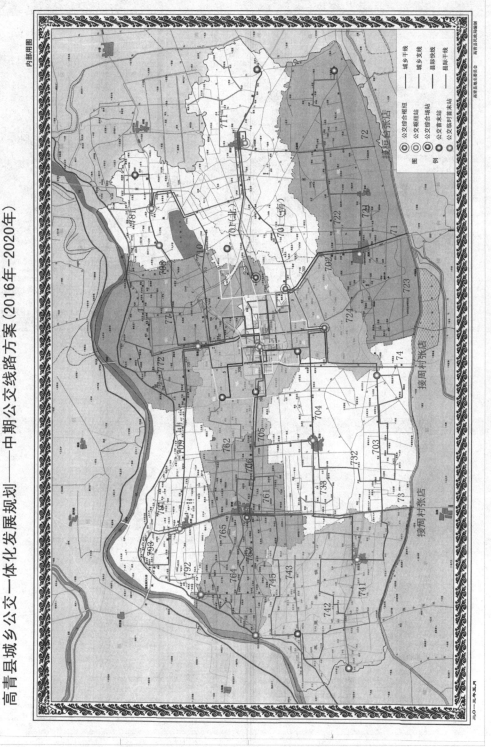

高青县城乡公交一体化发展规划——中期公交线路方案（2016年~2020年）

图 6-100　城乡（间）公交线路方案（中期）

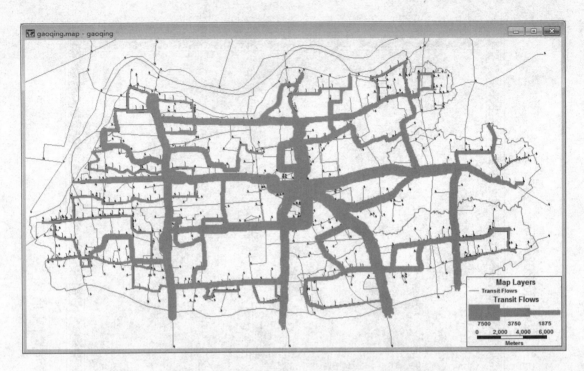

图 6-101　城乡（间）公交中期公交客流分配图

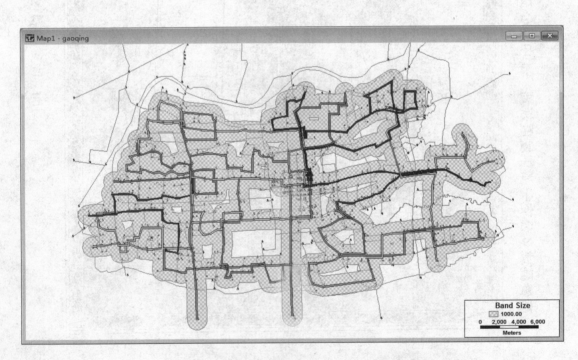

图 6-102　城乡（间）公交中期公交线路 1 000 m 覆盖范围

表 6-83 城乡（间）部分公交线路方案（远期）

序号	线路编号	里程（km）	线路性质	首末站	线路走向	调整方式	线路功能
1	701路（北）	20.4	城乡干线	黄河路公交枢纽—李凤鸣公交站	黄河路公交枢纽—芦湖安置区5—唐坊安置区2—唐坊安置区3—李凤鸣公交站	调整	加强高青城区与唐坊镇的联系，横跨唐坊镇中心，是唐坊镇与高青城的主要通道
2	701路（南）	16.6	城乡干线	新区客运中心—李凤鸣公交站	新区客运中心—唐坊安置区4—唐坊安置区2—唐坊安置区3—李凤鸣公交站	调整	进一步加强高青城区与高城镇的联系，覆盖吴司路沿途的公交盲区
3	702路	12.5	城乡干线	黄河路公交枢纽—高城公交枢纽	中心路—高苑路—太公大道—高淄路	保留	连接高城镇与高青中心城区，可方便居民到达城区
4	703路	25	城乡干线	高青南站公交枢纽—吴家公交站	高城安置区6—花沟安置区7—花沟安置区6—花沟安置区4—花沟安置区5—黑里寨安置区1	调整	连接黑里寨镇与高青南站公交枢纽，可方便沿线居民到达城区，加强黑里寨镇与中心城区的联系
5	704路	25.1	城乡干线	黄河路公交枢纽—彭家公交站	黄河路—青苑路—田镇安置区4—花沟安置区1—花沟安置区2—花沟安置区3—黑里寨安置区4—彭家公交站	调整	连接黑里寨镇与高青南站公交枢纽，并且途径花沟，可方便沿线居民到达城区，加强黑里寨镇、花沟以及中心城区间的联系
6	706路	20.2	城乡干线	黄河路公交枢纽—码头公交站	黄河路—田镇安置区7—青城安置区1—青城安置区2—青城安置区3—青城安置区7—码头公交站	调整	连接黄河路客运枢纽与青城公交枢纽，并且途径青城、田镇，可方便沿线居民到达城区，加强青城与中心城区的联系
7	707路	21.6	城乡干线	黄河路公交枢纽—河马沟公交站	黄河路—芦湖路—常家安置区5—田镇安置区3—青城安置区4—木李安置区1	调整	连接黄河路公交枢纽，并且途径木李镇可方便沿线居民到达城区，加强木李镇、中心城区间的联系

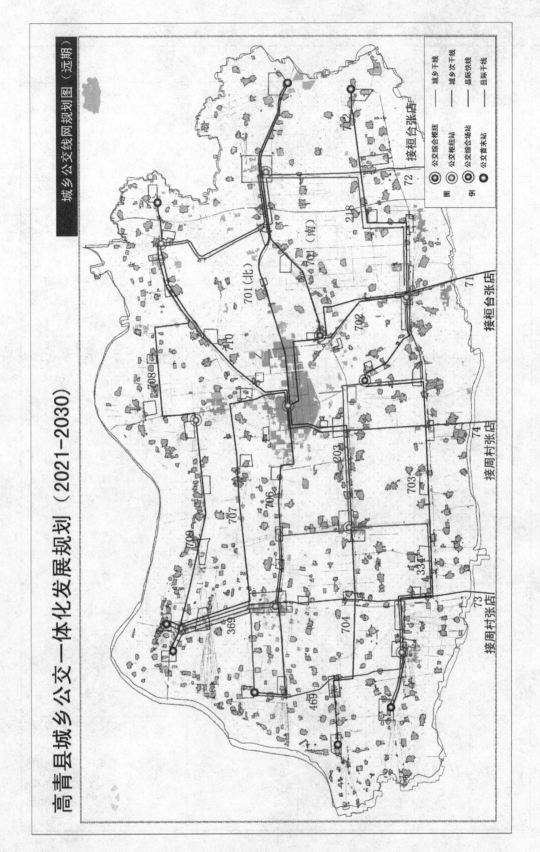

图 6-103　城乡（间）公交线路方案（远期）

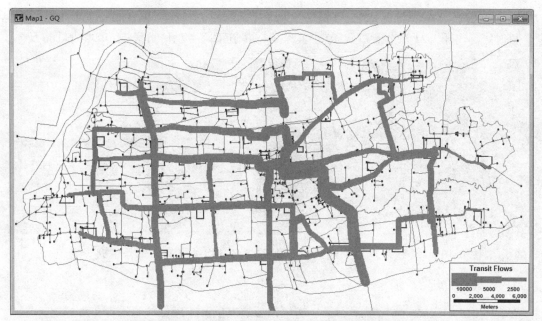

图 6-104　城乡（间）公交远期公交客流分配图

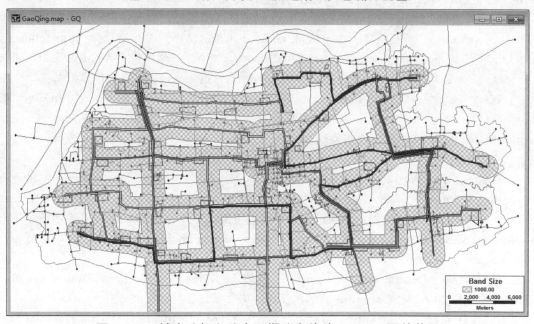

图 6-105　城乡（间）公交远期公交线路 1 000 m 覆盖范围

6.5　淄博市公铁联运站交通组织仿真研究

6.5.1　基于 VISSIM 的公铁联运站交通中观仿真实验平台

在淄博市公铁联运客运枢纽交通影响范围的道路网中，包括 142 条路段、216 个连接器、

198 个减速区域，176 个优先规则、12 个公交站点、4 条公交线路、9 个信号配时交通口、13 个行程时间检测器、23 个节点以及 19 个停车场，其道路网中观仿真模型，如图 6-106 所示。

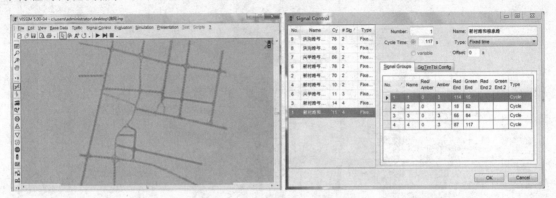

图 6-106　公铁联运站交通影响范围道路网及相关交叉口信号配时设置

1. 参数标定

在 VISSIM 中主要是对驾驶员行为、车辆期望速度以及车辆组成等进行参数标定。其中，驾驶员行为包括车辆跟驰模型（Following）、车道变换模型（Lange Change）、横向行为（Lateral）以及黄灯信号行为（Amber Signal）四个模块。跟驰模型需要标定参数主要有：可视前车数量（Observed vehicles）、可视距离大小（Look ahead distance）、小汽车跟驰模型（Car following model）、平均静车距离（Average standstill distance）、附加安全距离（Additive part safety distance）、安全距离因子（Multiplier part of desired safety distance）；车道变换模型需要标定参数主要有：一般行为（General behavior）、等待换道消散时间（Wait time before diffusion）和最小车头时距（Min. headway）；横向行为需要标定参数主要有：自由流中期望位置（Desired position at free flow）和相同车道车辆超车方向（Overtake on same lane）；黄灯信号行为需要标定参数主要有：决策模型（Decision model）。详细采参数标定情况如下：

Following：由于路网较为密集，Observed vehicles 设为 3，Look ahead distance 中将最大前视距离设为 150 m，即驾驶员能观察前方最大距离 150 m，观察车辆数为 3 辆；Car following model 选择 Wiedemann74 模型，该模型适用于城市道路，而 Wiedemann99 模型适用于高速公路；Average standstill distance 设置为 1 m，Additive part safety distance 设置为 2.5～2.75 m，Multiplier part of desired safety distance 设置为 3.5～3.75 m。

Lange Change：General behavior 选择自由选择车道（Free lane selection），Wait time before diffusion 设置为 80 s，Min. headway 设置为 1 m，其余参数采用默认值。

Lateral：Desired position at free flow 选择车道中间（Middle of lane），Overtake on same lane 选择左侧超车（on Left），这样符合我国交通规则，其余参数采用默认值。

Amber Signal：Decision model 选择 Continuous Check，车辆在靠近前车的过程中小于安全距离时采取制动，其余参数采用默认值。

车辆期望速度：小客车为 50（48～58）km/h，公交车为 25（20～30）km/h，货车为 25（20～30）km/h，自行车 12（11～13）km/h，步行 4（4～6）km/h，其余参数采用默认值。

车辆组成：小客车为（4.11～4.76）m×1.8 m，货车和公交车为 10.21 m×2.5 m，其余参数采用默认值。

2. 校核

在淄博市公铁联运客运枢纽交通影响范围的中观道路网模型中，共设置了 48 个数据采集器。限于篇幅，本文仅选取比较典型的几条路段，如柳泉路、西二路、金晶大道、东一路、东二路、新村路、杏园西路以及杏园东路。详细情况，如表 6-84 所示。

表 6-84　公铁联运站交通影响范围关键路段调查数据与采集器采集对比

关键路段名称	方向	调查数据 （pcu/h）	采集器采集数据 （pcu/h）	误差
柳泉路（太平路至新村路段）	南→北	1 302	1 341	3.0%
	北→南	1 707	1 688	1.1%
西二路（兴学街至新村路段）	南→北	804	756	6.0%
	北→南	0	0	0.0%
金晶大道（兴学街至新村路段）	南→北	1 356	1 299	4.2%
	北→南	1 437	1 385	3.6%
东一路（洪沟路至杏园路段）	南→北	347	332	4.3%
	北→南	1 025	998	2.6%
东二路（洪沟路至新村路段）	南→北	696	681	2.2%
	北→南	231	224	3.0%
新村路（柳泉路至西二路段）	东→西	1 357	1 296	4.5%
	西→东	1 846	1 769	4.2%
杏园西路（柳泉路至西二路段）	东→西	737	686	6.9%
	西→东	0	0	0.0%
杏园东路（东一路至东二路段）	东→西	1 280	1 233	3.7%
	西→东	1 245	1 197	3.9%

注：① 西二路（杏园路至新村路段）和杏园西路（西二路至柳泉路段）为单行线；
　　② 数据以 2009 年 1 月 4 日《淄博市公铁联运站站位方案比选》课题调查为准。

通过表 6-84 中的数据可知，单向路段误差较大，分别为西二路（兴学街至新村路段）南至北方向 6.0%，杏园西路（柳泉路至西二路段）东至西方向 6.9%；其余路段的误差范围为 1.1%～4.7%，满足其精度要求。其中柳泉路（太平路至新村路段）北→南方向误差最小为 1.1%，杏园西路（柳泉路至西二路段）东→西方向误差最大为 6.9%。

6.5.2　交通组织方案的研究

1. 项目概况

公铁联运客运枢纽是以减少乘客的换乘时间和换乘距离为原则，结合道路快速、灵活多变的特点，充分发挥铁路运输骨干的优势，为客户提供"零换乘""门到门"的运输服务。公铁联运客运枢纽是大型客流吸引源，项目的开发势必对周围甚至整个城市路网造成冲击，一旦交通组织方案设计存在缺陷，极易导致出现停车难、疏导难等问题。交通仿真技术能够对交通组织方案进行仿真测试，分析方案的可行性与否。因此，在项目开发前对其交通组织方案进行交通仿真测试分析，选择合适的交通组织方案，具有重要的现实意义。

淄博市公铁联运客运枢纽位于淄博火车站东侧，胶济铁路与杏园东路之间的一块区域，地理位置优越，交通十分便利，可以和淄博火车站实现"无缝隙"接驳，满足乘客的"零换乘"需求。项目周边地区主要为商业、医疗和居住用地，站址用地规划用地规模 5.2 公顷（52 000 m^2），包括占道路用地 8 005.1 m^2、佛教保留用地 3 519 m^2 以及其他类型转让地 40 475.9 m^2。枢纽规划平面图，如图 6-107 所示，周边土地利用功能分区，如图 6-108 所示。

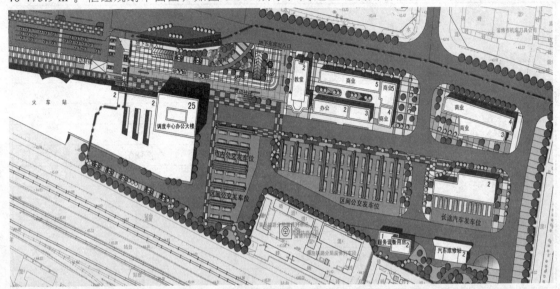

图 6-107 淄博市公铁联运客运枢纽规划平面图

图 6-108 淄博市公铁联运客运枢纽规划周边土地利用功能分区图

2. 交通组织设计

经济的持续增长推动了城市和地区的快速发展，同时也带来了大量的交通出行。随着各种交通条件的改善和交通方式的多样化，一方面人们对担负着城市对内对外联系的交通枢纽要求越来越高，原有的交通服务设施在功能、规模、布局以及交通组织方面都已经不适应城市新的发展需求；另一方面，位置、布局合理的交通枢纽可以更好地促进并拉动城市社会经济的健康和谐发展。因此建设综合性的客运交通枢纽显得尤为迫切。因此，合理的交通组织可以使客运枢纽内外的交通网络保持畅通，提高城市中心区的可达性，促进城市更新演进；

反之，混乱的交通组织会引发城市中心区交通拥挤、可达性下降及居民因恶劣的环境外迁等问题，导致城市中心区内部的产业随人流向城市郊区转移，造成城市中心区的衰落，出现发达国家曾经出现的"死城"现象。因此，如何使公铁联运客运枢纽的规划更加合理，关键之一是充分设计好客运枢纽内外的交通组织。通过对枢纽交通组织的合理设计，可以理顺道路的交通流线、梳理城市的交通脉络、激活周边地区的商贸市场和房产市场，推动城市的更新步伐，提升城市的形象和品质。

（1）设计指导思想。

对公铁联运客运枢纽进行交通组织设计，应充分考虑交通组织的原则，结合枢纽地区的实际情况，对行人流、车流及公交枢纽等进行优化设计，减少冲突点，提高行人和车辆的通行能力。主要设计思想为：以人为本、换乘便捷、方向明确；交通组织安全、通畅、快捷、有序；环境优美、空间协调。

（2）设计原则。

交通组织是指通过对枢纽内的道路渠化和换乘通道设置，合理安排多种交通方式相互之间以及同方式之间的换乘，避免出现枢纽内的交通冲突和混乱，实现枢纽内各种交通方式的相互配合与协调，减少拥挤人群的安全隐患。主要体现在以下几个方面：

① 突出"以人为本"原则。合理衔接布设各种交通方式，联络通道与行人指示系统协调设计，保证实现无缝换乘，最大限度地满足乘客便捷、安全和舒适换乘的需求。

② 人流与车流的行驶路线严格分离。保证行人的安全和车辆行驶不受干扰，客流在枢纽区有限的空间里能够进行交换，不发生滞留和过分拥挤现象。

③ 尽可能控制用地面积，充分利用立体空间。考虑各种交通方式的运行特征，紧密结合枢纽周边用地特征与环境条件，通过合理优化的内部布设及便捷的立体布设，实现空间的充分利用与各种交通方式设施的协调配合，并考虑与周边建筑等的结合布置，注重通过加强各空间层面的联系实现枢纽的综合功能。

④ 确保实现功能整合。通过一体化枢纽的换乘设计，充分现有资源的整合，最大限度地发挥枢纽内部各种交通方式的功能，提高整个换乘系统以及交通系统的运行效率。

⑤ 交通连续，衔接顺畅。交通连续是交通高效运行的有效保障，在公铁联运客运枢纽交通组织设计中，应确保人流和车流的连续性，同时合理布置人车结合点，使得人车衔接顺畅。

（3）外部交通组织。

外部交通组织就是将客运交通枢纽作为一个点，通过合理的交通方式与城市综合交通网络联系起来，以实现枢纽内部车流快速的、有效的集散。

（4）内部交通组织。

按照"人车分流"的原则，合理布置人行流线和车行流线，为人和车提供一个安全、便捷和舒适的通行环境，使整个交通枢纽充分发挥其高效、快捷和舒适的功效。

① 行人组织。

车站内的行人应有明确的通行空间，广场上的行人流线应尽量直接简单。车站广场内禁止通行的地区建议采用绿地隔离，应设置齐全的指引标志牌，引导行人通向指定的目的地。设有地下通道的广场，达到通道能安全、快速疏导过街行人的目的。

② 车辆组织。

考虑到铁路车站设计功能上无法解决车辆临时上下乘客的问题，从而造成站前人群拥挤，这个已是一个普遍问题。由于接送旅客的车辆来自城市的各个方向，每条相连的道路都可能有交通需求。尽管原则上不对这些相连的道路做限制，但是对于那些连接道路很多、交通压力特别大的广场，应对某些入口做限制，比如采用单行措施、封闭入口、将道路改为步行街等，以缓解站前的交通拥堵问题。

（5）方案设计。

该地区交通组织重点是对交叉口进行渠化改造、单向交通组织及部分路口实行禁左，理顺火车站周边道路网，加强该地区的对外交通联系。限于篇幅，这里选取方案之中最佳方案进行分析。

① 外部交通组织。

新村路、昌国路、柳泉路、金晶大道、兴学街、东一路、东二路按双向组织交通，西二路、杏园西路实行单向交通组织，东二路与杏园东路交叉口和兴学街与金晶大道交叉口禁止左转通行。公交车交通组织流线设计，如图 6-109 所示。

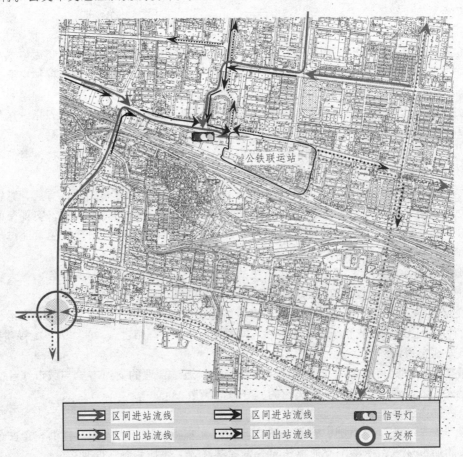

图 6-109　淄博市公铁联运客运枢纽公交车交通组织流线设计

② 枢纽内部及站前广场交通组织。

公铁联运客运枢纽内部交通组织采取"下进上出"的形式，下层为组团公交到达站和多条市内公交线路始发站，上层为组团公交发车平台。考虑到火车站交通流线复杂，将现有站前立体广场进行车流分流，平台上层仅供出租车和社会车的短暂停靠，平台下层为组团公交进站通道。在此基础上，封闭站前广场东侧下匝道，以缓解途经社会车辆因抄近道而造成的交通拥挤现象。枢纽内部及站前广场交通组织，如图 6-110 所示，公铁联运客运枢纽一层平面和地下一层平面分别，如图 6-111 和图 6-112 所示。

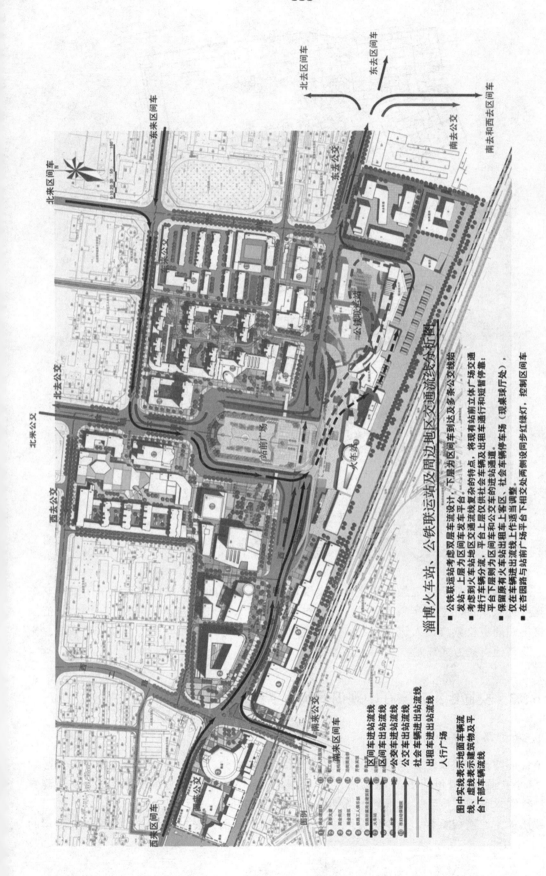

淄博火车站、公铁联运站及周边地区交通流线分析图

■ 公铁联运站考虑双层车流设计，下层为区间车发车平台，上层为区间车到达及多条公交线站发站。上层及区间车发车平台。
■ 考虑到火车站地区交通流线复杂的特点，将现有站前立体广场交通进行车辆分流，平台上层仅供社会车辆及出租车通行和短暂停靠；平台下层则为区间车和公交车的进站通道。
■ 保留原有火车站出租车上客区，社会车辆停车场（现桌球厅处），仅在有车辆进出流线上作适当调整。
■ 在各图路与站前广场平台下相交处两侧设同步红绿灯，控制区间车。

图中实线表示地面车辆流线、虚线表示建筑物及平台下部车辆流线。

图例

区间车进站流线
区间车出站流线
公交车进站流线
公交车出站流线
社会车辆进出站流线
出租车进出站流线
人行广场

图 6-110 枢纽内部及站前广场交通组织设计

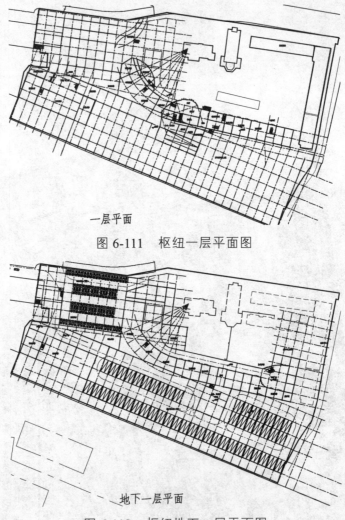

一层平面

图 6-111　枢纽一层平面图

地下一层平面

图 6-112　枢纽地下一层平面图

③ 人流的组织。

　　人流交通通常都希望走最短的路径，实现快速换乘。因此，进站换乘人流采用乘公交车到站直接进入候车厅进行换乘的方式，其他进站人流由人行广场进入下层大厅；出站人流采用上层出站通道检票口设人流集散厅，可直接通往公交车停车区和停车场，乘用公交车、出租车以及其他交通方式离站。

6.5.3　交通组织方案在中观仿真实验平台下的测试分析

1. 局部路网仿真测试

　　结合淄博市公铁联运站周围的土地利用、行政区域划分、道路等天然构造物将该片区划分为 19 个交通小区（包括 14 个虚拟小区），根据 TransCAD 软件划分的交通小区与交通调查数据进行需求预测，最后得出预测年当量小汽车的 OD 矩阵。

　　按照一定比例权重将交通小区分配给各个停车场，并引入虚拟支路，然后导入预测年的

OD 矩阵，并设置周围路网费用文件和路径文件；设置仿真时间为 4 200s，前 600 s 为车辆进入路网的时间，不做评价之用，并设置评价间隔为 600 s，敏感系数 K 值取 3.5，相邻两次仿真的路段行驶时间之差设为仿真运行的收敛标准，取值为 10%，其他参数的设定参考参数的标定及校核一节。在此过程中，根据实际调查情况对交叉口分别设置信号灯、减速区域、停车让行、优先规则等交通管控方式，提高仿真精度。利用 VISSIM 对设计方案之中选定方案路网进行动态仿真，得出路网的动态仿真测试，如图 6-113 所示，评价指标，如表 6-85 所示。

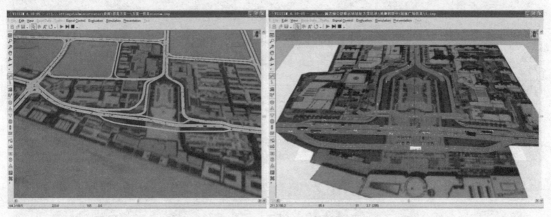

图 6-113　公铁联运交通影响范围道路网动态仿真测试

表 6-85　公铁联运交通影响范围道路网动态仿真评价指标

路网评价参数	总出行距离	总出行时间	平均速度	总延误时间	总停车次数	总停车时间	每辆车平均延误	平均每辆车停车延误	平均每辆车停车次数
单位	km	h	km/h	h	s	h	s	次	次
数值	10 952	446.8	24.51	159.1	1519	50.97	36.23	113.2 s	3.3

2. 关键交叉口仿真测试

结合项目的实际情况，选择金晶大道与杏园路交叉口（站前立体广场）进行交通仿真分析，仿真测试，如图 6-114、6-115 所示，仿真结果，如表 6-86 所示。

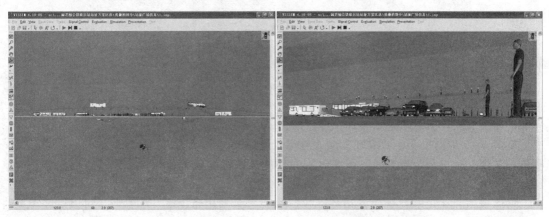

图 6-114　站前立体广场行人视角的仿真测试过程

图 6-115 站前立体广场驾驶员角度的仿真测试过程

表 6-86 金晶大道与杏园路交叉口评价指标

评价指标	延误（s）			平均排队长（m）			交叉口废气排放（g）		
进口方向	北	东	西	北	东	西	EmissCO	EmissNOx	EmissVOC
指标值	30.6	38.3	43.1	42	55	62	651	112	138

注：① 延误是指车辆穿越行程时间检测区段的时间，即实际行程时间与理论行程时间的差值；
② EmissCO、EmissNOx、EmissVOC 分表代表一氧化碳、氮氧化合物、挥发性有机化合物的排放量。

3. 交通仿真结果分析

通过以上的交通仿真分析，可以得出以下结论。

从表 6-85 数据可知，该交通组织方案使站前广场冲突点减少，使枢纽周边路网的平均行程速度有所提高，停车延误和停车次数减少，车辆行驶更加顺畅，提高了车辆的通行能力，降低了拥挤程度，使道路变得更加畅通。

从表 6-86 数据可知，通过在金晶大道与杏园路交叉口设置信号灯和封闭站前广场东侧下匝道，实现站前广场人车分流，改善社会车辆行驶混乱的现象，减少车辆在站前立体广场的延误和排队长度，同时降低了交叉口的环境污染指标。

总体来说，体现在社会效益和经济效益两大方面。社会效益：一方面，可以减轻相关路段（如西二路、杏园路）的拥挤程度、提高客运服务质量和乘车效率、增加就业机会、改善投资环境以及增加旅游业收入，从而提高周边地区甚至整个城市的运输经济效率；另一方面，发挥公铁联运站的规模效益，人流进一步实现集聚，促进资源的合理利用，减少了对生态环境的影响，有利于优化城市空间布局，促进城市的更新演进。经济效益：一方面，吸引大量劳动力、资金、技术等生产要素聚集的同时，金融保险、商贸流通、信息服务、会展旅游、中介服务等高层次服务业逐渐向中心区域集聚，产生更为强大的集聚效应，在空间上以这些高经济密集点为中心，向外梯度扩散，由点到面对所覆盖地区的经济发展起着持续性的推动作用；另一方面，促进各种运输方式的合理竞争与合作，使淄博市以及其他城市之间的经济社会联系变得更为紧密，促进淄博市区域经济的共同发展。

6.6　本章总结

本章以组群城市淄博为例，构建淄博市人工交通仿真实验平台系统，系统以大量的实测数据为基础，通过参数标定和验证交通行为模型，构建集成化的交通仿真实验平台，系统全面地对淄博市交通发展战略、淄博市"十字型"轻轨可行性研究、综合协同发展战略下核心区张店区的交通发展模式以及副核心临淄区公交规划研究的宏观仿真测试分析，并以此为契机对新型城镇化背景下的高青县城乡公交一体化规划方案进行了研究分析，最后依托系统平台对公铁联运客运枢纽交通影响范围交通组织方案进行系统全面的仿真测试分析。

第七章　总结与展望

新型城镇化背景下城市空间演化与交通发展的耦合作用机制和协调生长策略研究是一个比较大的课题，涉及面广，内容庞杂。本课题基于新型城镇化背景展开系列研究，通过对交通工程学和城市规划学理论基础的掌握，延伸至城市空间理论、城市经济学、空间经济学、社会经济学、系统工程学、协同学和城乡一体化等学科理论，解析了新型城镇化进程中城市空间与交通系统之间的关系，并以中国典型组群城市淄博市为例，探索了新型城镇化背景下城市空间演化与交通系统发展的耦合作用机制及协调生长策略。

7.1　创新及独到之处

（1）以我国实行新型城镇化为契机，迎合"十三五"新一轮的城市规划战略，探讨研究城市空间在新型城镇化背景下演化可能产生的形态，并探讨分析新型城镇的布局、规模、边界等科学问题，探索新型城镇化背景下城市空间演化与交通系统发展的耦合作用机制及协调生长策略。

（2）以中国典型组群城市——淄博市为例，探索新型城镇化背景下组群城市空间演化与交通系统发展的耦合作用机制及协调生长策略。

7.2　进一步的研究展望

由于作者能力所限，且研究时间仓促，研究的深度和广度都有待于进一步提高，今后研究工作主要围绕以下几个方面展开：

（1）本书提出了以多方式、多层次城市交通引导与支撑城市空间演化为网络多核组群城市形态。然而，交通数据和城市空间数据的持续性获取是一项庞杂的事务，在大量进一步调查的前提下对组群城市淄博的交通、城市生长等方面进行更为科学准确的预测。

（2）对淄博市人工交通系统的研究仍处于初始阶段，相关的模型还比较简单，目前只涉及较为单一的交通子系统，而对于人口、城市空间、社会经济、环境及法规等子系统涉及得较少，对于生态、资源、大型计算机、综合集成等子系统还没有考虑，并且没有和真实的现场设备连接起来，如数据采集系统、交通信号控制系统、停车管理系统以及公交管理系统等，这方面的研究还需进一步深入。

（3）今后需要研究对仿真平台系统进行二次开发，如 TransCAD 中的 GISDK，VISSIM 中的 VAP、VisVAP 以及连接其他模块进行二次开发等。

（4）缺乏对网络多核组群城市交通系统发展与城市生长耦合性和协调性的系统性评价分析，需要进一步研究构建科学的评价指标体系。

参考文献

[1] 仇保兴. 我国的城镇化与规划调控[J]. 城市规划, 2002, (09): 10-20.

[2] 中共中央编译局马克思恩格斯选集: 第1卷[M]. 北京: 人民出版社, 1995: 68.

[3] 中共中央编译局资本论: 第1卷[M]. 北京: 人民出版社, 2004: 408.

[4] 刘纯彬. 中国农村城市化道路再探索[J]. 求是, 1988 (7): 19-20.

[5] 胡际权. 中国新型城镇化发展研究[D]. 重庆: 西南大学, 2005, 2: 73.

[6] 王发曾. 中原经济区的新型城镇化之路[J]. 经济地理, 2010, 30 (12): 1972-1977.

[7] 仇保兴. 新型城镇化带动西部大开发的几点思考——以南疆为例[J]. 城市规划, 2010, 34 (6): 9-16.

[8] 于晓晴. 长江上游地区新型城镇化模式研究[D]. 重庆: 重庆工商大学, 2011, 6: 25-58.

[9] 黄亚平, 林小如. 欠发达山区县域新型城镇化动力机制探讨——以湖北为例[J]. 城市规划学刊, 2012, (4): 44-50.

[10] 蒋晓岚, 程必定. 我国新型城镇化发展阶段性特征与发展趋势研究[J]. 区域经济评论, 2013, (2): 130-135.

[11] 倪鹏飞. 新型城镇化的基本模式、具体路径与推进对策[J]. 江海学刊, 2013, (1): 87-94.

[12] 杨仪青. 新型城镇化发展的国外经验和模式及中国的路径选择[J]. 农业现代化研究, 2013, 34 (4): 385-389.

[13] 孟鹏. 城镇化发展的适度性研究——以黄淮海平原为例[D]. 北京: 中国农业大学, 2014.

[14] 韦仕川, 等. 国际旅游岛建设背景下海南省新型城镇化模式研究[J]. 上海国土资源, 2014, 35 (1): 14-18, 26.

[15] 汤燕. 交通引导下的城市群体空间组织研究[D]. 杭州: 浙江大学, 2005.

[16] 埃比尼泽·霍华德. 金经元译. 明日的田园城市[M]. 北京: 商务印书馆, 2000.

[17] 李德华. 城市规划原理[M]. 北京: 中国建筑工业出版社, 2001.

[18] 贡坚. 城市建设理论和住宅的发展[J]. 山西建筑, 2005, 31 (18): 17-18.

[19] 翁达来. 南京民国城市空间段落的振兴——以城市有机集中发展理论为视角[J]. 南京师大学报 (社会科学版), 2013, (02): 71-80.

[20] 阿尔弗雷德·韦伯著. 李刚剑, 陈志人, 张英保译. 工业区位论[M]. 北京: 商务印书馆, 1997.

[21] 贾式科, 侯军伟. 西方区位理论综述[J]. 合作经济与科技, 2008, (357): 28-29.

[22] 魏伟忠, 张旭昆. 区位理论分析传统述评[J]. 浙江社会科学, 2005, (5): 184-192.

[23] 陈华, 尹苑生. 区域经济增长理论与经济非均衡发展[J]. 中外企业家, 2006, (3): 90-95.

[24] 肖莹, 冯占民, 熊玉. 透视增长极理论及在我国区域经济发展中的应用[J]. 科技与管理, 2006, (3): 4-7.

[25] 王明浩, 高薇. 城市经济学理论与发展[J]. 城市, 2003, (1): 15-23.

[26] Portman J. Architectural. [A+U]. 1993.

[27] 马烨. 复杂而充满活力的城中城——论城市中心区域的建设[J]. 中外建筑, 2000, (06):

6-7.

[28] 马强. 走向"精明增长": 从"小汽车城市"到"公共交通城市"[M]. 北京: 中国建筑工业出版社, 2007.

[29] 王志新. 精明增长的城市交通与土地利用规划模式[D]. 西安: 西安建筑科技大学, 2005.

[30] 潘海啸, 任春洋. 美国 TOD 的经验、挑战和展望[J]. 城市规划汇刊, 2002, 4 (1): 15-23.

[31] 顾朝林, 甄峰, 张京群. 集聚与扩散-城市空间结构新论[M]. 南京: 东南大学出版社, 2000.

[32] 刘昌寿, 沈清基. "新城市主义"的思想内涵及其启示[J]. 现代城市研究, 2002, (01): 55-58.

[33] 卜雪旸. 当代西方城市可持续发展空间理论研究热点和争论[J]. 城市规划学刊, 2006, (04): 106-110.

[34] Benfiel F. K., Terris J. Vorsanger. Sloving Sprawl: Model of Smart Growth in Commounities across America[J]. Natural Resources Defense Council, 2001: 137-138.

[35] 刘春成, 侯汉坡. 城市的崛起——城市系统学与中国城市化[M]. 北京: 中央文献出版社, 2012.

[36] 胡俊. 规划的变革与变革的规划——上海城市规划与土地利用规划"两规合一"的实践与思考[J]. 城市规划, 2010, (06): 20-25.

[37] 朱喜钢. 城市空间有机集中规律探索[J]. 城市规划汇刊, 2000, (03): 47-51.

[38] 黄亚平. 都市区尺度上的城市地域功能优化与空间结构重构——中国当代大城市的发展与规划导控策略探讨[C] "21世纪城市发展"国际会议. 2010.

[39] 宛素春. 城市空间形态解析[M]. 北京: 科学出版社, 2003. 12.

[40] 顾朝林, 庞海峰. 基于重力模型的中国城市体系空间联系与层域划分[J]. 地理研究, 2008, (01): 1-12.

[41] 李泳. 城市交通系统与土地利用结构关系研究[J]. 热带地理, 1998, (04): 307-310.

[42] 曲大义, 王炜, 王殿海. 城市土地利用与交通规划系统分析[J]. 城市规划汇刊, 1999, (06): 44-45.

[43] 刘登清, 张阿玲, 吴宗鑫. 城市土地使用与可持续发展的城市交通[J]. 中国人口. 资源与环境, 1999, (04): 40-43.

[44] 杨荫凯. 交通技术创新与城市空间形态的演化[J]. 城市问题, 1999, (02): 12-15.

[45] 过秀成. 城市集约土地利用与交通系统关系模式研究[D]. 南京: 东南大学, 2014. 9. 8.

[46] 潘海啸, 任春洋. 轨道交通与城市中心体系的空间耦合[J]. 时代建筑, 2009, (05): 19-21.

[47] 陆华普. 城市土地利用与交通系统的一体化规划[J]. 清华大学学报: 自然科学版, 2006, (09): 149-150.

[48] 王春才. 城市交通与城市空间演化相互作用机制研究[D]. 北京: 北京交通大学, 2007.

[49] 刘冰, 周玉斌. 交通规划与土地利用规划的共生机制研究[J]. 城市规划汇刊, 1995, (05): 24-28.

[50] 徐慰慈. 漫谈城市规划与交通规划的结合[J]. 城市规划, 1996, (01): 31-32.

[51] 范炳全, 周溪召, 严凌, 熊世伟. 城市土地利用与交通综合规划研究[J]. 城市规划, 1999, (11): 48-50.

[52] 钱林波. 城市土地利用混合程度与居民出行空间分布——以南京主城为例[J]. 现代城市研究, 2000, (03): 7-10.

[53] 杨励雅. 城市交通与土地利用相互关系的基础理论与方法研究[D]. 北京：北京交通大学，2007.

[54] 成峰，晏克非，侯德劭. 基于遗传算法的城市用地与路网设计一体化优化模型[J]. 系统工程，2006，（10）：110-116.

[55] 李晓江. 中国城市交通的发展呼唤理论与观念的更新[J]. 城市规划，1997，（06）：42-46.

[56] 魏后凯. 中国大城市交通问题及其发展政策[J]. 城市发展研究，2001，（02）：27-32.

[57] 顾朝林，田莉，王世福，周恺，黄亚平. 规划研究的新起点规划学科的新高度——评《规划研究方法手册》[J]. 城市规划，2015，（07）：112.

[58] 王霞，齐方. 居住和交通协同发展与上海城市空间结构重整[J]. 城市规划，2000，（03）：17-20.

[59] 陈艳艳，刘小明，任福田. 市场调节与交通系统可持续发展[J]. 国外城市规划，2001，（06）：44-45.

[60] 陈永庆，范炳全，马晓旦. 地理信息系统（GIS）在土地利用与交通系统研究中的应用[J]. 上海理工大学学报，1998，（01）：81-85.

[61] 陆化普. 城市交通供给策略与交通需求管理对策研究[J]. 城市交通，2012，（03）：1-6.

[62] 陆大道. 区域发展及其空间结构[M]. 北京：科学出版社，1998.

[63] 陆大道. 关于"点-轴"空间结构系统的形成机理分析[J]. 地理科学，2002，22（1）：1-6.

[64] 曹钟勇. 城市交通论[M]. 北京：中国铁道出版社，1997.

[65] 刘芳. 交通与城市发展关系研究综述[J]. 经济问题探索，2008，（3）：57-62.

[66] 李振福. 交通与城市协调发展的理论与方法研究[D]. 长春：吉林大学，2003.

[67] 李德慧，刘小明. 城市交通微循环体系的研究[J]. 道路交通与安全，2005，5（4）：17-19.

[68] 宋雪鸿. 城市交通微循环问题的解决策略及其应用研究[D]. 上海：同济大学，2008.

[69] 刘海龙. 从无序蔓延到精明增长-美国"城市增长边界"概念述评[J]. 城市问题，2005（3）：67-72.

[70] 俞孔坚. 用"反规划"理念建立城市生态基础设施[M]. 环境经济，2007（10）：41-44.

[71] 彭红碧，杨峰. 新型城镇化道路的科学内涵[J]. 经济研究，2010，（4）：75-78.

[72] 胡锦涛：坚定不移沿着中国特色社会主义道路前进，为全面建成小康社会而奋斗——在中国共产党第十八次全国代表大会上的报告，人民出版社2012年版。

[73] 十八届三中全会《决定》、公报、说明全文，http：//www.ce.cn/xw zx/gnsz/szyw/201311/18/t20131118_1767104.shtml.

[74] 胡际权. 中国新型城镇化发展研究[D]. 西南大学，2005.

[75] 杜光华. 以科学发展观引领新型城镇化建设[J]. 科技经济市场，2009，（6）：148，152.

[76] 纪晓岚，曾莉. 城镇化进程中的县级政府能力建构：解读、困境与方向[J]. 经济社会体制比较，2014（3）：38-47.

[77] 翟慧敏，吴郭泉. 基于CA的城市模型研究进展[J]. 山西建筑，2009，35（10）：20-21.

[78] 顾朝林. 南京城市行政区重构与城市管治研究[J]. 城市规划，2002，（3）：51-60.

[79] 屈志勇，宋元梁，屈泊静. 农村转型发展中的就地城镇化问题探索——以陕西省六县（区）为例[J]. 西部财会，2013（03）：75-79.

[80] 中国城市规划设计研究院，北京市城市规划设计研究院，清华大学《北京市城市总体规划（2004年—2020年）》[R].

[81] 吴良镛著.《北京旧城与菊儿胡同》[M]. 北京：中国建筑工业出版社，1994.

[82] 上海市城市规划设计研究院.《上海市城市总体规划（1999 年—2020 年）》[R].

[83] 赵燕菁. 高速发展条件下的城市增长模式[J]. 国外城市规划，2001（1），27-33.

[84] 刘国强. 城市土地利用与城市交通研究[D]. 西安：西安建筑科技大学，2003.

[85] 王春才. 城市交通与城市空间演化相互作用机制研究[D]. 北京：北京交通大学，2007.

[86] Urban Growth Boundaries：A new planning solution in California to stop urban sprawl, protect openspace and strengthen our neighborhoods and cities[N/OL]. Gree- nbelt Alliance Home. http://www.gr eenbelt.org/downloads/about/u gb.Pdf.

[87] 牛惠恩. 合理确定城市生长边界的途径[N/OL]. 中国城市规划行业信息网. http：//www. china-up. com/column/showtext . asp?id=135.

[88] 黄慧明 Sam Casella Faicp. P. P. 美国"精明增长"的策略、案例及在中国的应用思考[J]. 现代城市研究，2007（5）：19-28.

[89] Benfiel F. K., Terris J. Vorsanger. Sloving Sprawl：Model of Smart Growth in Commounities across America[J]. Natural Resources Defense Council，2001：137-138.

[90] Duany A. Plater-Zyberk E. Lexicon of the New Urbannism, Time-Saver Standard for Urban Design，1998，5. 11-1.

[91] 周其仁. 新型城镇化怎么能够走上新常态[J]. 居业，2015：62-64.

[92] 周春山. 城市空间结构于形态[M]. 北京：科学技术出版社，2007.

[93] 李标. 中国集约型城镇化及其综合评价研究[D]. 成都：西南财经大学，2014.

[94] 王晓原，苏跃江，张敬磊. 多核网络城市生长与交通系统协调发展：以组群城市淄博为例[M]. 山东大学出版社，2010.

[95] 北京大学《济南都市圈规划》[R]. 山东：山东省建设厅，2006.

[96] 淄博市城市规划设计研究院，深圳市城市规划设计研究院《淄博市城市总体规划（2006 年—2020 年）》[R].

[97] 淄博市城市规划设计研究院，《淄博市城市总体规划（2011-2020 年）》[R].

[98] 李海峰. 城市形态、交通模式和居民出行方式研究[D]. 南京：东南大学，2006.

[99] 《淄博市快速公交可行性分析报告》[R]. 山东省道路智能控制与运输安全工程技术研究中心智能交通研究所，2007.

[100] 李淑庆，瞿春涛，单传平等. 基于交通仿真软件的交通组织方案评价研究[J]. 交通科技与计算机，2007，4（25）：26-28.

[101] David F. Pearson，P. E.，Ph. D. CALIBRATION OF A PAST YEAR TRAVEL DEMAND MODEL FOR MODEL EVALUATION. Sponsored by the Texas Department of Transportation in Cooperation with the U. S. Department of Transportation Federal Highway Administration，2002.

[102] H. M. Zhao. DALLAS-FORT WORTH REGIONAL TRAVEL MODEL （DFWRTM）：MODEL DESCRIPTION. Model Development Group NCTCOG Transportation Department，2006.

[103] 王凤群，王晓原，苏跃江. 基于非集计模型的交通需求预测方法[J]. 山东理工大学学报（自然科学报），2009，23（2）：7-12.

[104] 《淄博市综合规划》（中期成果）[R]. 淄博市规划局，中国城市规划设计研究院，淄博市规划设计研究院，2008.

[105] 《高青县城总体规划（2004~2020)》[R]. 高青县人民政府，2004.

[106] 《黄河三角洲城镇体系规划（2008~2020)》（专题报告）[R]. 山东省人民政府，2008.

[107] 《高青县道路交通安全管理规划》[R]. 高青县交警大队，2008.

[108] 《黄河三角洲高效生态经济示范区淄博市高青县发展规划》[R]. 高青县人民政府，2008.

[109] 《高青县交通发展战略研究》[R]. 山东省道路智能控制与运输安全工程技术研究中心智能交通研究所，2010.

[110] 杨洪，韩胜风，陈小鸿. VISSIM 仿真软件模型参数标定与应用[J]. 城市交通，2006，4（6）：22-25.

[111] 王晓原，杨新月. 驾驶行为非参数微观仿真模型[J]. 交通运输工程学报，2007，7（1）：76-80.

[112] 孙剑，杨晓光. 微观交通仿真模型系统参数校正研究——以 VISSIM 的应用为例[J]. 交通与计算机，2004，3（22）：3-6.

[113] 孟超，邵春福，李玮等. VMS 对驾驶人路径选择行为影响的仿真研究[J]. 城市交通，2009，7（1）：76-81.

[114] 彭武雄，朱顺应，许源，管菊香. VISSIM 仿真软件中期望车速的设定方法研究[J]. 交通与计算机，2007，4（25）：53-56.

[115] 《淄博市公铁联运站站位比选》[R]. 山东省道路智能控制与运输安全工程技术研究中心智能交通研究所，2009.

[116] 黄建中. 无锡火车站地区综合客运交通组织[J]. 新建筑考察与研究，2002，4：64-67.

[117] 翟忠民. 道路交通组织优化[M]. 北京：人民交通出版社，2004，118-129.

[118] 顾旻. 上海铁路南站交通组织设计方案简介[J]. 城市道桥与防洪，2003，6：82-85.

[119] 陆化普，陈庆琳. 城市 CBD 内大型公共建筑群交通组织设计方法研究[J]. 公路交通科技，1999，6：42-45.

[120] 张琦，颜颖，韩宝明. 北京动物园公交枢纽规划设计与换乘组织分析[J]. 城市交通，2005，3（3）：4-7.

[121] 陈方红，王清宇，罗霞. 大型综合客运枢纽交通组织研究[J]. 城市交通，2007，30（3）：61-64.

[122] 王东. 城市客运交通枢纽的交通影响分析及仿真研究[D]. 长春：吉林大学硕士论文，2006.

[123] 周鸣，罗建晖，徐方晨. 地下客运交通枢纽交通组织研究[J]. 城市道桥与防洪，2008，30（3）：6-11.